国家改革和发展示范学校建设项目
课程改革实践教材
全国土木类专业实用型规划教材

建筑施工技术与机械

JIANZHU SHIGONG JISHU YU JIXIE

主　编　刘守峰

副主编　杨伟伟　李朋波　李　晓
　　　　周光辉

编　者　张继芳　张玉臣　许旭先
　　　　温俊生　牟龙飞

哈尔滨工业大学出版社
HARBIN INSTITUTE OF TECHNOLOGY PRESS

内 容 简 介

本书是根据教育部颁布的土木类主干课程建筑施工技术教学的基本要求,并参照最新颁布的有关行业的职业技能鉴定及技术工人等级考核标准编写的职业教育教材。全书共 9 个项目,主要内容包括:土方工程、桩基础工程、脚手架工程、砌筑工程、钢筋混凝土工程、屋面及防水工程、预应力混凝土工程、装饰工程、结构安装工程。本书以项目化教学组织内容,本着"应用为目的,必需、够用为度"的原则,强化工学结合,以学生能力培养、技能实训为目标,系统全面地介绍建筑施工技术的知识体系,力求岗位工作内容与教材内容有机结合,既有完整系统的理论知识,又有价值实用的技能训练,并配之以案例详解,最大限度地满足职业学生的需求。

本书可供各级职业技术院校土木类专业的学生使用,也可供从事建筑工程行业的技术人员使用和参考。

图书在版编目(CIP)数据

建筑施工技术与机械/刘守峰主编.—哈尔滨:哈尔滨工业大学出版社,2015.2

全国土木类专业实用型规划教材

ISBN 978-7-5603-5136-0

Ⅰ.①建… Ⅱ.①刘… Ⅲ.①建筑工程—工程施工—高等学校—教材 ②建筑机械—施工机械—高等学校—教材 Ⅳ.①TU74②TU6

中国版本图书馆 CIP 数据核字(2014)第 306859 号

责任编辑 刘 瑶

出版发行 哈尔滨工业大学出版社

社   址 哈尔滨市南岗区复华四道街 10 号   邮编 150006

传   真 0451 - 86414749

网   址 http://hitpress.hit.edu.cn

印   刷 三河市越阳印务有限公司

开   本 850mm×1168mm 1/16 印张 14.5 字数 419 千字

版   次 2015 年 2 月第 1 版 2015 年 2 月第 1 次印刷

书   号 ISBN 978-7-5603-5136-0

定   价 32.00 元

PREFACE 前言

　　建筑施工技术与机械是工业与民用建筑专业的主干课程之一,具有综合性高、实践性强、涉及面广、技术发展快等特点。党的"十八大"提出了加快发展现代职业教育的要求,职业教育要想得到快速发展,首先要有规范实用的教材。以就业为导向,按学生毕业后从事工作岗位的工作组织内容,以达到教学与就业无缝对接,并体现现代教学手段等成为本书编写的主要指导思想。

　　本书具有以下特点:

　　1.项目化组织,以能力为本位。本书以职业岗位工作内容为基础,以实际工作需要为中心,以学生能力培养、技能实训为本位,以项目化重组教学内容,以目标实施导入,使读者更容易从总体上把握教材的知识。在本书编写中突出"应用为目的,必需、够用为度"的原则,强调动手能力。

　　2.内容新颖实用,坚持工学结合原则。本书以最新颁布的国家和行业法规、标准、规范为依据,选用各地实际工程案例进行编写,增加了大量实用的新技术和新方法,选用大量典型案例,紧跟时代,内容新颖,实例丰富,通俗易懂。

　　3.教材体例创新,编写生动。本书按项目式教学法的方式对教材体例进行了编排,如:设置了知识目标、技能目标、技术点睛、案例实解、基础同步、实训提升等内容。图文并茂,形象生动,有助于学生尽快掌握和领悟教材中的理论知识和案例知识,提高学生实践动手能力。

　　本书在编写过程中,得到了很多施工单位、监理单位的关心和帮助,并提供了施工、监理文件,同时参考了大量建筑企业、单位的案例和资料,在此一并致以衷心的感谢。

本书的整体课时分配建议如下：

项目	内容	建议课时		授课类型
		理论课时	实训课时	
项目 1	土方工程	8～10	4	讲授、实训
项目 2	桩基础工程	8～10	4	讲授、实训
项目 3	脚手架工程	4	2	讲授、实训
项目 4	砌筑工程	4	2	讲授、实训
项目 5	钢筋混凝土工程	16～20	6	讲授、实训
项目 6	屋面及防水工程	8～10	4	讲授、实训
项目 7	预应力混凝土工程	8	4	讲授、实训
项目 8	装饰工程	8～10	4	讲授、实训
项目 9	结构安装工程	10	4	讲授、实训

本书由刘守峰担任主编，宁学军担任主审。具体分工为：项目 1～3 由刘守峰编写；项目 4～6 由杨伟伟编写；项目 7～8 由李朋波编写；项目 9 由李晓编写；周光辉、张继芳、张玉臣、许旭先、温俊生、牟龙飞参与本书部分项目的编写以及资料整理的工作。

由于编者水平有限，加之编写时间仓促，疏漏与不足之处在所难免，敬请各位专家、同行和读者提出宝贵意见，以便我们不断改进。

编　者

目录 CONTENTS

项目 1　土方工程

【知识目标】

1. 掌握土的工程性质，掌握土方的种类和鉴别方法；

2. 熟悉土方工程量的计算；

3. 熟悉人工降低地下水位降水法的施工工艺；

4. 熟悉土方开挖前施工准备工作的内容，掌握土壁支撑方法，能正确选择施工机械；

5. 了解土料填筑的要求，熟悉压实率、含水量和铺土厚度对填土压实的影响，掌握填土压实方法的技术要求。

【技能目标】

1. 能够在施工现场熟练确定土方工程的预留量、弃土量以及挖土运输车次；

2. 能够进行一般的地基处理；

3. 能够进行挖土施工机械的选择。

【课时建议】

8～10 课时

1.1 土的分类及工程性质

1.1.1 土的分类

土的种类繁多,分类方法也很多。例如,根据土的颗粒级配或塑性指数、土的沉积年代、土的工程特点分类等。在土方工程施工中,根据土的坚硬程度和开挖方法将土分为松软土、普通土、坚土、砂砾坚土、软石、次坚石、坚石及特坚石,共8类。其中前四类属于一般土,后四类属于岩石。土的分类、开挖方法及使用工具见表1.1。

表1.1 土的分类、开挖方法及使用工具

土的分类	土的级别	土的名称	开挖方法及工具	可松性系数	
				K_s	K_s'
一类土（松软土）	Ⅰ	砂土、粉土、冲积砂土层、疏松的种植土、淤泥（泥炭）	用锹、锄头挖掘,少许用脚蹬	1.08～1.17	1.01～1.03
二类土（普通土）	Ⅱ	粉质黏土;潮湿的黄土;夹有碎石、卵石的砂;粉土混卵（碎）石;种植土及填土	用锹、锄头挖掘,少许用镐翻松	1.20～1.30	1.03～1.04
三类土（坚土）	Ⅲ	软及中等密实黏土;重粉质黏土;砾石土;干黄土,含有碎石、卵石的黄土,粉质黏土;压实的填土	主要用镐,少许用锹、锄头挖掘,部分用撬棍	1.14～1.28	1.02～1.05
四类土（砾砂坚土）	Ⅳ	坚硬密实的黏性土或黄土;含碎石、卵石的中等密实的黏性土或黄土;粗卵石;天然级配砂石;软泥灰岩	整个先用镐、撬棍,后用锹挖掘,部分用楔子及大锤	1.24～1.30	1.04～1.07
五类土（软石）	Ⅴ～Ⅵ	硬质黏土;中密的页岩、泥灰岩、白垩土;胶结不紧的砾岩;软石灰及贝壳石灰石	用镐或撬棍、大锤挖掘,部分使用爆破的方法	1.26～1.32	1.06～1.09
六类土（次坚石）	Ⅶ～Ⅸ	泥岩、砂岩、砾岩;坚实的页岩、泥灰岩、密实的石灰岩;风化花岗岩、片麻岩及正长岩	用爆破方法开挖,部分用风镐	1.33～1.37	1.11～1.15
七类土（坚石）	Ⅹ～Ⅻ	大理石;辉绿岩;玢岩;粗、中粒花岗岩;坚实的白云岩、砂岩、砾岩、片麻岩、石灰岩;微风化安山岩;玄武岩	用爆破方法开挖	1.30～1.45	1.10～1.20
八类土（特坚石）	ⅩⅣ～ⅩⅥ	安山岩;玄武岩;花岗片麻岩;坚实的细粒花岗岩、闪长岩、石英岩、辉长岩、辉绿岩、玢岩、角闪岩	用爆破方法开挖	1.45～1.50	1.20～1.30

1.1.2 土的工程性质

(1)土的可松性。

自然状态下的土经开挖后,其体积因松散而增加,以后虽经回填夯实,仍不能恢复原来的体积,土的这种性质称为土的可松性。土的可松性程度一般用可松性系数表示。可松性系数有最初可松性系数和最终可松性系数两种。

最初可松性系数为

$$K_s = \frac{V_2}{V_1} \tag{1.1}$$

最终可松性系数为

$$K'_s = \frac{V_3}{V_1} \tag{1.2}$$

式中　K_s——土的最初可松性系数;

　　　K'_s——土的最终可松性系数;

　　　V_1——土在自然状态下的体积,m^3;

　　　V_2——土经开挖后松散状态下的体积,m^3;

　　　V_3——土经回填压(夯)实后的体积,m^3。

土的可松性系数对土方的平衡调配,留弃土量、土方运输量及运输工具数量的计算等都有直接影响。

【案例实解】

已知某基槽需挖土方$300\ m^3$,基础体积$180\ m^3$,土的最初可松性系数为1.4,最终可松性系数为1.1。计算预留回填土量和弃土量。(按松散状态下计算)

解:由 K_s 和 K'_s 两者间的关系可知:

预留回填土量为　$V_{留} = (V_{挖} - V_{基})\frac{K_s}{K'_s} = (300\ m^3 - 180\ m^3)\frac{1.4}{1.1} \approx 152.73\ m^3$

弃土量为　　　　$V_{弃} = V_{挖} \times K_s - V_{留} = 300\ m^3 \times 1.4 - 152.73\ m^3 = 267.27\ m^3$

(2)土的含水量。

土的含水量是指土中水的质量与固体颗粒的质量之比,以百分数表示,即

$$w = \frac{m_w}{m_s} \times 100\% \tag{1.3}$$

式中　w——土的含水量,%;

　　　m_w——土中水的质量,kg;

　　　m_s——土中固体颗粒经烘箱在恒温105 ℃下烘12 h后的质量,kg。

土的含水量对土方开挖的难易程度、边坡留置的大小、回填土的夯实均有一定影响。在一定含水量的条件下,用同样的夯实机具,可使回填土达到最大的密实度,此含水量称为土的最佳含水量。

(3)土的渗透性。

土的渗透性是指水流通过土中孔隙的难易程度。土的渗透性用渗透系数 K 表示。地下水在土体中的渗流速度与水力坡度成正比,与渗透路径成反比。一般可按达西定律计算确定(图1.1),其公式为

$$v = iK \tag{1.4}$$

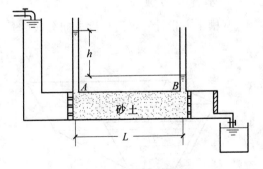

图1.1　沙土的渗透实验

式中　v——水在土中的渗流速度，m/d；

i——水力坡度，$i=\dfrac{H_1-H_2}{L}$，即两点间的水头差(H_1-H_2)与其水平距离L之比；

K——土的渗透系数，m/d。

K值的大小反映土的渗透性的强弱。土的渗透系数可以通过室内渗透试验或现场抽水试验测定。一般土的渗透系数见表1.2。

表 1.2　土的渗透系数

土的名称	渗透系数/(m·d⁻¹)	土的名称	渗透系数/(m·d⁻¹)
黏土	<0.005	中砂	$5\sim20$
粉质黏土	$0.005\sim0.1$	均质细砂	$35\sim50$
粉土	$0.1\sim0.5$	粗砂	$20\sim50$
黄土	$0.25\sim0.5$	圆砾石	$50\sim100$
粉砂	$0.5\sim1$	卵石	$100\sim500$
细砂	$1\sim5$		

1.2　土方工程量计算

根据土方工程量的大小，拟定土方工程施工方案，组织土方工程施工。土方工程的外形往往很复杂，不规则，要准确计算土方工程量难度很大。一般情况下，将其划分成一定的几何形状，采用具有一定精度又与实际情况近似的方法计算。

1.2.1　基坑与基槽土方量计算

1.基坑土方量

基坑是指长宽比小于或等于3的矩形土体。基坑土方量可按立体几何中棱柱体（由两个平行的平面做底的一种多面体，图1.2）体积公式计算，即

$$V=\frac{H}{6}(A_1+4A_0+A_2) \tag{1.5}$$

式中　H——基坑深度，m；

A_1,A_2——基坑上、下底面积，m²；

A_0——基坑中截面的面积，m²。

2.基槽土方量

基槽土方量计算可沿长度方向分段（图1.3）后，按照上述同样的方法计算，即

$$V_1=\frac{L_1}{6}(A_1+4A_0+A_2) \tag{1.6}$$

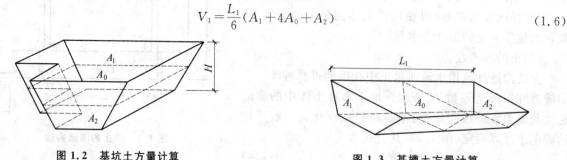

图 1.2　基坑土方量计算　　　　　　　　图 1.3　基槽土方量计算

式中 V_1——第一段的土方量，m^3；

L_1——第一段的长度，m。

将各段土方量相加，即得总土方量为

$$V = V_1 + V_2 + \cdots + V_n$$

式中 $V_1, V_2, \cdots, V_n$——各分段的土方量，m^3。

1.2.2 场地平整土方量计算

场地平整土方量的计算方法一般采用方格网法。

方格网法计算场地平整土方量的步骤如下：

(1)绘制方格网图。

由设计单位根据地形图(一般在1∶500的地形图上)，将建筑场地划分为若干个方格，方格边长主要取决于地形变化复杂程度，一般取 $a = 10 \sim 40$ m 等，通常采用20 m。方格网与测量的纵横坐标网相对应，在各方格角点规定的位置上标注角点的自然地面标高(H)和设计标高(H_n)，如图1.4所示。

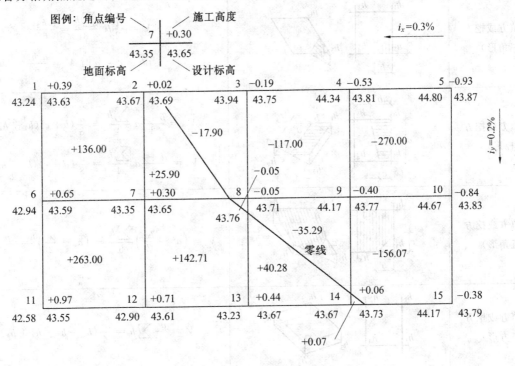

图1.4 方格网法计算土方工程量图

(2)计算场地各方格角点的施工高度。

各方格角点的施工高度的计算式为

$$h_n = H_n - H \tag{1.7}$$

式中 h_n——角点的施工高度，即填方高度(以"+"为填，"-"为挖)，m；

H_n——角点的设计标高，m；

H——角点的自然地面标高，m；

n——方格的角点编号(自然数列 $1, 2, 3, \cdots, n$)。

(3)计算"零点"位置，确定零线。

当同一方格四个角点的施工高度同号时，该方格内的土方全部为挖方或填方，如果同一方格中一部分角点的施工高度为"+"，而另一部分为"-"，则此方格中的土方一部分为填方，一部分为挖方，沿其边线必然有一不挖不填的点,即为"零点",如图 1.5 所示。

零点位置按下式计算:

$$x_1 = \frac{ah_1}{h_1 + h_2}, \quad x_2 = \frac{ah_2}{h_1 + h_2} \tag{1.8}$$

式中　　x_1, x_2——角点至零点的距离,m;

　　　　h_1, h_2——相邻两角点的施工高度,均用绝对值表示,m;

　　　　a——方格的边长,m。

(4)计算方格土方工程量。

按方格底面积图形和表 1.3 所列计算公式,计算每个方格内的挖方量或填方量。

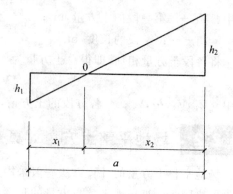

图 1.5　零点位置计算示意图

表 1.3　常用方格网点计算公式

项目	图式	计算公式
一点填方或挖方（三角形）		$V = \frac{1}{2}bc\frac{\sum h}{3} = \frac{bch_3}{6}$ 当 $b = c = a$ 时,$V = \frac{a^2 h_3}{6}$
两点填方或挖方（梯形）		$V_+ = \frac{b+c}{2}a\frac{\sum h}{4} = \frac{a}{8}(b+c)(h_1 + h_3)$ $V_- = \frac{d+e}{2}a\frac{\sum h}{4} = \frac{a}{8}(d+e)(h_2 + h_4)$
三点填方或挖方（五角形）		$V = \left(a^2 - \frac{bc}{2}\right)\frac{\sum h}{5} = \left(a^2 - \frac{bc}{2}\right)\frac{h_1 + h_2 + h_4}{5}$
四点填方或挖方（正方形）		$V = \frac{a^2}{4}\sum h = \frac{a^2}{4}(h_1 + h_2 + h_3 + h_4)$

(5)计算土方总量。

将挖方区(或填方区)所有方格计算的土方量和边坡土方量汇总,即得该场地挖方和填方的总土方量。

【案例实解】

某建筑工程在挖方前要进行场地平整,平整场地的方格网布置如图 1.6 所示。已知方格网边长 $a = 20$ m,方格网各角点上的标高分别为地面的设计标高和自然标高,试计算该施工场地的挖方和填方的总土方量。

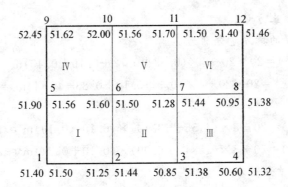

图 1.6　建筑场地方格网布置图

(1)计算各角点的施工高度。

按照公式(1.7)计算方格网各角点的施工高度分别为：

$h_1 = (51.50 - 51.40)\ \text{m} = 0.10\ \text{m}$

$h_2 = (51.44 - 51.25)\ \text{m} = 0.19\ \text{m}$

$h_3 = (51.38 - 50.85)\ \text{m} = 0.53\ \text{m}$

$h_4 = (51.32 - 50.60)\ \text{m} = 0.72\ \text{m}$

$h_5 = (51.56 - 51.90)\ \text{m} = -0.34\ \text{m}$

$h_6 = (51.50 - 51.60)\ \text{m} = -0.10\ \text{m}$

$h_7 = (51.44 - 51.28)\ \text{m} = 0.16\ \text{m}$

$h_8 = (51.38 - 50.95)\ \text{m} = 0.43\ \text{m}$

$h_9 = (51.62 - 52.45)\ \text{m} = -0.83\ \text{m}$

$h_{10} = (51.56 - 52.00)\ \text{m} = -0.44\ \text{m}$

$h_{11} = (51.50 - 51.70)\ \text{m} = -0.20\ \text{m}$

$h_{12} = (51.46 - 51.40)\ \text{m} = 0.06\ \text{m}$

将方格网各角点施工高度计算结果标注在图1.7中。

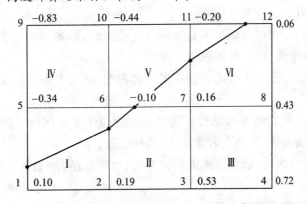

图 1.7　施工高度与零线位置

(2)计算零点位置。

由图1.7可知,由于方格网1—5,2—6,6—7,7—11,11—12方格边线两端的施工高度符号不同,这说明在这些方格边上有零点的存在,由式(1.8)得

1—5 线:$x_1 = 4.55\ \text{m}$；2—6 线:$x_1 = 13.10\ \text{m}$；6—7 线:$x_1 = 7.69\ \text{m}$；7—11 线:$x_1 = 8.89\ \text{m}$；11—12 线:$x_1 = 15.38\ \text{m}$。

将各零点标于方格网上,并将相邻的零点连接起来,即得零线位置,如图1.7所示。

（3）计算各方格的挖填土方量。

方格Ⅲ挖方量、方格Ⅳ的填方量分别为

$$V_{Ⅲ}（+）=20×20÷4×(0.53+0.72+0.16+0.43)m^3=184\ m^3$$

$$V_{Ⅳ}（-）=20×20÷4×(0.3+0.10+0.83+0.44)m^3=167\ m^3$$

方格Ⅰ的土方量为

$$V_{Ⅰ}（+）=20÷8×(4.55+13.10)×(0.10+0.19)m^3≈12.80\ m^3$$

$$V_{Ⅰ}（-）=20÷8×(15.45+6.90)×(0.10+0.34)m^3≈24.59\ m^3$$

方格Ⅱ、Ⅴ、Ⅵ的土方量分别为

$$V_{Ⅱ}（+）=65.73\ m^3，V_{Ⅱ}（-）=0.88\ m^3$$

$$V_{Ⅴ}（+）=2.92\ m^3，V_{Ⅴ}（-）=51.10\ m^3$$

$$V_{Ⅵ}（+）=40.89\ m^3，V_{Ⅵ}（-）=5.70\ m^3$$

方格网总填方量为

$$\sum V（+）=(184+12.8+65.73+2.92+40.89)m^3=306.34\ m^3$$

方格网总挖方量为

$$\sum V（-）=-(167+24.59+0.88+51.10+5.70)m^3=249.27\ m^3$$

1.2.3 土方调配

土方调配是土方工程施工组织（土方规划）中的重要内容，在场地土方工程量计算完成后，即可着手土方的调配工作。土方调配，就是对挖土、堆弃和填土三者之间的关系进行综合协调处理。好的土方调配方案，应该使土方的运输量或费用最少，而且施工又方便。

1. 土方调配原则

（1）力求达到挖方与填方基本平衡和运距最短。使挖方量与运距的乘积之和最小，即土方运输量或费用最小，降低工程成本。但有时仅局限于一个场地范围内的挖填平衡难以满足上述原则，可根据场地和周围地形条件，考虑就近借土或就近堆弃。

（2）近期施工与后期利用相结合。当工程分期分批施工时，若先期工程有土方余额，应结合后期工程的需求来考虑利用量与堆放位置，以便就近调配。

（3）应分区与全场结合。分区土方的余额或欠额的调配，必须考虑全场土方的调配，不可只顾局部平衡而妨碍全局。

（4）尽可能与大型建筑物的施工相结合。大型建筑物位于填土区时，应将开挖的部分土体予以保留，待基础施工后再进行填土，以避免土方重复挖、填和运输。

（5）合理布置挖、填分区线，选择恰当的调配方向、运输线路，使土方机械和运输车辆的性能得到充分发挥。

（6）好土用在回填质量要求高的地区。

总之，进行土方调配，必须依据现场具体情况、有关技术资料、工期要求、土方施工方法与运输方法等，综合考虑上述原则，并经计算比较，选择经济合理的调配方案。

2. 土方调配区的划分

进行土方调配时首先要划分调配区，划分调配区应注意以下几点：

（1）调配区的划分应与房屋或构筑物的位置相协调，满足工程施工顺序和分期分批施工的要求，使近期施工与后期利用相结合。

(2)调配区的大小应该满足土方施工用主导机械的技术要求,使土方机械和运输车辆的功效得到充分发挥。例如,调配区的范围应该大于或等于机械的铲土长度,调配区的面积最好和施工段的大小相适应。

(3)当土方运距较大或厂区内土方不平衡时,可根据附近地形,考虑就近借土或就近弃土,这时每个借土区或弃土区均可作为一个独立的调配区。

(4)调配区的范围应该和土方的工程量计算用的方格网协调,通常可由若干个方格组成一个调配区。

3.土方调配图表的编制

场地土方调配,需制成相应的土方调配图表,其编制方法如下:

(1)划分调配区。

在场地平面图上先画出零线,确定挖填方区;根据地形及地理条件,把挖方区和填方区再适当地划分为若干个调配区,其大小应满足土方机械的操作要求。

(2)计算土方量。

计算各调配区的挖方量和填方量,并标写在图上。

(3)计算调配区之间的平均运距。

调配区的大小及位置确定后,便可计算各挖填调配区之间的平均运距。当用铲运机或推土机平土时,挖方调配区和填方调配区土方重心之间的距离,通常就是该挖填调配区之间的平均运距。因此,确定平均运距需先求出各个调配区土方的重心,并把重心标在相应的调配区图上,然后用比例尺量出每对调配区之间的平均运距即可。当挖填调配区之间的运距较远,采用汽车、自行式铲运机或其他运土工具沿工地道路或规定线路运输时,其运距可按实际计算。

(4)进行土方调配。

土方最优调配方案的确定,以线性规划为理论基础,常用"表上作业法"求得。

(5)根据表上作业法求得最优调配方案。

在场地地形图上绘出土方调配区,图上应标出土方调配方向、土方数量及平均运距,如图1.8所示。

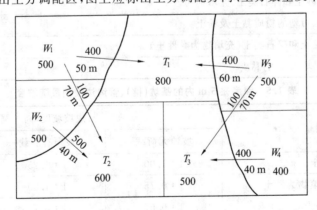

图1.8 土方调配图

1.3 土方边坡与土壁支撑

为了保持土方工程施工时土体的稳定性,防止塌方,保证施工安全,当挖方超过一定深度或填方超过一定高度时,应考虑放坡或加临时支撑以保持土壁的稳定。

1.3.1 土方边坡

土方边坡坡度以其挖方深度(或填方高度)H 与其边坡底宽 B 之比来表示。边坡可以做成直线形边坡、折线形边坡及阶梯形边坡(图1.9)。

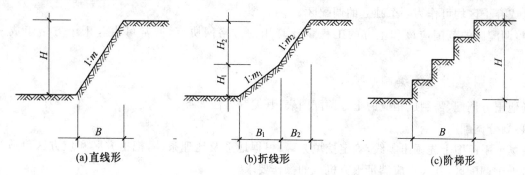

(a)直线形　　　　　　(b)折线形　　　　　　(c)阶梯形

图1.9　土方边坡

$$土方边坡坡度 = \frac{H}{B} = \frac{1}{B/H} = \frac{1}{m} \tag{1.9}$$

式中　m——土方边坡系数，$m = \dfrac{B}{H}$。

当土质为天然湿度、构造均匀、水文地质条件良好，且无地下水时，开挖基坑也可不必放坡，采取直立开挖不加支撑，但挖方深度应按表1.4的规定，基坑长度应稍大于基础长度。如超过表1.4规定的深度，但不大于5 m时，应根据土质和施工具体情况进行放坡，以保证不塌方，其不加支撑的边坡最陡坡度应符合表1.5的规定。放坡后基坑上口宽度由基坑底面宽度及边坡坡度决定，坑底宽度每边应比基础宽出 150～300 mm，以便施工操作。

表1.4　基坑(槽)和管沟直立不加支撑时的容许深度

土的类别	挖土深度/m
密实、中密的砂土和碎石类土(充填物为砂土)	1.00
硬塑、可塑的粉质黏土及粉土	1.25
硬塑、可塑的黏土和碎石类土(充填物为黏性土)	1.50
坚硬的黏土	2.00

表1.5　深度在5 m内的基坑(槽)、管沟边坡的最陡坡度

土的类别	边坡坡度(高∶宽)		
	坡顶无荷载	坡顶有静载	坡顶有动载
中密的砂土	1∶1.00	1∶1.25	1∶1.50
中密的碎石类土(充填物为砂土)	1∶0.75	1∶1.00	1∶1.25
硬塑的亚黏土	1∶0.67	1∶0.75	1∶1.00
中密的碎石类土(充填物为黏性土)	1∶0.50	1∶0.67	1∶0.75
硬塑的亚黏土、黏土	1∶0.33	1∶0.50	1∶0.67
老黄土	1∶0.10	1∶0.25	1∶0.33
软土(经井点降水后)	1∶1.00		

注：1.静载指堆土或材料等，动载指机械挖土或汽车运输作业等；
　　2.静载或动载距挖方边缘的距离应符合规范中的有关规定；
　　3.当有成熟施工经验时，可不受本表限制

1.3.2 土壁支撑

开挖基坑(槽)或管沟,采用放坡开挖比较经济,但有时由于场地的限制不能按要求放坡,或因土质的原因,放坡增加的土方量很大,在这种情况下可采用边坡支护的施工方法。

基坑(槽)或管沟需设置坑壁支撑时,应根据开挖深度、土质条件、地下水位、施工方法、相邻建筑物情况进行选择和设计。支撑必须牢固可靠,确保施工安全。土壁支撑有钢支撑、木支撑、板桩和地下连续墙等。

开挖较窄的沟槽时常采用横撑式土壁支撑。根据挡土板的不同可分为以下几种形式:

1. 间断式水平支撑(图1.10(a))

两侧挡土板水平放置,用工具式支撑或木横撑用木楔顶紧,挖一层土,支顶一层。这种方式适用于能保持直立壁的干土或天然湿度的黏土类土,要求地下水很少,深度在2 m以内。

2. 断续式水平支撑(图1.10(b))

挡土板水平放置,并有间隔,两侧同时对称立竖向楞木,用工具式支撑或木横撑上、下顶紧。这种方式适用于保持直立壁的干土或天然湿度的黏土类土,要求地下水很少,深度在3 m以内。

3. 连续式水平支撑(图1.10(c))

挡土板水平连续放置,无间隔,两侧同时对称立竖楞木,上、下各顶一根撑木,端头用木楔顶紧。适用于较松散的干土或天然湿度的黏土类土,地下水很少,深度为3~5 m。

4. 连续式或间断式垂直支撑(图1.10(d))

挡土板垂直放置,可连续或留适当间隙,每侧上、下各水平顶一根横楞木,再用横撑顶紧。适用于土质较松散或湿度很高的土,地下水较少,深度不限。

5. 水平垂直混合式支撑(图1.10(e))

沟槽上部设连续式水平支撑,下部设连续式垂直支撑。适用于槽沟深度较大,下部有含水层的情况。

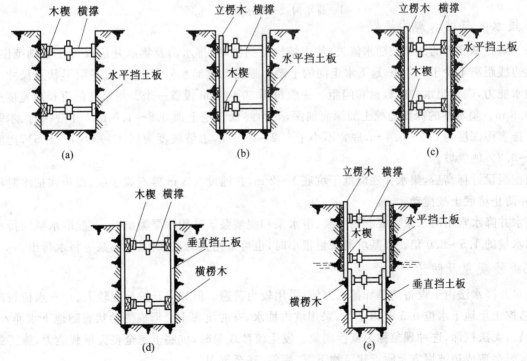

图 1.10 横撑式土壁支撑

1.4 人工降低地下水位

在开挖基坑(槽)、管沟或其他土方时,若地下水位较高,挖土底面低于地下水位,开挖至地下水位以下时,土的含水层被切断,地下水将不断流入坑内。这时不仅施工条件恶化,而且容易发生边坡失稳、地基承载力下降等不利现象。因此,为了保证工程质量和施工安全,在土方开挖前或开挖过程中必须采取措施,做好降低地下水位的工作,使地基土在开挖及基础施工过程中保持干燥状态。

在土方工程施工中,地下水控制常采用集水井降水法和井点降水法。

1.4.1 集水井降水法

集水井降水法又称明沟排水法,是在基坑开挖过程中,沿坑底周围或中央开挖有一定坡度的排水沟,在坑底每隔一定距离设一个集水井,地下水通过排水沟流入集水井中,然后用水泵抽走(图1.11)。

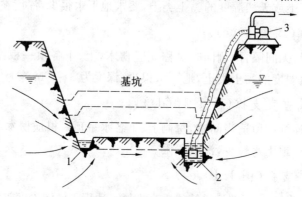

图1.11 集水井降水法
1—排水沟;2—集水坑;3—水泵

1.集水井与排水沟的设置

为了防止基底土的细颗粒随水流失,使土结构受到破坏,排水沟及集水井应设置在基础范围之外,距基础边线距离不少于0.4 m,地下水走向的上游。根据基坑涌水量大小、基坑平面形状及尺寸以及水泵的抽水能力,确定集水井的数量和间距。一般每隔30~40 m设置一个。集水井的直径或宽度一般为0.6~0.8 m。集水井的深度随挖土加深而加深,要始终低于挖土面0.8~1.0 m。井壁用竹、木等材料加固。排水沟深度为0.3~0.4 m,底宽不小于0.2~0.3 m,边坡坡度为(1:1)~(1:1.5),沟底设有0.1%~0.2%的纵坡。

当挖至设计标高后,集水井底应低于坑底1~2 m,并铺设0.3 m碎石滤水层,以免在抽水时将泥沙抽出,并防止坑底土被搅动。

集水井降水常用的水泵主要有离心泵、潜水泵和泥浆泵。选用水泵类型时,一般取水泵的排水量为基坑涌水量的1.5~2.0倍。当基坑涌水量很小时,也可采用人力提水桶、手摇泵等将水排出。

2.流沙现象及防治

集水井降水法由于设备简单和排水方便,采用较为普遍。但如果开挖深度较大、地下水位较高且土质较差,挖土至地下水位0.5 m以下时,采用坑内抽水,有时坑底土会形成流动状态随地下水涌入基坑,边挖边冒,无法挖深,这种现象称为流沙现象。发生流沙现象时,坑底土完全丧失承载能力,施工条件恶化,严重时会造成边坡塌方及附近建筑物下沉、倾斜,甚至倒塌。

（1）流沙产生的原因。

流动中的地下水对土颗粒产生的压力称为动水压力。水在土中渗流时受到土颗粒的阻力 T，同时水对土颗粒作用产生动水压力 G_D，二者大小相等、方向相反。产生流沙现象的原因主要是由于地下水的水力坡度大，即动水压力大，当水流在水位差的作用下对土颗粒产生向上压力时，土颗粒不但受到了水的浮力，而且动水压力还使土颗粒受到向上推动的压力。当动水压力等于或大于土的浮重度 γ' 时，即

$$G_D \geqslant \gamma' \tag{1.10}$$

则土颗粒处于悬浮状态，土颗粒随着渗流的水一起流动，即发生流沙现象，如图1.12所示。

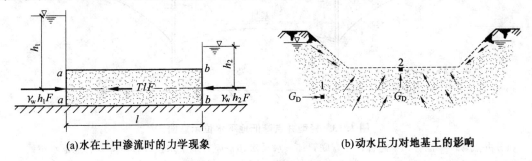

（a）水在土中渗流时的力学现象 　　　　　　（b）动水压力对地基土的影响

图1.12　动水压力原理图

1,2—土颗粒

（2）流沙的防治措施。

颗粒细、均匀、松散、饱和的非黏性土容易发生流沙现象，但是否出现流沙现象的重要条件是动水压力的大小和方向。因此，防治流沙的主要途径是：减少或平衡动水压力，或者改变动水压力的方向使之向下。其具体措施有：

①安排在全年最低水位季节施工，使基坑内动水压力减小。

②采取水下挖土（不抽水或少抽水），使坑内水压力与坑外地下水压力平衡或缩小水头差。

③采用井点降水，使水位降至坑底0.5 m以下，动水压力的方向向下，坑底土面保持无水状态。

④沿基坑外围四周打板桩，深入坑底下面一定深度，增加地下水从坑外流入坑内的渗流路线，减小动水压力。

⑤采用化学压力注浆或高压水泥注浆，固结基坑周围粉砂层，形成防渗帷幕。

⑥往坑底抛大石块，增加土的压重和减小动水压力，同时组织快速施工。

⑦当基坑面积较小时，也可采取在四周设钢板护筒，护筒随着挖土不断加深，直到穿过流沙层。

1.4.2　井点降水法

井点降水法就是在基坑开挖前，预先在基坑四周埋设一定数量的井点管，利用抽水设备从中抽水，使地下水位降至坑底以下，直至基础施工结束回填土完成为止，如图1.13所示。井点降水改善了施工条件，可使所挖的土始终保持干燥状态，同时还使动水压力方向向下，从根本上防止流沙发生，并增加土中有效应力，提高土的强度或密实度，土方边坡也可陡些，从而减少挖土数量。但在降水过程中，基坑附近的地基土会有一定的沉降，施工时应加以注意。

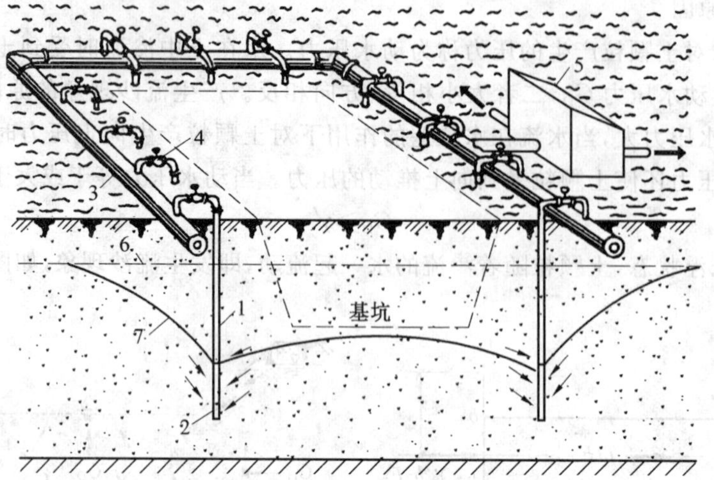

图 1.13 轻型井点降低地下水位示意图

1—井点管；2—滤管；3—总管；4—弯联管；5—水泵房；6—原有地下水位线；7—降低后地下水位线

井点降水的方法有轻型井点、电渗井点、喷射井点、管井井点及深井井点等。对不同类型的井点降水可参考表1.6。

表 1.6 井点降水类型及适用条件

降水类型	土层渗透系数/(m·d⁻¹)	降低水位深度/m
单层轻型井点	0.1~50	3~6
多层轻型井点	0.1~50	6~2
喷射井点	0.1~50	8~20
电渗井点	<0.1	根据选用井点确定
管井井点	20~200	3~5
深井井点	10~250	>15

（1）轻型井点降水设备。

轻型井点降水是沿基坑四周或一侧以一定间距将井点管（下端为滤管）埋入蓄水层内，井点管上端通过弯联管与总管连接，利用抽水设备将地下水经滤管进入井管，经总管不断抽出，使原有地下水位降至坑底以下。轻型井点降水法如图1.13所示。

轻型井点降水设备由管路系统和抽水设备组成。管路系统包括滤管、井点管、弯联管及总管等。滤管为进水设备，如图1.14所示。一般是长度为1.0~1.5 m，直径为38~55 mm的无缝钢管，管壁钻有直径12~18 mm的梅花形滤孔。管壁外包两层滤网，内层为细滤网，采用3~5孔/mm² 黄铜丝布或生丝布，外层为粗滤网，采用0.8~1.0孔/mm² 铁丝丝布或尼龙布。为使水流通畅，在管壁与滤网间用铁丝或塑料管隔开，滤网外面再绑一层粗铁丝保护网，滤管下面为一铸铁塞头，滤管上端与井点管用螺钉套头连接。井点管是直径为38~51 mm，长5~7 m的钢管。集水总管是直径为100~127 mm钢管，每段长4 m，其上装有与井点管连接的端接头，间距0.8 m或1.2 m。总管与井点管用90°弯头连接，或用塑料管连接。抽水设备由真空泵、离心泵和集水箱等组成。

（2）轻型井点布置。

轻型井点布置，根据基坑大小与深度、土质、地下水位高低与流向和降水深度要求等确定。

① 平面布置。

当基坑或沟槽宽度小于 6 m，且水位降低深度不超过 5 m 时，可采用单排线状井点，布置在地下水流的上游一侧，其两端延伸长度一般以不小于基坑（槽）为宜，如图 1.15（a）所示。如基坑宽度大于 6 m 或土质不良，土的渗透系数较大时，宜采用双排井点。基坑面积较大时，宜采用环状井点，如图 1.16（a）所示。为便于挖土机械和运输车辆进入基坑，可不封闭，布置为 U 形环状井点。井点管距离基坑壁一般不宜小于 0.7～1.0 m，以防局部发生漏气，井点管间距应根据土质、降水深度、工程性质等决定，一般采用 0.8～1.6 m。

一套抽水设备能带动的总管长度，一般为 100～120 m。采用多套抽水设备时，井点系统要分段，各段长度要大致相等。

② 高程布置。

在考虑到抽水设备的水头损失后，井点降水深度一般不超过 6 m。井点管的埋设深度 H（不包括滤管）按下式计算，如图 1.16（b）所示：

$$H \geqslant H_1 + h + iL \tag{1.11}$$

式中　H_1——井点管埋设面至基坑底的距离，m；

　　h——基坑中心处坑地面（单排井点时，为远离井点一侧坑底边缘）至降低后地下水位的距离，一般为 0.5～1.0 m；

　　i——地下水降落坡度，环状井点为 1/10，单排线状井点为 1/4；

　　L——井点管至基坑中心的水平距离（单排井点为井点管至基坑另一侧的水平距离），m。

当一级井点系统达不到降水深度要求时，可采用二级井点，即先挖去第一级井点所疏干的土，然后在基坑底部装设第二级井点，使降水深度增加，如图 1.17 所示。

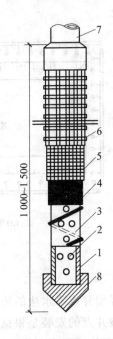

图 1.14　滤管构造图
1—滤管；2—管壁小孔；3—塑料管；4—细滤网；5—粗滤网；6—粗铁丝保护网；7—井点管；8—铸铁头

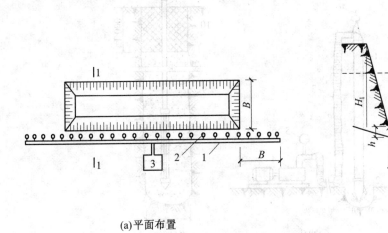

(a)平面布置　　(b)高程布置

图 1.15　单排线状井点布置图
1—总管；2—井点管；3—抽水设备

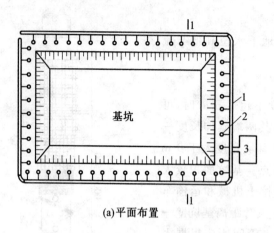

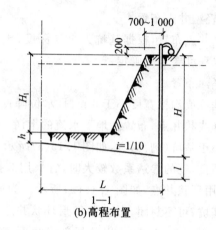

(a)平面布置　　　　　　　　(b)高程布置

图 1.16　环形井点布置图

1—总管；2—井点管；3—抽水设备

③轻型井点降水法的施工。

轻型井点的安装是根据降水方案，先布设总管，再埋设井点管，然后用弯联管连接井点管与总管，最后安装抽水设备。

井点管的埋设一般用水冲法施工，分为冲孔和埋管两个过程，如图 1.18 所示。冲孔时，利用起重设备将冲管吊起，并插在井点位置上，开动高压水泵将土冲松，冲管边冲边沉。冲孔要垂直，直径一般为 300 mm，以保证井管四壁有一定厚度的砂滤层，冲孔深度要比滤管底深 0.5 m 左右，以防冲管拔出时部分土颗粒沉于底部而触及滤管。井孔冲成后，随即拔出冲管，插入井点管。井点管与井壁间应立即用粗砂灌实，距地面 1.0～1.5 m 深处，用黏土填塞密实，防止漏气。

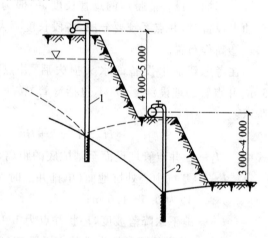

图 1.17　二级井点降水示意图

1——级井点降水；2—二级井点降水

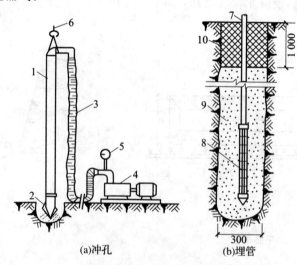

(a)冲孔　　　　　　(b)埋管

图 1.18　井点管的埋设

1—冲管；2—冲嘴；3—胶管；4—高压水泵；5—压力表；
6—起重机吊钩；7—井点管；8—滤管；9—粗砂；10—黏土封口

④轻型井点的使用。

轻型井点运行后，应保证连续不断抽水。如果井点淤塞，一般可以通过听管内水流声响、手摸管壁感到有振动、手触摸管壁有冬暖夏凉的感觉等简便方法检查，发现问题，及时排除隐患，确保施工正常进行。

轻型井点法适用于土壤的渗透系数为 $0.1\sim50$ m/d 的土层降水，一级轻型井点水位降低深度为 $3\sim6$ m，二级井点水位降低深度可达 $6\sim9$ m。

技术点睛

轻型井点系统的安装顺序：挖井点沟槽，敷设集水总管；冲孔，沉设井点管，灌填砂滤料；用弯联管将集水总管连接；安装抽水设备；试抽，正常的出水规律应该是"先大后小、先浊后清"。

【案例实解】

某土方工程采用轻型井点降低地下水位，已知基坑的底宽为 2 m，挖深 3 m，地下水位距地面 1.2 m，土方边坡 1∶0.5。试确定：

(1)井点降水的平面布置类型。

(2)井点管的最小埋深及要求的降水深度。

(3)当采用 6 m 长井点管时，其实际的埋深及降水深度。

解　(1)计算基槽上口宽度为

$$B=2+2mH=(2+2\times0.5\times3)\text{m}=5\text{ m}<6\text{ m}$$

则井点降水应采用单排线状布置。

(2)最小埋深 H_A 及降水深度 S 为

$$H_A\geqslant H_1+h_1+iL=[3+0.5+1/4\times(2+2\times0.5\times3)]\text{m}=4.75\text{ m}$$

$$S=H_1+h_1-1.2=(3+0.5-1.2)\text{m}=2.3\text{ m}$$

(3)若采用 6 m 井点管，确定 H_A 和 S：

$$H_A=(6.0-0.2)\text{m}=5.8\text{ m}$$

$$S=[2.3+(5.8-4.75)]\text{m}=3.35\text{ m}$$

【案例实解】

1. 工程概况

某工程基坑深 6.5 m，坑底宽 12 m，坑底以下土层是黏性土及砂土层，有承压水存在。施工方案采用 1∶1.25 边坡放坡开挖，采用二级井点降水。挖至设计标高以后，逐渐出现坑底隆起现象，24 h 以后隆起量约为 18 cm，一昼夜以后有隆起 25 cm，3 d 以后隆起量达到 1.3 m。随隆起的加大，最终导致坑底开裂，产生流沙。由于坑底失稳破坏，使得边坡滑动，坡顶地面下陷，边坡失稳破坏。

2. 原因分析

由于坑底以下有承压水存在，随着基坑的开挖，其上覆土质量逐渐减小，而井点降水深度不够，使下面土层承压水向上的压力将坑底土层顶起，坑底土层开裂，继而发生流沙。

由于出现流沙，周围地基土被掏空，土的抗剪强度下降，所以产生了边坡滑动及坡顶地面下沉现象。

3. 处理方法

根据以上分析，采用改变降水深度的办法，把井点加深到坑底以下某一深度土层中，使该土层中的承压水所产生的向上的压力小于该深度以上土层的覆土质量。此外还应考虑对周围环境的影响，考虑由于降水造成周围建筑物的下沉及地下管线等设施的变形，所以，遇到这种情况时，应在周围设回灌井点，以保证不会对周围设施造成破坏。

1.5 土方工程机械化施工

土方工程工程量大,工期长。为节约劳动力,降低劳动强度,加快施工速度,对土方工程的开挖、运输、填筑、压实等施工过程应尽量采用机械化施工。

土方工程施工机械的种类很多,有推土机、铲运机、单斗挖土机、多斗挖土机和装载机等。而在房屋建筑工程施工中,尤以推土机、铲运机和单斗挖土机应用最广。施工时,应根据工程规模、地形条件、水文地质情况和工期要求正确选择土方施工机械。

1.5.1 推土机施工

推土机由拖拉机和推土铲刀组成(图1.19)。按行走装置的类型可分为履带式和轮胎式两种。履带式推土机履带板着地面积大,现场条件差时也可以施工,还可以协助其他施工机械工作,所以应用比较广泛。按推土铲刀的操作方式可分为液压式和索式两种。索式推土机的铲刀借助本身自重切入土中,在硬土中切入深度较小;液压式推土机的铲刀利用液压操纵,使铲刀强制切入土中,切土深度较大,且可以调升铲刀和调整铲刀的角度,具有较大的灵活性。

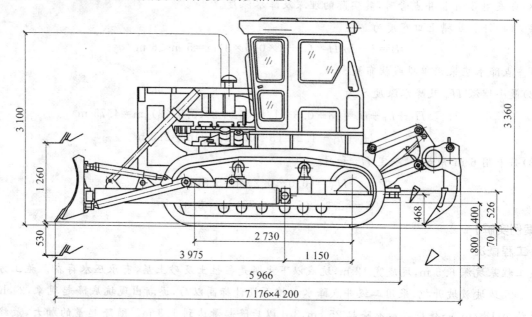

图1.19 推土机组成示意图

推土机操纵灵活、运转方便、所需工作面较小、行驶速度快、易于转移,并能爬30°左右的缓坡,是最为常见的一种土方机械。它多用于场地清理和场地平整,开挖深度1.5 m以内的基坑(槽),堆筑高1.5 m以内的路基、堤坝,以及配合挖土机和铲运机工作。在推土机后面安装松土装置,可破、松硬土和冻土等。推土机可以推挖 I ~ IV 类土,经济运距在100 m以内,效率最高在40~60 m。

为提高推土机的生产效率,增大铲刀前土的体积,减少推土过程中土的散失,缩短推土时间,常采用下列施工方法:

1.下坡推土法

在斜坡上,推土机顺下坡方向切土与推运,借助机械本身的重力作用,以增加切土深度和运土数量,一般可提高生产效率30%~40%,但坡度不宜超过15°,避免后退时爬坡困难。

2.多铲集运法

当推土距离较远而土质比较坚硬时,由于切土深度不大,应采用多次铲运、分批集中、一次推运的方法,使铲刀前保持满载,缩短运土时间,一般可提高生产效率15%左右。堆积距离不宜大于30 m,堆土高度以2 m以内为宜。

3.并列推土法

平整场地面积较大时,可采用两台或三台推土机并列推土,铲刀相距150~300 mm,以减少土的散失,提高生产效率。一般采用两机并列推土可增加推土量15%~30%,三机并列推土可增加推土量30%~40%。

4.槽形推土法

推土机连续多次在一条作业线上切土和推运,使地面形成一条浅槽,以减少土在铲刀两侧散失,一般可提高推土量10%~30%。槽的深度在1 m左右,土埂宽约为500 mm。当推出多条槽后,再推土埂。此法适于运距较远、土层较厚时使用。

此外,还可以采用斜角推土法、之字斜角推土法和铲刀附加侧板法等。

1.5.2 铲运机施工

铲运机是一种能独立完成铲土、运土、卸土、填筑和整平的土方机械。按铲斗的操纵系统可分为索式铲运机和液压式铲运机两种。液压式铲运机能使铲斗强制切土,操纵灵便,应用广泛;索式铲运机现已逐渐被淘汰。铲运机按行走机构可分为自行式铲运机(图1.20)和拖式铲运机(图1.21)两种。拖式铲运机由拖拉机牵引作业,自行式铲运机的行驶和作业都靠本身的动力设备,机动性大、行驶速度快,故得到广泛采用。

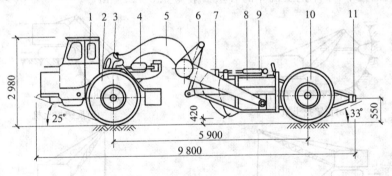

图1.20 自行式铲运机结构示意图

1—驾驶室;2—前轮;3—中央框架;4—转向油缸;5—辕架;
6—提斗油缸;7—斗门;8—铲斗;9—斗门油缸;10—后轮;11—尾架

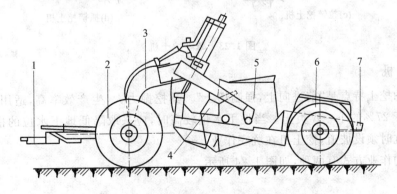

图1.21 拖式铲运机结构示意图

1—拖把;2—前轮;3—辕架;4—斗门;5—铲斗;6—后轮;7—尾架

铲运机对行驶的道路要求较低,操纵灵活,行驶速度快,生产效率高,且费用低。在土方工程中常应用于大面积场地平整、开挖大型基坑、填筑堤坝和路基等。自行式铲运机经济运距以 800～1 500 m 为宜。适宜开挖含水率27%以下的Ⅰ～Ⅳ类土,铲运较坚硬的土时,可用推土机助铲或用松土机配合。

铲运机的开行路线常用的有:环形路线(图 1.22(a)、(b)、(c))及"8"字形路线(图 1.22(d))。

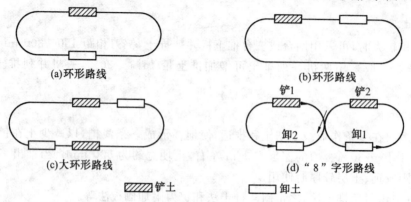

(a)环形路线

(b)环形路线

铲1　铲2

卸2　卸1

(c)大环形路线

(d)"8"字形路线

▨ 铲土　　▭ 卸土

图 1.22　铲运机运行路线

1.5.3　单斗挖土机施工

单斗挖土机是大型基坑开挖中最常用的一种土方机械。挖土机按行走方式可分为履带式和轮胎式两种;按传动方式可分为机械传动和液压传动两种;按工作装置不同可分为正铲、反铲、拉铲和抓铲 4 种(图 1.23)。在建筑工程中,单斗挖土机斗的容量一般为 0.5～2.0 m³。

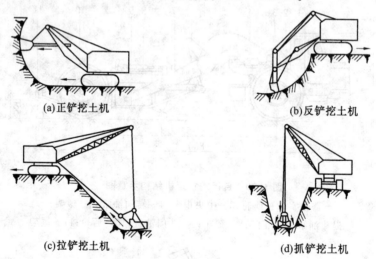

(a)正铲挖土机

(b)反铲挖土机

(c)拉铲挖土机

(d)抓铲挖土机

图 1.23　单斗挖土机

1.正铲挖土机

正铲挖土机的挖土特点是"前进向上,强制切土"。其挖掘力大,生产效率高,适用于开挖停机面以上的含水量不大于27%的Ⅰ～Ⅳ类土。当地下水位较高时,应采取降低地下水位的措施,把基坑土疏干。开挖大型基坑时须设坡道,挖土机在坑底作业。

正铲挖土机的作业方式有两种,如图 1.24 所示。

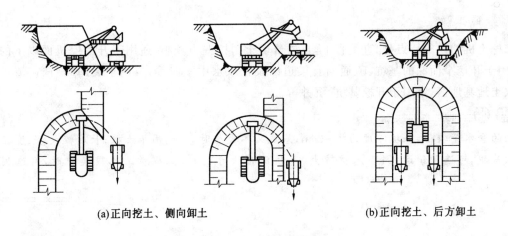

(a)正向挖土、侧向卸土　　　　　　　　(b)正向挖土、后方卸土

图 1.24　正铲挖土机作业方式

2. 反铲挖土机

反铲挖土机的挖土特点是"后退向下,强制切土"。其挖掘力比正铲挖土机小,适宜开挖停机面以下的Ⅰ～Ⅲ类土,适用于开挖基坑、基槽和管沟,也可用于地下水位较高处的土方开挖。一次开挖深度取决于反铲挖土机的最大挖掘深度。

反铲挖土机的作业方式常采用以下两种,如图 1.25 所示。

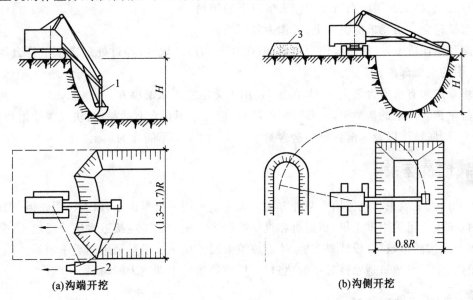

(a)沟端开挖　　　　　　　　　　　　　(b)沟侧开挖

图 1.25　反铲挖土机作业方式
1—反铲挖土机;2—自卸汽车;3—弃土堆

3. 拉铲挖土机

拉铲挖土机的挖土特点是"后退向下,自重切土",挖土时铲斗在自身质量作用下落到地面切入土中。其挖土半径和挖土深度较大,但不如反铲挖土机灵活,开挖精确性差。可开挖停机面以下的Ⅰ～Ⅲ类土。适用于开挖大型基坑或水下挖土。

拉铲挖土机的开挖方式与反铲挖土机的开挖方式相似,也可分为沟端开挖和沟侧开挖。

4.抓铲挖土机

抓铲挖土机的挖土特点是"直上直下,自质量切土",挖掘力较小,适用于开挖停机面以下的Ⅰ～Ⅱ类土,可用于开挖窄而深的基坑、疏通旧有渠道以及挖取水中淤泥等,或用于装卸碎石、矿渣等松散材料。在软土地基地区,常用于开挖基坑、沉井等。

技术点睛

当土的含水量较小,基坑深度为1～2m,基坑又不太长时,可选用推土机;长度较大,深度在2m以内的线状基坑,可选用铲运机;当基坑较大,基坑深度大于2m,工程量又比较集中时,可选用单斗挖土机。

1.6 土方的填筑与压实

1.6.1 土料的选择

填方土料应符合设计要求,保证填方的强度和稳定性,当设计无要求时,应符合下列规定:

(1)碎石类土、砂土和爆破石渣可用作表层以下的填料。

(2)含水量符合压实要求的黏性土,可作为各层填料。

(3)淤泥和淤泥质土,一般不能作为填料,但在软土和沼泽地区,经过处理含水量符合压实要求后,可用于填方中的次要部位。

(4)碎块草皮和有机质含量大于8%的土,仅用于无压实要求的填方。

(5)含盐量符合规定的盐渍土,一般可用作填料,但土中不得含有盐晶、盐块或含盐植物根茎。

(6)冻土、膨胀性土以及水溶性硫酸盐含量大于5%的土均不能作为填土。

1.6.2 填筑要求

填土可采用人工填土和机械填土两种方法。人工填土用手推车送土,以人工用铁锹、耙和锄等工具进行回填;机械填土可采用推土机、铲运机和汽车等设备。填土施工应接近水平分层填土、分层压实,并分层检测填土压实质量,符合设计要求后,才能填筑上层。填土应尽量采用同类土填筑。如采用不同填料分层填筑时,上层宜填筑透水性较小的填料,下层宜填筑透水性较大的填料。

1.6.3 填土压实方法

填土压实方法有碾压法、夯实法和振动压实法3种,如图1.26所示。此外,还可利用运土工具压实。

1.碾压法

碾压法(图1.26(a))是利用机械滚轮的压力压实土壤,使之达到所需的密实度。碾压机械有平碾、羊足碾及气胎碾等。场地平整等大面积填土工程多采用碾压法。平碾(光碾压路机)是一种以内燃机为动力的自行式压路机,适用于碾压黏性土和非黏性土。羊足碾(图1.27)一般都没有动力,靠拖拉机牵引,有单筒、双筒两种。羊足碾虽与土接触面积小,但单位面积的压力比较大,土壤压实的效果较好,一般用于碾压黏性土。气胎碾在工作时是弹性体,对土壤碾压较为均匀,填土质量较好。

2.夯实法

夯实法(图1.26(b))是利用夯锤自由下落的冲击力来夯实土壤,主要用于基坑(槽)、管沟及各种零星分散、边角部位的小面积回填,可以夯实黏性土和非黏性土。夯实法分为人工夯实和机械夯实两种。人工夯实常用的工具有木夯、石夯等;机械夯实常用的机械有夯锤、内燃夯土机和蛙式打夯机(图1.28)等。打夯前对填土应初步平整,打夯机依次夯打,均匀分布,不留间隙。

3.振动压实法

振动压实法(图1.26(c))是将振动压实机放在土层表面,借助振动机构使压实机振动,土颗粒发生相对位移而达到紧密状态。采用这种方法振实非黏性土效果较好。

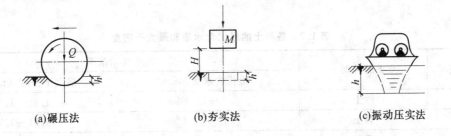

(a)碾压法　　　　　　　　(b)夯实法　　　　　　　　(c)振动压实法

图 1.26　填土压实方法

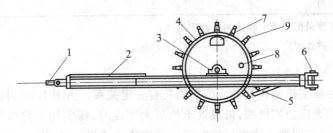

图 1.27　单筒羊足碾构造示意图

1—前拉头;2—机架;3—轴承座;4—碾筒;
5—铲刀;6—后拉头;7—装砂口;8—水口;9—羊足头

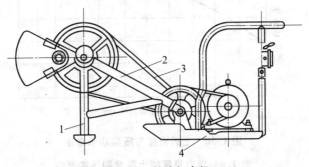

图 1.28　蛙式打夯机

1—夯头;2—夯架;3—三角胶带;4—底盘

1.6.4　影响填土压实质量的因素

影响填土压实质量的因素很多,其中主要有土的含水量、压实功和铺土厚度,其次还与土料的种类、土料的颗粒级配有关。

1.土的含水量

土的含水量的大小对填土压实质量有很大影响,含水量过小,土粒之间摩擦阻力较大,填土不宜被压实；含水量较大，超过一定限度时，土颗粒间的孔隙被水填充而呈饱和状态，填土也不宜被压实。只有当土具有适当的含水量，土颗粒之间的摩擦阻力由于水的润滑作用而减小，土才易被压实。土在最优含水量的情况下，使用同样的压实功进行压实，所得到的密度最大（图 1.29）。各种土的最优含水量和最大干密度可参见表 1.7。

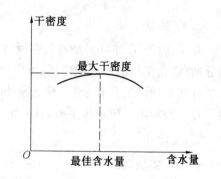

图 1.29　土的干密度与含水量关系示意图

为了保证填土在压实过程中具有最优含水量，当土过湿时，应予翻松晾干，也可掺入同类干土或吸水性土料；当土过干时，则应先洒水湿润。土料含水量一般以手握成团、落地开花为宜。

表 1.7　各种土的最优含水量和最大干密度

序号	土的种类	变动范围	
		最优含水量/%	最大干密度/(t·m⁻³)
1	砂土	8～12	1.80～1.88
2	黏土	19～23	1.58～1.70
3	粉质黏土	12～15	1.85～1.95
4	粉土	16～22	1.61～1.80

注：1. 表中土的最大干密度根据现场实际达到的数字为准；

　　2. 一般性的回填可不做此测定

2. 压实功

填土压实后的密度与压实机械在其上所施加的功有一定关系。由图 1.30 可以看出，当土的含水量一定，在开始压实时，土的密度急剧增加，待接近土的最大密度时，压实功虽然增加许多，但土的密度变化很小。在实际施工中，对不同的土应根据压实后的密实度要求和所选的压实机械选择合理的压实遍数，见表 1.8。

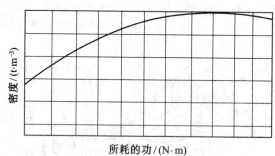

图 1.30　土的密度与压实功示意图

表 1.8　填方每层铺土厚度和压实遍数

压实机具	每层铺土厚度/mm	每层压实遍数/遍
平碾	250～300	6～8
羊足碾	200～350	8～16
蛙式打夯机	200～250	3～4
振动压实机	250～350	3～4
柴油打夯机	200～250	3～4
人工打夯	不大于 200	3～4

3.铺土厚度

土在压实功的作用下,其应力 σ_z 随深度 Z 增加而逐渐减小(图1.31)。其影响深度与压实机械、土的性质和含水量等因素有关。

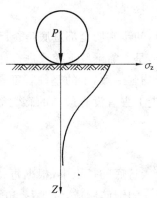

图1.31　压实作用沿深度的变化

技 术 点 睛

在填方施工过程中,应检查排水措施、每层填筑厚度、含水量控制和压实程度。在填方施工结束后,应检查标高、边坡坡度、压实程度等。标高误差:场地平整为±(30~50)mm,管沟基坑槽为50 mm。

1.7　基坑（槽）施工

1.7.1　施工准备工作

基坑(槽)施工前,应做好各项施工准备工作,以保证土方工程顺利进行。施工准备工作主要包括:学习和审查图纸;查勘施工现场;编制施工方案;平整施工场地;清除现场障碍物;做好排、降水工作;设置测量控制网;修建临时设施及道路;准备施工机具、物资及人员等。

1.7.2　基坑（槽）开挖及要求

基坑(槽)施工一般包括测量放线、切线分层开挖、排降水、修坡、整平、留预留土层等施工过程。

土方开挖应遵循"开槽支撑,先撑后挖,分层开挖,严禁超挖"的原则。

开挖基坑(槽)应按规定的尺寸合理确定开挖顺序和分层开挖深度,并按要求进行放坡或做好土壁支撑。相邻基坑开挖时,应遵循先深后浅或同时进行的施工程序。挖土应自上而下水平分段分层进行,如在地下水位以下挖土,将水位降至坑底以下500 mm,以利于挖方进行,降水工作应持续到基础(包括地下水位下回填土)施工完成。根据土质情况及坑(槽)深度,在坑顶两边一定距离(一般为1.0 m,土质良好时为0.8 m)内不得堆放弃土,在此距离外堆土高度不得超过1.5 m。为防止基底土被扰动,结构被破坏,人工挖土时应在基底标高以上保留150~300 mm厚的预留土层,用机械挖土,预留土层厚度为200~300 mm。

1.7.3　基坑（槽）检验

基坑(槽)开挖完成后,应由施工单位、设计单位、监理单位、建设单位、质量监督部门等有关人员共同到施工现场进行检查、验槽,核对地质资料,检查地基土与工程地质勘察报告、设计图纸要求是否相符,有无破坏原状土结构或发生较大的扰动现象。如发现地基土质与地质勘探报告、设计要求不符时,应与有关人员研究及时处理。基坑(槽)常用的检验方法有:

1. 表面检查验槽法

(1)根据槽壁土层分布情况及走向,初步判明全部基底是否已挖至设计所要求的土层。

(2)检查槽底是否已挖至原(老)土,是否需继续下挖或进行处理。

(3)检查整个槽底的土的颜色是否均匀一致,土的坚硬程度是否一样,是否有局部过松软或过坚硬的部位;是否有局部含水量异常现象,走上去有没有颤动的感觉等。如有异常部位,要会同设计等有关单位进行处理。

2. 钎探检查验槽法

基坑(槽)挖好后,用铁锤把钢钎打入坑底的基土中,根据每打入一定深度的锤击次数,来判断地基土的情况。钢钎一般用直径 22~25 mm 的钢筋制成,钎尖呈 60°尖锥状,长度 1.8~2.0 m。铁锤质量为3.6~4.5 kg。一般均应按照设计要求进行钎探,设计无要求时可按下列规则布置:

(1)槽宽小于 800 mm 时,在槽中心布置探点一排,间距一般为1~1.5 m,应视地层复杂情况而定。

(2)槽宽 800~2 000 mm 时,在距基槽两边 200~500 mm 处,各布置探点一排,间距一般为1~1.5 m,应视地层复杂情况而定。

(3)槽宽 2 000 mm 以上者,应在槽中心及两槽边 200~500 mm 处,各布置探点一排,每排探点间距一般为 1~1.5 m,应视地层复杂情况而定。

(4)矩形基础:按梅花形布置,纵向和横向探点间距均为 1~2 m,一般为 1.5 m,较小基础至少应在四角及中心各布置一个探点。

(5)基槽转角处应再补加一个点。

钎探应绘图编号,并按编号顺序进行击打,应固定打钎人员,锤击高度离钎顶 500~700 mm 为宜,用力均匀,垂直打入土中,记录每贯入 300 mm 钎段的锤击次数,钎探完成后应对记录进行分析比较,锤击数过多、过少的探点应标明并检查,发现地质条件不符合设计要求时,应会同设计、勘察人员确定处理方案。

技 术 点 睛

钎探前首先根据基槽尺寸绘制基槽平面图,在图上根据钎探孔的平面位置,并沿一定的行走路线依次编号,绘制成钎探平面图。钎探时,必须按钎探平面图上标定的钎探孔顺序进行,钎探时大锤应靠自身质量落下,以保持外力均匀。钎探完毕后,用砖等块状材料盖孔,待验槽时还要验孔。验槽完毕后,用粗砂灌孔。

基础同步

一、填空题

1. 土方工程的特点是_____。

2. 根据土的开挖方法将土分为_____类土。

3. 土一般由_____、_____和_____3部分组成。

4. 场地平整土方量的计算采用的方法是_____。

5. 土方边坡的形状有_____、_____和_____。

二、选择题

1. 在土的分类中，Ⅲ类土指的是（　　）。

A. 松软土　　　　　　B. 普通土　　　　　　C. 坚土　　　　　　D. 砂砾坚土

2. 适用于较松散的干土或天然湿度的黏土类土，深度为3～5 m的是（　　）。

A. 断续式水平支撑　　　　　　　　　B. 间断式水平支撑

C. 连续式水平支撑　　　　　　　　　D. 连续式垂直支撑

3. 轻型井点正常出水规律是（　　）。

A. 先大后小，先浊后清　　　　　　　B. 先小后大，先浊后清

C. 先大后小，先清后浊　　　　　　　D. 先小后大，先清后浊

4. 推土机的经济运距一般在（　　）。

A. 40 m以内　　　B. 60 m以内　　　C. 100 m以内　　　D. 150 m以内

5. 人工挖土时应在基底标高以上保留（　　）的预留土层。

A. 100～150 mm　　B. 150～300 mm　　C. 200～250 mm　　D. 200～300 mm

三、简答题

1. 确定土方边坡大小需依据哪些因素？

2. 计算场地平整土方量的步骤有哪些？

3. 轻型井点布置与哪些因素有关？

4. 用列表的方式列出正铲、反铲、拉铲及抓铲4种挖土机的挖土特点、适用范围及挖土方式。

5. 填方土料应符合设计要求，当设计无要求时，应符合哪些规定？

实训提升

在实训场地进行钎探孔位的布置，就位打钎、拔钎及灌砂。所用材料：粗砂。所用工具：钢钎、铁锤、锥、麻绳或铅丝、梯子（凳子）、手推车、撬棍和钢卷尺。

项目 2 桩基础工程

>>>>>>

项目目标

【知识目标】

1. 了解桩的作用与分类,预制桩的施工工艺;
2. 了解混凝土灌注桩成孔前的施工准备工作;
3. 理解混凝土灌注桩的施工工艺(机械钻孔灌注桩、套管成孔灌注桩)。

【技能目标】

能制定锤击沉入钢筋混凝土预制桩、灌注桩施工方案,分析常见质量缺陷及预防处理。

【课时建议】

8～10 课时

2.1　桩的作用与分类

2.1.1　桩的作用

1. 作为基础使用

桩作为基础使用时主要承受轴向压力,其作用除了将上部建筑结构的荷载传递到承载能力较大的深处土层以外,还能将软土层挤密实,以提高地基土的承载能力,保证建筑物的稳定并减少其沉降。基础桩常独立设置或成群设置,如图 2.1 所示。

2. 起护壁作用

在土质较差或有地下水的地区,进行大开挖土方施工时,桩常被用来作为临时土壁支撑,以防止塌方,也可起防水、防流沙的作用。这类使用的桩,主要承受水平力,被称为"围护桩""支护桩""护壁桩"或"挡土桩"。此类桩常成排设置,有时还连成壁状。

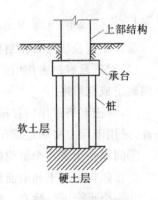

图 2.1　基础桩的组成

2.1.2　桩的分类

按桩的制作材料不同,可分为木桩、钢桩和钢筋混凝土桩。

按桩的横向截面不同,可分为圆形、管形、正方形、三角形、十字形等。

按桩的竖向荷载方向不同,可分为抗压桩和抗拔桩,大多数桩为抗压桩。

按桩的传力及作用性质不同,可分为端承桩和摩擦桩两种,如图 2.2 所示。

按施工方法不同,可分为预制桩和灌注桩两大类。

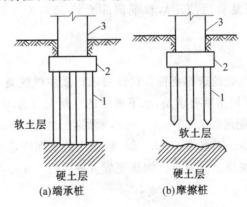

(a)端承桩　　　　(b)摩擦桩

图 2.2　桩基础

1—桩;2—承台;3—上部结构

2.2 混凝土灌注桩基础施工

2.2.1 混凝土成孔前的施工准备工作

1. 定桩位和确定成孔顺序

灌注桩定位法与打预制桩的定位方法相同。确定桩的成孔顺序应注意以下几点：

（1）对土没有挤密作用的钻孔灌注桩、干作业沉孔灌注桩等，一般按现场条件和桩机行走最方便的原则确定成孔顺序。

（2）对土有挤密作用和振动影响的冲孔灌注桩、锤击（或振动）沉管灌注桩等，一般可结合现场施工条件，采用下列方法确定成孔顺序：

①间隔一个或两个桩位的成孔方法。

②在邻桩混凝土初凝前或终凝后再成孔。

③一个承台下桩数在 5 根以上者，中间的桩先成孔，外围的桩后成孔。

（3）人工挖孔桩，当桩净距小于 2 倍桩径且小于 2.5 m 时，应采用间隔开挖。排桩跳挖的最小施工净距不得小于 4.5 m，孔深不宜大于 40 m。

2. 钢筋笼制作

钢筋笼制作时，要求主筋环向均匀布置，箍筋的直径及间距、主筋的保护层、加劲箍的间距等均应符合设计规定。箍筋和主筋之间采用绑扎时，应在其两端和中部采用焊接，以增强钢筋笼的牢固程度，便于钢筋笼插入桩孔内。分段制作的钢筋笼，其接头宜采用焊接。加劲箍宜设在主筋外侧，主筋一般不设弯钩，根据施工工艺要求所设弯钩不得向内圆伸露，以免妨碍工作。

钢筋笼制作质量符合下列规定：主筋间距允许偏差为 ±10 mm，钢筋笼长度偏差在 ±100 mm 范围内，钢筋材质符合设计要求（经复验后使用），箍筋间距允许偏差为 ±20 mm，钢筋笼直径允许偏差为 ±10 mm。

3. 混凝土的配制

混凝土配制所用的材料与性能的选用要符合设计要求。灌注桩混凝土所用粗骨料可选用卵石或碎石，其最大粒径不大于 40 mm。坍落度要求是：水下灌注的混凝土宜为 160～220 mm，干作业成孔的宜为 80～100 mm，沉管灌注桩有配筋时为 80～100 mm，素混凝土宜采用 60～80 mm。混凝土强度等级不应低于 C20。所用水泥强度等级不宜低于 32.5 级，混凝土的水泥用量不少于 350 kg/m³。

检查成孔质量合格后应尽快浇筑混凝土。钢筋笼放入桩孔后 4 h 必须灌注混凝土，并要做好记录。

2.2.2 灌注桩施工

灌注桩是直接在桩位上成孔，然后在孔内灌注混凝土而成。该工艺能适应地层的变化，无须接桩，施工时无振动，无挤压，噪声小，适用于建筑物密集区。施工后需要一定的养护期，不能立即承受荷载，灌注桩分为钻孔灌注桩和沉管灌注桩。

1. 钻孔灌注桩

（1）钻孔机械设备。

①全叶螺旋钻孔机。用于地下水位以上的黏土、粉土、中密以上的砂土或人工填土土层的成孔，成

孔孔径为300～800 mm,钻孔深度为8～12 m。配有多种钻头,以适应不同的土层,如图2.3所示。

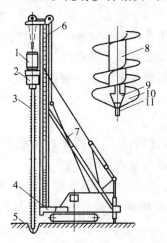

图2.3 全叶螺旋钻孔机

1—电动机;2—变速器;3—钻杆;4—托架;5—钻头;

6—立柱;7—斜撑;8—钢管;9—钻头接头;10—刀板;11—定心尖

②回转钻孔机。最大钻孔直径可达2.5 m,钻进深度可达50～100 m,适用于碎石类土、砂土、黏性土、粉土、强风化岩、软质与硬质岩层等多种地质条件。

③潜水钻机。潜水钻机(图2.4、图2.5)适用于黏性土、黏土、淤泥、淤泥质土、砂土、强风化岩、软质岩层,不宜用于碎石土层中。

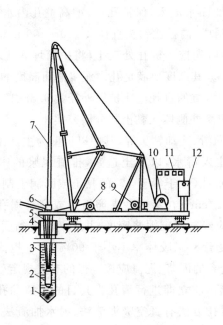

图2.4 潜水钻机示意图

1—钻头;2—潜水钻机;3—电缆;4—护筒;5—水管;6—滚轮;7—钻杆;8—电缆盘;9—卷扬机;10—10 kN 卷扬机;11—电表;12—启动开关

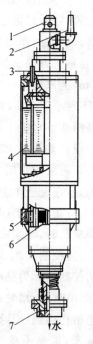

图2.5 潜水电钻构造示意图

1—提升盖;2—进水管;3—电缆;

4—潜水电动机;5—行星减速箱;

6—中间进水箱;7—钻头接箍

(2)钻孔灌注桩施工工艺

①干作业成孔灌注桩。

适用于成孔深度为 8～12 m、成孔直径为 300～600 mm、成孔深度无地下水的一般黏性土、砂土及人工填土，不宜用于地下水位以下的上述各类土及淤泥质土。

a.施工工艺流程：场地清理→测量放线定桩位→桩机就位→钻孔取土成孔→清除孔底沉渣→成孔质量检查验收→吊放钢筋笼→浇筑孔内混凝土。

b.施工注意事项。

开始钻孔时，应保持钻杆垂直、位置正确，防止因钻杆晃动引起孔径扩大及增加孔底虚土。发现钻杆摇晃、移动、偏斜或难以钻进时，应提钻检查，排除地下障碍物，避免桩孔偏斜和钻具损坏。钻进过程中，应随时清理孔口黏土，遇到地下水、塌孔、缩孔等异常情况，应停止钻孔，同有关单位研究处理。

钻头进入硬土层时，易造成钻孔偏斜，可提起钻头上下反复扫钻几次，以便削去硬土。若纠正无效，可在孔中局部回填黏土至偏孔处 0.5 m 以上，再重新钻进。成孔达到设计深度后，应保护好孔口，按规定验收，并做好施工记录。孔底虚土尽可能清除干净，可采用夯锤夯击孔底虚土或进行压力注水泥浆处理，然后快速吊放钢筋笼，并浇筑混凝土。混凝土应分层浇筑，每层高度不大于 1.5 m。

②泥浆护壁成孔灌注桩。

泥浆护壁成孔灌注桩是利用泥浆护壁，钻孔时通过循环泥浆将钻头切削下的土渣排出孔外而成孔，而后吊放钢筋笼，水下灌注混凝土而成桩。成孔方式有正(反)循环回转钻成孔、正(反)循环潜水钻成孔、冲击钻成孔、冲抓锥成孔、钻斗钻成孔等。不同土质和地下水位高低都适用。

a.施工工艺。

测定桩位。平整清理好施工场地后，设置桩基轴线定位点和水准点，根据桩位平面布置施工图，定出每根桩的位置，并做好标志。施工前，桩位要检查复核，以防被外界因素影响而造成偏移。

埋设护筒。护筒的作用是：固定桩孔位置，防止地面水流入，保护孔口，增高桩孔内水压力，防止塌孔，成孔时引导钻头方向。护筒用 4～8 mm 厚钢板制成，内径比钻头直径大 100～200 mm，顶面高出地面 0.4～0.6 m，上部开 1～2 个溢浆孔。埋设护筒时，先挖去桩孔处表土，将护筒埋入土中，其埋设深度，在黏土中不宜小于 1 m，在砂土中不宜小于 1.5 m。其高度要满足孔内泥浆液面高度的要求，孔内泥浆面应保持高出地下水位 1 m 以上。采用挖坑埋设时，坑的直径应比护筒外径大 0.8～1.0 m。护筒中心与桩位中心线偏差不应大于 50 mm，对位后应在护筒外侧填入黏土并分层夯实。

泥浆制备。泥浆的作用是护壁、携砂排土、切土润滑、冷却钻头等，其中以护壁为主。泥浆制备应根据土质条件确定：在黏土和粉质黏土中成孔时，可注入清水，以原土造浆，排渣泥浆的密度应控制在 1.1～1.3 g/cm³；在其他土层中成孔，泥浆可选用高塑性(大于等于 17)的黏土或膨润土制备；在砂土和较厚夹砂层中成孔时，泥浆密度应控制在 1.1～1.3 g/cm³；在穿过砂夹卵石层或容易塌孔的土层中成孔时，泥浆密度应控制在 1.3～1.5 g/cm³。施工中应经常测定泥浆密度，并定期测定黏度、含砂率和胶体率。泥浆的控制指标为黏度 18～22 s，含砂率不大于 8%，胶体率不小于 90%，为了提高泥浆质量可加入外掺料，如增重剂、增黏剂、分散剂等。施工中废弃的泥浆、泥渣应按环保的有关规定处理。

清孔。当钻孔达到设计要求深度并经检查合格后，应立即进行清孔。其目的是清除孔底沉渣以减少桩基的沉降量，提高承载能力，确保桩基质量。清孔方法有真空吸泥渣法、射水抽渣法、换浆法和掏渣法。

清孔应达到如下标准才算合格：一是对孔内排出或抽出的泥浆，用手摸捻应无粗粒感觉，孔底 500 mm 以内的泥浆密度小于 1.25 g/cm³(原土造浆的孔则应小于 1.1 g/cm³)；二是在浇筑混凝土前，孔底沉渣允许厚度符合标准规定，即端承桩小于等于 50 mm，摩擦端承桩、端承摩擦桩小于等于 100 mm，摩擦桩小于等于 300 mm。

吊放钢筋笼。钢筋笼主筋净距必须大于 3 倍的骨料粒径,加劲箍宜设在主筋外侧,钢筋保护层厚度不应小于 35 mm(水下混凝土不得小于 50 mm)。可在主筋外侧安设钢筋定位器,以确保保护层厚度。为了防止钢筋笼变形,可在钢筋笼上每隔 2 m 设置一道加强箍,并在钢筋笼内每隔 3～4 m 装一个可拆卸的十字形临时加劲架。

b.施工注意事项。

孔壁塌陷。补液并加大泥浆比重,严重时提钻,回填黏土,稳定后再钻。钻进过程中如发现排出的泥浆中不断出现气泡或泥浆液面突然下降,这表示有孔壁塌陷迹象。预防及处理措施:护筒周围用黏土填封密实,钻进过程中及时添加新鲜泥浆,使其高于孔外水位,遇流砂、松散土层时适当加大泥浆密度,控制钻进速度和空转时间;孔壁塌陷时应保持孔内泥浆液位并加大泥浆比重以稳孔护壁,如孔塌陷严重,应提出钻具立即回填黏土,待孔壁稳定后再钻。

钻孔偏斜。提钻后反复钻,若仍不行,回填黏土再重新钻进。钻进过程中钻杆不垂直、土层软硬不均或碰到孤石都会引起钻孔偏斜。预防措施是钻机安装时对导架进行水平和垂直校正,发现钻杆弯曲时应及时更换,遇软硬变化土层应低速钻进;出现钻杆偏斜时可提起钻头,上下反复扫钻几次,如纠正无效,应于孔中局部回填黏土至偏孔处 0.5 m 以上,稳定后再重新钻进。

孔底隔层。孔底隔层指孔底残留石渣过厚,孔脚涌进泥砂或塌壁泥土落底。造成孔底隔层的主要原因是清孔不彻底,清孔后泥浆浓度减少或浇筑混凝土、安放钢筋骨架时碰撞孔壁造成塌孔落土。主要防止方法为:做好清孔工作,注意泥浆浓度及孔内水位变化,施工时注意保护孔壁。

夹泥或软弱夹层。夹泥指桩身混凝土混进泥土或形成浮浆泡沫软弱夹层。其形成的主要原因是浇筑混凝土时孔壁坍塌或导管口埋入混凝土高度太小,泥浆被喷翻,掺入混凝土中。防止措施是:经常注意混凝土表面标高变化,保持导管下口埋入混凝土表面标高变化,保持导管下口埋入混凝土下的高度,并应在钢筋笼下放孔内 4 h 内浇筑混凝土。

流砂。流砂指成孔时发现大量流砂涌塞孔底。流砂产生的原因是孔外水压力比孔内水压力大,孔壁土松散。流砂严重时可抛入碎砖石、黏土,用锤冲入流砂层,防止流砂涌入。

技术点睛

干作业成孔灌注桩适用于地下水位以上的填土层、黏性土层、粉土层、砂土层和粒径不大的砾砂层。泥浆护壁成孔灌注桩适用于地下水位较高的软硬土层,如淤泥、淤泥质土、黏土、粉质黏土、砂土、砂夹卵石及风化页岩层中使用,不得用于漂石。

2.沉管灌注桩

沉管灌注桩又称套管成孔灌注桩,使用锤击式桩锤或振动式桩锤将带有桩尖的钢管沉入土中,造成桩孔,然后放入钢筋笼、浇筑混凝土,最后拔出钢管,形成所需的灌注桩。依据使用桩锤和成桩工艺不同,分为锤击沉管灌注桩、振动沉管灌注桩、静压沉管灌注桩、振动冲击沉管灌注桩和沉管夯扩灌注桩等。

(1)锤击沉管灌注桩。

施工程序:立管→对准桩位套入桩靴、压入土中→检查→低锤轻击→检查有无偏移→正常施打至设计标高→第一次浇灌混凝土→边拔管、边锤击、边继续浇灌混凝土→安放钢筋笼,继续浇灌混凝土至桩顶设计标高。

施工时,用桩架吊起钢桩管,对准埋好的预制钢筋混凝土桩尖。桩管与桩尖连接处要垫以麻袋、草绳,以防地下水渗入管内。缓缓放下桩管,套入桩尖压进土中,桩管上端扣上桩帽,检查桩管与桩锤是否在同一垂直线上,桩管垂直度偏差小于等于 0.5% 时即可锤击沉管。先用低锤轻击,观察无偏移后再正常施打,直至符合设计要求的沉桩标高,并检查管内有无泥浆或进水,即可浇筑混凝土。管内混凝土应尽量灌满,然后开始拔管。凡灌注配有不到孔底的钢筋笼的桩身混凝土时,第一次混凝土应先灌至笼底标高,然后放置钢筋笼,再灌混凝土至桩顶标高。第一次拔管高度应控制在能容纳第二次所需灌入的混凝土量为限,不宜拔得过高。在拔管过程中应用专用测锤或浮标检查混凝土面的下降情况。一边拔管、一边锤击,拔管的速度要均匀,一般土层以 1 m/min 为宜,软弱土层以 0.3~0.8 m/min 为宜。倒打拔管的速度,单动汽锤不得少于 50 次/min,自由落锤轻击不少于 40 次/min。在管底未拔至桩顶设计标高时,倒打和轻击不得中断。

锤击沉管桩混凝土强度等级不得低于C20,每立方米混凝土的水泥用量不宜少于 300 kg。混凝土坍落度在配钢筋时宜为 80~100 mm,无筋时宜为 60~80 mm。碎石粒径在配有钢筋时不大于 25 mm,无筋时不大于 40 mm。预制钢筋混凝土桩尖的强度等级不得低于C30。混凝土充盈系数(实际灌注混凝土体积与按设计桩身直径计算体积之比)不得小于 1.0,成桩后的桩身混凝土顶面标高应至少高出设计标高 500 mm。

当桩较稀疏时(中心距大于 3.5 倍桩径或 2 m),可采用连打方法;当桩较密集时(中心距小于等于3.5 倍桩径或 2 m),为防止断桩现象应采用跳跃施打的方法,中间空出的桩应待邻桩混凝土达到设计强度等级的 50% 以上方可施打;对于土质较差的饱和淤泥质土,可采用控制时间的连打方法,即必须在邻桩混凝土终凝前,将影响范围内(中心距小于等于 3.5 倍桩径或 2 m)的桩全部施工完毕。

为提高桩的质量和承载能力,可采用复打来扩大灌注桩的桩径。复打包括全复打、半复打和局部复打。其方法是:在第一次浇筑混凝土完毕,拔出桩管,消除管外壁上的污泥和桩孔周围地面的浮土,立即在原桩位再设预制桩靴,第二次复打沉入桩管,使未凝固的混凝土向四周挤压扩大桩径,然后再浇筑第二次混凝土。复打应在第一次浇筑混凝土初凝之前进行。复打施工时,桩管中心线应与初打(单打)中心线重合;第一次灌注的混凝土应接近自然地面标高;复打前应清除桩管外壁污泥;必须在第一次(单打)灌注混凝土初凝前完成复打工作;复打以一次复打为宜;钢筋笼在第二次沉管后吊放。对于饱和淤泥或淤泥质软土则宜采用全桩长复打法。

(2)振动沉管灌注桩。

振动沉管灌注桩是利用桩机强迫振动频率与土的自振频率相同时产生的共振而沉管。沉管灌注桩的关键必须严格控制最后两个两分钟的贯入速度,其值按设计要求或试桩数据和当地施工经验确定。

振动灌注桩可采用单打法、反插法或复打法施工。

①单打法是一般正常的沉管方法,它是将桩管沉入到设计要求的深度后,边灌混凝土边拔管,最后成桩。适用于含水量较小的土层,且宜采用预制桩尖。桩内灌满混凝土后,应先振动 5~10 s,再开始拔管,边振边拔,每拔 0.5~1.0 m 停拔振动 5~10 s,如此反复进行,直至桩管全部拔出。在一般土层内拔管速度宜为 1.2~1.5 m/min,用活瓣桩尖时宜慢,预制桩尖可适当加快,在软弱土层中拔管速度宜为0.6~0.8 m/min。

②反插法是在拔管过程中边振边拔,每次拔管 0.5~1.0 m,再向下反插 0.3~0.5 m,如此反复并保持振动,直至桩管全部拔出。在桩尖处 1.5 m 范围内,宜多次反插以扩大桩的局部断面。穿过淤泥夹层时,应放慢拔管速度,并减少拔管高度和反插深度。在流动性淤泥中不宜使用反插法。

③复打法是在单打法施工完拔出桩管后,立即在原桩位再放置第二个桩尖,再第二次下沉桩管,将原桩位未凝结的混凝土向四周土中挤压,扩大桩径,然后再第二次灌混凝土和拔管。采用全长复打的目的是提高桩的承载力。局部复打主要是为了处理沉桩过程中所出现的质量缺陷,如发现或怀疑出现缩颈、断桩等缺陷,局部复打深度应超过断桩或缩颈区 1 m 以上。复打必须在第一次灌注的混凝土初凝之前完成。

无论采用哪种施打方法都需要注意在拔管时必须确认桩尖活瓣确已张开;拔管时应确保桩管内混凝土高度至少保持 2 m 或不低于地面。

技 术 点 睛

锤击沉管灌注桩宜用于一般黏性土、淤泥质土、砂土和人工填土地基。振动沉管灌注桩的适用范围除与锤击沉管灌注桩相同外,更适用于砂土、稍密及中密的碎石土地基。

（3）常见问题及处理方法。

①断桩。

露出地面的桩体可用目测观察检测,桩体在地下 2～3 m 范围内断裂,用手或脚轻摇会有浮振的感觉,深处的断桩可采用动测法检测。防止断桩的措施主要是:控制桩的中心距大于 3.5 倍桩径,合理安排打桩施工顺序和桩架行走路线,采用跳打法和控制时间法使桩身混凝土终凝前避免振动和扰动,认真控制拔管速度。断桩一经发现,应将断桩拔去,清理桩孔及接桩面,略增大桩身截面积再重新浇筑桩身混凝土。

②缩颈。

在流塑状态的淤泥质打桩时,在拔管过程中要设置浮标观测每 50～100 cm 高度内混凝土的灌入量,根据灌入量和桩径的换算做出桩形图,根据桩形图是否异常来监测缩颈现象的发生。预防措施是:严格控制拔管速度在 0.6～0.8 m/min 以内,桩管内尽量多装混凝土,使管内混凝土高于地面或地下水位 1～1.5 m 以上。发现桩身出现缩颈现象应及时采取复打法进行处理。

③桩靴进水。

桩管沉至设计标高后,用浮标可测得桩底是否进水或进泥。预防措施是:桩尖活瓣间隙或预制桩头与桩管接触处要严密,对缝隙较大的桩尖或桩头应及时修理或更换。出现桩靴进水或进泥情况的处理方法是先在桩管内灌入 0.5 m 高水泥砂浆,再灌入 1 m 高混凝土,然后打下。

④吊脚桩。

第一次拔管时,观测管内浮标可监测桩尖活瓣或预制桩头是否打开或脱开。预防吊脚桩的措施是:采取“密振慢抽”方法,开始拔管 50 cm,将桩管反插几下,然后再正常拔管,同时保持混凝土有良好的和易性,防止卡管和堵管,严格控制预制桩尖的强度和规格,防止桩尖打碎或压入管内。若发现吊脚桩,应将桩管拔出后填砂重打。

2.3　预制桩施工

2.3.1　钢筋混凝土预制桩的制作、起吊、运输和堆放

钢筋混凝土预制桩有实心桩和管桩两种:实心桩一般为方形断面,常用尺寸为(200 mm×200 mm)～(500 mm×500 mm),一般在施工现场预制,单根桩的最大长度取决于打桩架的高度,目前一般在 27 m 以内,如需打 30 m 以上的桩,则须考虑接桩,即整体分段预制、打桩过程中逐段接长;管桩一般为外径 400～500 mm 的空心圆柱形截面,在工厂采用离心法制成,大多采用先张法预应力工艺。

（1）桩的预制。

现场制作混凝土预制桩一般采用间隔重叠法生产,桩与桩间用塑料薄膜或隔离剂隔开,邻桩与上层桩的混凝土须待邻桩与下层桩的混凝土达到设计强度的 30% 以后进行;重叠层数不超过 4 层,层与层之间涂刷隔离剂;桩中钢筋应位置准确,主筋连接采用对焊,接头位置应相互错开,桩顶桩尖一定范围内不要留接头;桩尖对准纵轴线,桩顶平面和接桩端面应平整;混凝土强度等级不低于 C30,混凝土应机拌

机捣，由桩顶向桩尖连续浇筑捣实，严禁中断，养护不少于 7 d；主筋根据桩断面大小及吊装验算确定，一般为 4～8 根，直径为 12～25 mm；不宜小于 ϕ 14，箍筋直径为 6～8 mm，间距不大于 200 mm，打入桩桩顶 $2d$～$3d$ 长度范围内箍筋应加密，并设置钢筋网片。桩尖处可将主筋合拢焊在桩尖辅助钢筋上，在密实砂和碎石类土中，可在桩尖处包以钢板桩靴，加强桩尖，如图 2.6 所示。

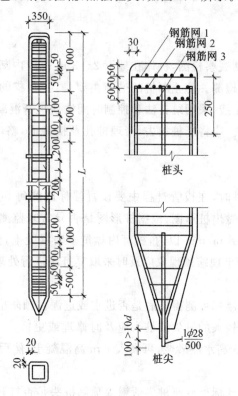

图 2.6　钢筋混凝土预制桩

（2）桩的起吊、运输和堆放。

①桩的起吊。

桩的混凝土强度达到设计强度等级的 70% 方可起吊，吊点应设在设计规定之处，设计无规定时，应查找《建筑施工手册》的图表数据或按吊桩弯矩最小（一点起吊）、正负弯矩相等或接近（两点或多点起吊）的原则自行计算确定吊点位置；长 20～30 m 的桩，一般采用 3 个吊点。值得注意的是，实心桩和空心桩的一点吊法、两点吊法、多点吊法的计算参数是不一致的，如图 2.7 所示。

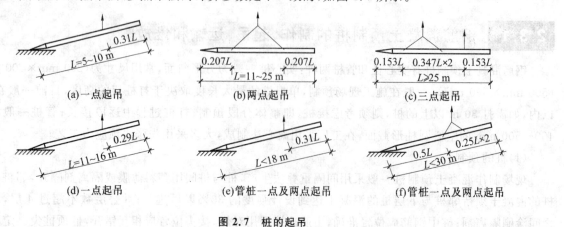

图 2.7　桩的起吊

②桩的运输和堆放。

桩运输时的混凝土强度应达到设计强度的100％；打桩时桩宜随打随运，以避免二次搬运；桩的堆放场地的地面必须平整坚实，垫木间距应与吊点位置相同，各层垫木应在同一垂直面上，层数不超过4层，不同规格的桩应分别堆放；运桩和堆放的桩尖方向应符合吊升的要求，以免临时再需将桩调头。

2.3.2 打桩设备

打桩设备主要包括桩锤、桩架及动力设备3部分。

（1）桩锤。

对桩施加冲击力，将桩打入土中。

①落锤。依靠落距（重力加速度），速度慢，效率低，对桩损伤大；落锤重量为5～20 kN，用于普通黏性土和含砾石较多的土层中打桩。

②汽锤。利用蒸汽或压缩空气为动力进行锤击。有单动和双动之分，落距短，速度快，效率高，适宜打各类桩，尤其是双动汽锤可打斜桩、水下打桩和拔桩。单动汽锤的锤重为30～150 kN，双动汽锤的锤重为0.6～6 t(6～160 kN)，如图2.8和图2.9所示。

③柴油锤。目前使用较多，有筒式、活塞式和导杆式3种，由于噪声、振动和空气污染等公害，在城市施工日益受到限制，不适用硬土和软土中打桩，如图2.10所示。

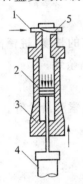

图2.8 单动气锤

1—透气孔；2—活塞；
3—气缸；4—桩；5—出气孔

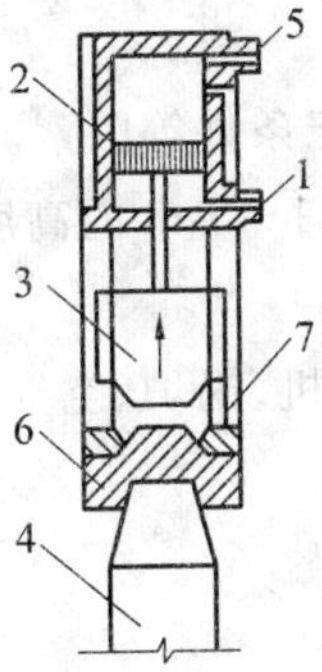

图2.9 双动气锤

1—透气孔；2—活塞；3—气缸；
4—桩；5—出气孔；6—砧锤；7—壳体

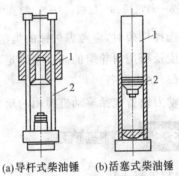

(a)导杆式柴油锤　(b)活塞式柴油锤

图2.10 柴油锤类型示意图

1—活塞；2—气缸

④液压锤。无噪声、冲击频率高，是理想的冲击式打桩设备，但造价较高。

使用锤击法沉桩施工，选择桩锤是关键。首先应根据施工条件选择桩锤的类型，然后决定锤重，一般锤重大于桩重的1.5～2倍时效果较为理想（不适用小直径桩、短桩）。

（2）桩架。

支持桩身和桩锤将桩吊到打桩位置，并在打入过程中引导桩的方向，保证桩锤沿着所要求的方向冲击。

桩架主要由盘底、导杆或龙门架、斜杆、滑轮组和动力设备等组成。打桩过程中，桩架的主要作用是起重与导向。落锤、汽锤、柴油锤、液压锤以及钻孔机的工作装置等在施工时都必须与桩架配套使用。常用的桩架形式有3种，即滚筒式桩架、悬挂式履带桩架和多功能桩架，如图2.11～图2.13所示。

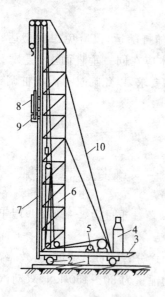

图 2.11　滚筒式桩架

1—垫木；2—滚筒；3—底座；4—锅炉；5—卷扬机；6—桩架；7—龙门；8—蒸汽锤；9—桩帽；10—缆风绳

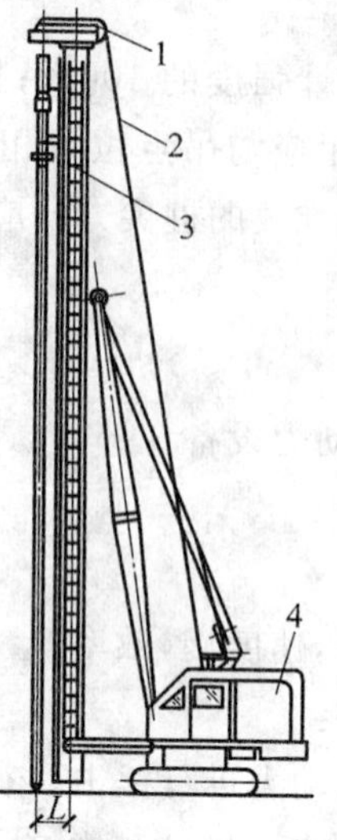

图 2.12　悬挂式履带桩架

1—顶部滑轮组；2—锤和桩起吊用钢丝绳；3—导杆；4—履带起重机

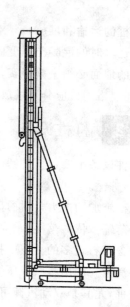

图 2.13　多功能桩架

选择桩架时，应考虑桩锤的类型、长度及其施工条件等因素。桩架的高度由桩的长度、桩锤高度、桩帽厚度及所用滑轮组的高度来确定。此外，还应留 1～3 m 的高度作为桩锤的伸缩余地。

（3）动力设备。

动力设备包括驱动桩锤用的动力设施，如卷扬机、锅炉、空气压缩机和管道、绳索和滑轮等。

2.3.3　打桩施工

（1）准备工作。

清除地上或地下障碍物→平整场地→定位放线→通电、通水→安设打桩机→打桩试验（又称沉桩试验）。

值得注意的是：①桩基轴线的定位点应设置在不受打桩影响处；②每个桩位打一个小木桩；③打桩地区附近设置不少于两个水准点，供施工过程中检查桩位的偏差和桩的入土深度。

（2）打桩顺序。

打桩时，由于桩对土体的挤密作用，先打入的桩被后打入的桩水平挤推而造成偏移和变位或被垂直挤拔造成浮桩；而后打入的桩难以达到设计标高或入土深度，造成土体隆起和挤压，截桩过大。所以，群桩施工时，为了保证质量和进度，防止周围建筑物破坏，打桩前根据桩的密集程度、桩的规格、长短以及桩架移动是否方便等因素来选择正确的打桩顺序，如图 2.14 所示。

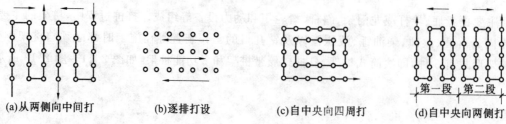

(a)从两侧向中间打　　(b)逐排打设　　(c)自中央向四周打　　(d)自中央向两侧打

图 2.14　打桩顺序

根据施工经验,打桩的顺序以自中部向四周打和自中间向两侧打为最好。但桩距大于或等于4倍桩直径时,则与打桩顺序关系不大,可采用由一侧向单一方向施打的方式(逐排打设)。这样,桩架单方向移动,打桩效率高。对基础不一的桩,应遵循"先深后浅"的原则;对不同规格的桩,应遵循"先大后小、先长后短"的原则。

打桩顺序确定后,还须考虑桩架是往后"退打桩"还是向前"顶打桩"。当打桩地面标高接近桩顶设计标高时,打桩后实际上每根桩还会高出地面。这是由于桩尖持力层的标高不可能完全一致;而预制桩又不能设计成各不相同的长度,因此桩顶高出地面是不可避免的。在此情况下,桩架只能采取往后退行打桩的方法。由于往后退行,桩不能事先布置在地面,只能随打随运。如打桩后桩顶的实际标高在地面以下时,桩架则可以采取往前顶打的方法。此时只要场地允许,所有的桩都可以事先布置好,避免桩在场内二次搬运。

(3)抄平放线,定桩位,设标尺。

在沉桩现场或附近区域,应设置数量不少于两个的水准点,以作为抄平场地标高和检查桩的入土深度之用。根据建筑物的轴线控制桩,按设计图纸要求定出桩基础轴线(偏差值应小于等于20 mm)和每个桩位(偏差值应小于等于10 mm)。定桩位的方法,是在地面上用小木桩或撒白灰点标出桩位(当桩较稀时使用),或用设置龙门板拉线法定出桩位(当桩较密时使用)。其中龙门板拉线法可避免因沉桩挤动土层而使小木桩移动,故能保证定位准确。同时也可作为在正式沉桩前,对桩的轴线和桩位进行复核之用。打桩施工前,应在桩架或桩侧面设置标尺,以观测控制桩的入土深度。

(4)垫木、桩帽和送桩。

桩锤与桩帽之间应放置垫木,以减轻桩锤对桩帽的直接冲击。垫木应采用硬杂木制作,为增加锤击次数,垫木上配置一道钢箍。垫木下为桩帽,桩帽由扁钢焊成,其内孔尺寸视桩截面而定,一般不大于桩截面尺寸1~2 cm,深度为1/2~1/3桩的边长或直径。在打桩时,若要使桩顶打入土中一定深度,则需设置送桩。送桩大多用钢材制作,其长度和截面尺寸应视需要而定。用送桩打桩时,待桩打至自然地面上0.5 m左右,把送桩套在桩顶上,用桩锤击打送桩顶部,使桩顶没入土中。

(5)打桩方法。

打桩过程包括:桩架移动和定位、吊桩和定桩、打桩、截桩和接桩等,如图2.15所示。

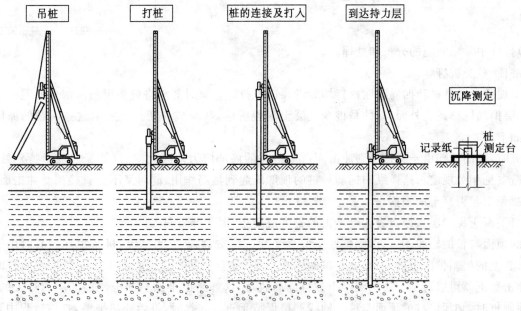

图2.15　预制柱打桩施工顺序

①定锤吊桩。桩机就位后,先将桩锤和桩帽吊起,其锤底高度应高于桩顶,并固定在桩架上,以便进行吊桩。吊桩是用桩架上的滑轮组和卷扬机将桩吊成垂直状态送入龙门导杆内。桩提升离地时,应用拖拉绳稳住桩的下部,以免撞击桩架和临近的桩。桩送入导杆内后要稳住桩顶,先使桩尖对准桩位,扶正桩身,然后使桩插入土中。桩就位后,在桩顶放上桩垫,套上桩帽,桩帽上放入锤垫后降下桩锤轻轻压住桩帽。桩锤底面,桩帽上、下面和桩顶都应保持水平。桩锤、桩帽和桩身中心线应在同一直线上,尽量避免偏心。桩插入土时应校正其垂直度,偏差不超过 0.5%;在桩的自重和锤重作用下,桩沉入土中一定深度而达到稳定,这时应再校正一次垂直度,即可进行打桩。

②打桩。打桩开始时,应先采用小的落距(0.5~0.8 m)做轻锤击,使桩正常沉入土中 1~2 m 后,经检查桩尖不发生偏移,再逐渐增大落距至规定高度,继续锤击,直至把桩打到设计要求的深度。打桩有轻锤高击和重锤低击两种方式。这两种方式,如果所做的功相同,那么所得到的效果却不相同。轻锤高击,所得的动量小,而桩锤对桩头的冲击力大,因而回弹也大,桩头容易损坏,大部分能量均消耗在桩锤的回弹上,故桩难以入土。相反,重锤低击所得的动量大,而桩锤对桩头的冲击力小,因而回弹也小,桩头不易被打碎,大部分能量都可以用来克服桩身与土壤的摩阻力和桩尖的阻力,故桩很快入土。此外,又由于重锤低击的落距小,因而可提高锤击频率,打桩效率也高,正因为桩锤频率较高,对于较密实的土层,如砂土或黏性土也能较容易地穿过,所以打桩宜采用重锤低击。

③在打桩过程中,如遇桩身倾斜、桩位位移、贯入度剧变、桩顶或桩身破碎或严重裂缝等异常情况,应暂停打桩,研究处置后再行施工。

④采用送桩法将桩送入土中时,桩与送桩杆应在同一轴线上,拔出送桩杆后,桩孔应及时回填。

⑤多节桩的接桩应严格按规范执行。一般混凝土预制桩接头不宜超过 2 个,预应力管桩接头不宜超过 4 个,应避免在桩尖接近硬持力层或桩尖处于硬持力层中时接桩。桩的接头应有足够的强度,能传递轴向力、弯矩和剪力。接桩方法有法兰连接、角钢连接及浆锚法。前两者适用于各类土层,后者适用于软土层。

技术点睛

桩停止锤击的控制原则:桩端位于一般土层时,以控制桩端设计标高为主,贯入度可作为参考;桩端达到坚硬、硬塑的黏性土、中密以上粉土、砂土、碎石类土、风化岩时,以贯入度控制为主,桩端标高可作为参考。

(6)打桩中常见问题的分析和处理。

①桩顶、桩身被打坏。

这个现象一般是桩顶四周和四角打坏或者顶面被打碎。有时甚至将桩头钢筋网部分的混凝土全部打碎,几层钢筋网都露在外面,有的是桩身混凝土崩裂脱落,甚至桩身断折。发生这些问题的原因及处理方法如下:

打桩时,桩的顶部由于直接受到冲击而产生很高的局部应力。因此,桩顶的配筋应做特别处理,其合理构造参见相关规定。这样纵向钢筋对桩的顶部既起到箍筋作用,同时又不会直接接受冲击而颤动,因而可避免引起混凝土的剥落。

桩身混凝土保护层太厚。直接受冲击的是素混凝土,因此容易剥落。

桩的顶面与桩的轴线不垂直,则桩处于偏心受冲击状态,局部应力增大,极易损坏。有时由于桩帽比桩大,套上的桩帽偏向桩的一边,或者桩帽本身不平,也会使桩受到偏心冲击。有的桩在施打时发生倾斜,锤击数下就可以看到一边的混凝土被打碎而脱落,这都是由于偏心冲击使局部应力过大的缘故。因此,预制桩时,必须使桩的顶面与桩的轴线严格保持垂直。施打时,桩帽要垫平整,打桩过程中要避免打歪后仍旧继续施打,一经发现歪斜,就应及时纠正。

桩处于下沉速度慢而施打时间长、锤击次数多或冲击能量过大称为过打。过打发生在以下几种情况:一是桩尖通过硬土层时;二是最后贯入度定得过小;三是锤的落距过大。遇到过打,应分析地质资料,判断土层情况,改善操作方法,采取有效措施解决。

桩身混凝土强度不高。有的是由于砂、石含泥量较大,影响了强度,有的则是由于养护龄期不够,未到标号要求就进行施打,致使桩顶、桩身打坏。如桩身打坏,可加钢夹箍用螺栓拉紧,焊牢补强。

②打歪。

一方面,桩顶不平,桩身混凝土凸肚,桩尖偏心,接桩不正或土中有障碍物,都容易使桩打歪;另一方面,桩被打歪往往与操作有直接关系,例如桩初入土时,桩身就有歪斜,但未纠正即予施打,就很容易把桩打歪。防止把桩打歪,可采取以下措施:

打桩机的导架,必须仔细检查其两个方向的垂直度,以确保垂直,否则,打入的桩会偏离桩位。

竖立起来的桩,其桩尖必须对准桩位,桩顶要正确地套入桩帽内,使桩承受轴心锤击而沉入土中。

打桩开始时,桩锤用小落距将桩徐徐击入土中,并随时检查桩的垂直度,待桩入土一段长度并稳住后,再适当增大落距将桩连续击入土中。

桩顶不平、桩尖偏心易使桩打歪,因此必须注意桩的制作质量和桩的验收检查工作。

如系由于地下障碍物而使桩打歪,应设法排除或经研究移位后再打。

③打不下去。

在市区打桩,如初入土 1～2 m 就打不下去,贯入度突然变小,桩锤严重回弹,则可能遇上旧的灰土或混凝土基础等障碍物,必要时应彻底清除或钻透后再打,或者将桩拔出,适当移位后再打。如桩已打入土中很深,突然打不下去,这可能出现以下几种情况:

桩顶或桩身已打坏,锤的冲击能不能有效地传给桩,使之继续沉入土中。

土层中央有较厚的砂层或其他硬土层,或者遇上钢渣、孤石等障碍物,应会同设计勘探部门共同研究解决。桩打歪有时也会发生类似现象。

打桩过程中,因特殊原因不得已而中断,桩停歇一段时间以后,再予施打,往往由于土的固结作用,使得桩身周围的土与桩牢固结合,钢筋混凝土桩变成了直径较大的土桩而承受荷载,造成难以继续将桩打入土中。所以在打桩施工中,必须保证施打的连续进行。

④一桩打下,邻桩上升。

这种现象多在软土中发生,即桩贯入土中时,由于桩身周围的土体受到急剧的挤压和扰动,被挤压和扰动的土,靠近地面的部分将在地表面隆起和水平移动。若布桩较密,打桩顺序又欠合理时,一桩打下,将影响到邻桩上升,或将邻桩拉断,或引起周围土坡开裂、建筑物裂缝。因此,当桩的中距小于等于 $5d$ 时,应当采取分段施打,以免土体朝着同一方向运动,造成过大的水平移动和隆起。

(7)质量控制。

①桩的垂直偏差应控制在 1‰ 以内,平面位置的偏差,单排桩不大于 100 mm,多排桩为 1/2～1 个桩的直径或边长。

②承受轴向荷载的摩擦桩的入土深度控制以标高为主,贯入度为参考。

③端承桩的入土深度以最后贯入度控制为主,标高作为参考。

④如遇桩顶位移或上升涌起、桩身倾斜、桩头击碎严重、桩身断裂、沉桩达不到设计标高等严重情况时,应暂停施工,采取相应措施处理后方可继续施打。

2.3.4　静力压桩

静力压桩是在软弱土层中,利用静压力(压桩机自重及配重)将预制桩逐节压入土中的一种沉桩法,如图 2.16 所示。

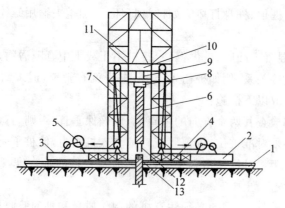

图 2.16　静力压桩机
1—垫板;2—底盘;3—操作平台;4—配重;5—卷扬机;6—桩段;
7—加压钢丝绳;8—桩帽;9—压力计;10—活动压梁;11—桩架;12—压头;13—桩

静力压桩在一般情况下进行分段预制,分段压入、逐段接长(图 2.17)。每节桩长度取决于桩架高度,通常 6 m 左右。压桩桩长可达 30 m 以上,桩断面为 400 mm×400 mm。接桩方法可采用焊接法、硫黄胶泥锚接法等。

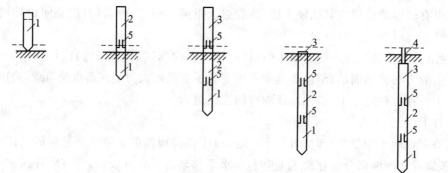

(a)准备压第一段桩　(b)接第二段桩　(c)接第三段桩　(d)整根桩压入地面　(e)送桩、压桩完毕

图 2.17　静力压桩程序
1—第一段桩;2—第二段桩;3—第三段桩;4—送桩;5—活接桩处

施工前应对成品桩做外观及强度检验,接桩用焊条或半成品硫黄胶泥应有产品合格证书或送有关部门检验,压桩用压力表、锚杆规格及质量也应进行检查。硫黄胶泥半成品应每 100 kg 做一组试件(3件)。压桩过程中应检查压力、桩垂直度、接桩间歇时间、桩的连接质量及压入深度。重要工程应对电焊接桩接头做 10% 的探伤检查。对承受反力的结构应加强观测。施工结束后,应做桩的承载力及桩体质量检验。

【案例实解】

1. 工程概况

某教学楼为一座 4 层框架结构,建筑面积为 1 046 m²。采用片筏基础,基底平均压力为 85 kPa。地基土质情况:表层有 0.8 m 左右的杂填土,稍密,软塑,含有生活垃圾、螺壳等;以下为淤泥质黏土,钻探至 10.5 m 深度未钻穿。淤泥质黏土地基的承载力为 60～70 kPa。由于地基的强度和变形不满足要求，需要进行地基处理。经方案比较，最后选用生石灰桩加固地基。桩长由变形控制，定为 10 m。后因施工困难，将桩长改为 8 m。桩径为 300 mm。根据计算采用桩距为 1.2 m，按三角形排列，在片筏基础下满堂布桩，并在基础四周布置 3 排同样规格的石灰桩作为护桩，共计打桩 1 543 根。工程竣工后，教学楼出现较大的沉降和沉降差，致使结构有多处裂缝。

2. 原因分析

原设计桩长为 10 m，后因施工单位无法达到此深度而改为 7～8 m。实际上桩长远未达到 7 m，根据建设单位抽查的 4 根桩，用螺旋钻取样检查发现，桩长不足 4 m。由于桩长不够，沉降量必然加大。

生石灰质量未按设计要求进料。其中，有两个厂生产的生石灰尤为差，块灰中含有大量炉渣、烧结石和杂质等。当时设计单位与建设单位均指出应立即停用，但事后施工单位还是使用了这批劣质石灰，降低了生石灰膨胀对周围软土的加固作用。

打设后的石灰桩未做封顶，尤其是过早地开挖基坑底的保护层，以致基底出现大面积隆起和混凝土垫层开裂，在总沉降量内还包括由于基底隆起的再压缩而引起的非正常沉降量，而且不均匀。

施工进度快，未考虑"先重后轻"的顺序，将门厅（一层）与主楼（五层）同时施工。设计时在主楼与门厅之间未设沉降缝，在出现较大沉降和不均匀沉降后，使门厅个别立柱及墙面出现裂缝。

基础同步

一、填空题

1. 桩的作用是 _____。

2. 按施工方法的不同，桩可分为 _____ 和 _____。

3. 灌注桩混凝土所用粗骨料可选用卵石或碎石，其最大粒径不大于 _____。

二、选择题

1. 桩作为基础使用时，主要承受（　　）。

A. 侧向拉力　　　　　B. 侧向压力　　　　　C. 轴向拉力　　　　　D. 轴向压力

2. 人工挖孔桩采用间隔开挖是在桩净距小于 2 倍桩径且（　　）。

A. 小于 2.5 m 时　　　B. 大于 2.5 m 时　　　C. 小于 3 m 时　　　D. 大于 3 m 时

3. 上层桩或邻桩浇筑时，下层桩或邻桩的混凝土强度应达到设计强度的（　　）。

A. 30% 以上　　　　　B. 50% 以上　　　　　C. 70% 以上　　　　　D. 100% 以上

三、判断题

1. 按桩的竖向荷载的方向分为抗压桩和抗拔桩，大多数桩为抗拔桩。（　　）

2. 钢筋笼放入桩孔后 4 h 内必须灌注混凝土，并要做好记录。（　　）

3. 打桩有"轻锤高击"和"重锤低击"两种方式，常用的是"轻锤高击"。（　　）

四、简答题

1. 桩作为基础使用时起什么作用？

2. 桩停止锤击的控制原则有哪些？

实训提升

根据实际情况，制定工程现场打桩工作的施工安全措施。

项目 3 脚手架工程

项目目标 >>>>>>

【知识目标】

1. 掌握脚手架的作用及要求；
2. 掌握钢管扣件式脚手架的基本构造、搭设要求、拆除及安全措施。

【技能目标】

1. 能具备选择脚手架类型并进行脚手架质量检测、安全检查的能力；
2. 能进行脚手架的安装与拆除操作。

【课时建议】

4 课时

3.1 脚手架概述

1.脚手架的作用

脚手架是建筑施工中的一项临时设施,其作用是供工人在上面进行操作、堆放建筑材料以及进行材料的短距离水平运送。

2.脚手架的要求

脚手架必须满足以下几点要求:

(1)要有足够的坚固性和稳定性,施工期间在允许荷载和气候条件下,不产生变形、倾斜或者摇晃现象,确保施工人员人身安全。

(2)要有足够的工作面,能满足工人操作、材料堆放以及运输的需要。脚手架的宽度一般为1.5~2 m。

(3)因地制宜,就地取材,尽量节约用料。

(4)构造简单,拆装方便,并能多次周转使用。

3.2 钢管扣件式脚手架

3.2.1 钢管扣件式脚手架的基本构造及要求

钢管扣件式多立杆式脚手架由钢管(宜采用ϕ48.3×3.6焊接钢管或无缝钢管,每根钢管的最大质量不应大于 25.8 kg)和扣件(图 3.1)组成。多立杆式脚手架分为单排式和双排式两种形式(图 3.2)。单排脚手架仅在脚手架外侧设一排立杆,其小横杆(横向水平杆)的一端与大横杆(纵向水平杆)连接,另一端则支撑在墙上,仅适用于荷载较小、高度较低、墙体有一定强度的多层房屋。双排式沿墙外侧设两排立杆,多、高层房屋均可采用。立杆底端立于底座(图 3.3)或垫板上。脚手板可采用钢、木、竹材料,直接承受施工荷载。为保证脚手架的整体稳定性,必须设置支撑系统。双排脚手架的支撑系统由剪刀撑和横向斜撑组成。单排脚手架的支撑系统由剪刀撑组成。为防止整片脚手架外倾和抵抗风力,对高度不高的脚手架可设置抛撑;高度较高时须均匀设置连墙件,将脚手架与建筑主体结构相连。

(a)对接扣件　　　　　(b)旋转扣件　　　　　(c)直角扣件

图 3.1　扣件的形式

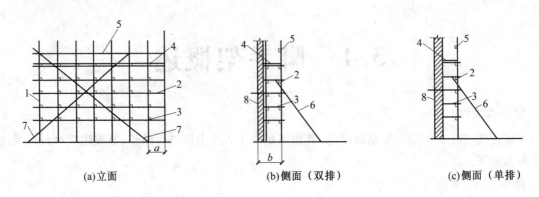

(a)立面　　　　　　　　(b)侧面（双排）　　　　　　(c)侧面（单排）

图 3.2　多立杆式脚手架

1—立杆；2—大横杆；3—小横杆；4—脚手板；5—栏杆；6—抛撑；7—斜撑（剪刀撑）；8—墙体图

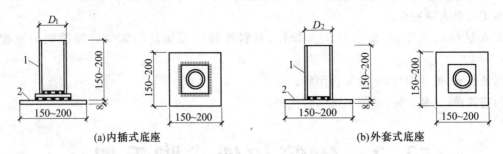

(a)内插式底座　　　　　　　　　　(b)外套式底座

图 3.3　扣件式钢管脚手架底座

1—承插钢管；2—钢板底座

多立杆式外脚手架的一般构造要求见表3.1。

表 3.1　多立杆式外脚手架的一般构造要求

项目名称		结构脚手架		装修脚手架	
		单排	双排	单排	双排
脚手架里立杆离墙的距离		—	0.35～0.50 m	—	0.35～0.50 m
小横杆里端离墙的距离或插入墙体的长度		≥0.18 m	0.10～0.15 m	≥0.18 m	0.15～0.20 m
小横杆外端伸出大横杆的长度		>0.15 m			
双排脚手架内外立杆距离 单排脚手架立杆与墙面距离		1.20～1.40 m	1.05～1.55 m	1.20～1.40 m	1.05～1.55 m
立杆纵距	单立杆	1.20～2.00 m（根据荷载及连墙件构造按规范选用）			
	双立杆	1.20～2.00 m（根据荷载及连墙件构造按规范选用）			
大横杆间距（步距）		1.50～1.80 m		≤1.80 m	
第一步架步高		一般为 1.60～1.80 m，且≤2.00 m			
小横杆间距		≤1.00 m		≤1.50 m	
作业层纵向水平杆		固定于横向水平杆上，等距设置，间距≤0.40 m			
15～18 m 高度段内铺板层和作业层的限制		铺板层不多于6层，作业层不超过2层			
不铺板时，小横杆的部分拆除		每步保留、相间拆除，上下两步错开，抽拆后的距离为：结构架子小于等于 1.50 m，装修架子小于等于 3.00 m			
剪刀撑		沿脚手架纵向和转角处起，每隔 10 m 左右设一组，斜杆与地面夹角为 45°～60°，并沿全高布置			

续表 3.1

项目名称	结构脚手架		装修脚手架	
	单排	双排	单排	双排
抛撑	应采用通长杆件固定于脚手架上,与地面夹角 45°～60°,在连墙件搭设后方可拆除			
与结构拉结(连墙杆)	每层设置,垂直距离小于等于 4.0 m,竖向间距小于等于 3h,水平间距小于等于 2l_a,每根连墙件覆盖面积小于等于 40 m²,在高度段的分界面上必须设置			
水平斜拉杆	设置在与连墙杆相同的水平面上		视需要设置	
护身栏杆和挡脚板	设置在作业层,栏杆高 1.00 m,挡脚板高 0.40 m			
杆件对接或搭接位置	上下或左右错开,设置在不同的(步架和纵向)网格内			
双排脚手架横向斜撑	高度超过 24 m 的双排脚手架,在拐角处及中间每隔 6 跨设置一道由底至顶层呈"之"字形连续布置的横向斜撑			

注:1.单排脚手架搭设高度不应超过 24 m,双排脚手架搭设高度不宜超过 50 m,高度超过 50 m 的双排脚手架,应采用分段搭设等措施;
　　2.表中 h 为步距;l_a 为纵距

3.2.2　钢管扣件式脚手架的搭设

1.搭设钢管扣件式脚手架

(1)钢管扣件式脚手架的搭设要求。

脚手架搭设范围的地基表面应平整,排水畅通,如表层土质松软,应加 150 mm 厚碎石或碎砖夯实,对高层建筑脚手架基础应进行验算。垫板底座均应准确地放在定位线上。竖立第一节立杆时每 6 跨应暂设一根抛撑,直至固定件架设好后可根据情况拆除。架设具有连墙件的构造层时,应立即设置连墙件。连墙件距离操作层的距离不应大于 2 步,当超过时,应在操作层下采取临时稳定措施,直到连墙件架设完后方可拆除。双排脚手架的横向水平杆靠墙的一端至墙装饰面的距离应小于 100 mm。杆端伸出扣件的长度不应小于 100 mm。除操作层的脚手板外,宜每隔 12 m 高满铺一层脚手板。单排脚手架搭设高度不应超过 24 m,双排脚手架搭设高度不宜超过 50 m,高度超过 50 m 的双排脚手架,应采用分段搭设等措施。

技术点睛

钢脚手架不得搭设在距离 35 kV 以上的高压线路 4.5 m 以内的范围和距离 1～10 kV 高压线路 2 m 以内的范围,否则使用期间应断电或拆除电源。过高的脚手架必须按规定有防雷措施。

(2)钢管扣件式脚手架的搭设及拆除流程。

单、双排脚手架的搭设流程:在牢固的地基弹线、立杆定位→摆放扫地杆→竖立杆并与扫地杆扣紧→装扫地小横杆并与立杆和扫地杆扣紧→装第一步大横杆并与各立杆扣紧→安第一步小横杆→安第二步大横杆→安第二步小横杆→加设临时斜撑杆,上端与第二步大横杆扣紧(安装连接件后拆除)→安第三、四步大横杆和小横杆→安装二层与柱拉杆→接立杆→加设剪刀撑→铺设脚手板,绑扎防护及挡脚板,立挂安全网。

单、双排脚手架的拆除流程:由上而下、后搭者先拆、先搭者后拆。同一部位拆除顺序是:栏杆→脚手板→剪刀撑→大横杆→小横杆→立杆。

（3）钢管扣件式脚手架的拆除要求。

脚手架的拆除按由上而下、逐层向下的顺序进行，严禁上下同时作业，所有固定件应随脚手架逐层拆除。严禁先将连墙件整层或数层拆除后再拆脚手架。分段拆除高差不应大于2步，如高差大于2步，应按开口脚手架进行加固。当拆至脚手架下部最后一节立柱时，应先架临时抛撑加固，后拆固定件。卸下的材料应以安全的方式运出或吊下，严禁抛扔。

技 术 点 睛

当外墙砌砖高度超过4 m或立体交叉作业时，必须设置安全网，以防材料下落伤人和高空操作人员坠落。安全网是用直径9 mm的麻绳、棕绳或尼龙绳编制而成的，一般规格为宽3 m、长6 m、网眼50 mm左右，每块支好的安全网能承受的冲击荷载应不小于1.6 kN。架设安全网时，安全网伸出墙面宽度应不小于2 m，外口要高于里口500 mm。

2. 安全技术

（1）脚手架的安装与拆除人员必须是经过考核的专业架子工，架子工应持证上岗。

（2）搭拆脚手架人员必须戴安全帽，系安全带，穿防滑鞋。

（3）钢管上严禁打孔。

（4）作业层上的施工荷载应符合设计要求，不得超载（施工活荷载标准值为：结构脚手架3 kN/mm²，装饰脚手架2 kN/mm²），对于多立柱式外脚手架，若需要超载，应采取相应措施并进行验算。不得将模板支架、缆风绳、泵送混凝土和砂浆的输送管等固定在架体上；严禁悬挂起重设备，严禁拆除或移动架体上的安全防护设施。

（5）当有六级强风及以上风、浓雾、雨或雪天气时，应停止搭设与拆除脚手架工作。雨、雪后上架作业应有防滑措施，并扫除积雪。夜间不宜进行脚手架的搭设与拆除作业。

（6）脚手板应铺设牢靠、严实，并应用安全网双层兜底。施工层以下每隔10 m应用安全网封闭。

（7）外脚手架沿架体外围应用密目式安全网全封闭，安全网设于外立杆内侧并与架体绑扎牢固。

（8）在脚手架使用期间，严禁拆除主节点处的纵、横向水平杆，纵、横向扫地杆及连墙件。

（9）在脚手架使用过程中开挖脚手架基础下的设备基础或管沟时，必须对脚手架采取加固措施。

（10）临街搭设脚手架时，外侧应有防止坠物伤人的防护措施。

（11）在脚手架上进行电、气焊作业时，应有防火措施和专人看守。

（12）工地临时用电线路和架设及脚手架的接地、防雷措施等，应符合现行相关规定。

（13）搭拆脚手架时，地面应设围栏和警戒标志，专人看守，严禁非操作人员入内。

（14）脚手架的拆除作业必须由上而下逐层进行，严禁上下同时作业；连墙件必须随脚手架逐层拆除，严禁先将连墙件整层或数层拆除后再拆脚手架；分段拆除高差大于2步时，应增设连墙件加固。

（15）卸料时各构配件严禁抛掷至地面。

3. 检测方法

脚手架作业前，应检查脚手架构配件的相关证书、质量报告、检验报告等文件。在脚手架作业的不同阶段，要根据规定对脚手架进行检测。对脚手架的检测方法主要有：观察法、手扳检查、尺量检查、角尺检查、经纬仪检测、水平仪检查、扭矩测力扳手检查、力学试验等。

①观察法。如经目测检查脚手架的地基基础、碗扣式脚手架的构件外观质量、门式脚手架构造、安全网的设置等。

②手扳检查：检查防护栏杆、挡脚板与脚手架是否连接牢靠等。

③尺量检查：包括钢卷尺检查、游标卡尺检查、钢板尺等，主要用于检查脚手架的构配件尺寸、脚手架搭设误差、焊缝误差等。

④角尺检查：检查脚手架斜杆角度，如剪刀撑、抛撑、门式脚手架与碗扣式脚手架的斜杆、斜道等。

⑤经纬仪检查：检查脚手架的垂直度。

⑥水平仪检查：也常用水准仪、水平尺进行检查，主要检查脚手架水平方向的杆件、构配件的水平尺寸误差等。

⑦扭矩测力扳手检查：检查扣件质量。

⑧力学试验：检查焊接强度、碗扣强度、接头强度、可调底座抗压强度等。

具体检测方法和要求可参考相关规范和文件的规定。

【案例实解】

1. 事故概况

2011年8月，在某4层综合楼工地发生了扣件式脚手架局部垮塌，1人高空坠落死亡，这是一起典型的任意搭建、违章作业的事故。

2. 原因分析

该楼施工组织设计规定距外墙50 cm搭设双排脚手架，而忽略了该楼每层都设有挑出60 cm宽的遮阳板。当脚手架搭至一楼顶部要接杆时，才发现内立杆接不上去。这时，架子工没有向工程技术管理人员反映，重新拟定过遮阳板的脚手架搭法，而是从二层楼起擅自改变双排脚手架的构造，使用短钢杆作为内立杆，直接将其支立在遮阳板上，并且该内立杆的下部未使用扣件与小横杆锁住，遮阳板部位的小横杆也未伸入墙内（仅二楼伸入墙中），用砖码支垫。脚手架没有设置剪刀撑，从7 m往上与建筑物之间也未做任何拉结。三、四楼脚手架除沿用二楼的违章搭设做法外，还将步距扩大到1.8~1.9 m；三楼的内立杆下垫6块标准砖，四楼内立杆下垫3块七孔砖，支垫高度都达到36 cm。此外，大横杆是φ48钢管，但都使用φ51扣件与立杆连接。这些错误的做法造成了脚手架的不稳定。

当3名工人往四楼二步架上搬砖时，架子受载后摇动，内立杆随之向外滑出（23根内立杆有21根滑到了砖垛的边缘，有2根半悬空），大横杆滑脱，小横杆与外立杆之间的扣件被扭断裂，导致两跨架子垮下，一名工人从13 m高处坠落地面死亡。

一、填空题

1. 钢管扣件式多立杆脚手架由_____和_____组成。

2. 双排脚手架的支撑系统由_____和_____组成。

二、选择题

1. 钢管扣件式脚手架设置的连墙件距离操作层的距离不应（　　）。

A. 大于3步　　　　　B. 大于2步　　　　　C. 小于3步　　　　　D. 小于2步

2. 钢脚手架不得搭设在距离35 kV以上的高压线路（　　）以内的范围和距离1~10 kV高压线路（　　）以内的范围。

A. 4.5 m　2.5 m　　　B. 4.5 m　2 m　　　C. 4 m　2.5 m　　　D. 4 m　2 m

三、判断题

1. 脚手架的横向水平杆的杆端应伸出扣件的长度不小于150 mm。　　　　　　　　　（　　）

2. 当外墙砌砖高度超过3 m时，必须设置安全网。　　　　　　　　　　　　　　　（　　）

四、简答题

1.脚手架有什么作用？

2.脚手架应满足哪些要求？

 实训提升

根据钢管扣件式脚手架的搭设要求搭设一排钢管扣件式脚手架，注意施工安全。所用工具：钢管、扣件、底座、垫板、连墙件等。

项目 **4** 砌筑工程

项目目标 >>>>>>>

【知识目标】

1.理解砌筑砂浆的强度等级、搅拌和使用要求；

2.理解砌筑用砖的要求；

3.了解各种垂直运输机械的种类及安全措施；

4.理解皮数杆的作用、制作内容及立设要求；

5.掌握砖砌体的质量要求和保证质量的措施；

6.掌握混凝土空心砌块砌体的施工工艺和技术要求；了解加气混凝土砌块砌体、粉煤灰实心砌块砌体的施工工艺及技术要求。

【技能目标】

能对各类砌体工程的质量按规范要求进行验收。

【课时建议】

4 课时

4.1 砌筑工程的主要准备工作

砌筑工程施工主要是砖砌体工程、混凝土小型空心砌块工程、石砌体工程、配筋砌体工程、填充墙砌体工程等分项工程的施工。

4.1.1 砌体工程的一般要求

一般要求砌筑灰缝应横平竖直,砂浆饱满,厚薄均匀,砌块应上下错缝,内外搭砌,接槎牢固,墙面垂直;要预防不均匀沉降引起开裂;要注意施工中墙、柱的稳定性;冬期施工时还要采取相应的措施。

4.1.2 砌体材料

砌筑工程所用材料主要是砖、砌块以及砌筑砂浆。砌体工程所用的材料在施工中应有产品的合格证书、产品性能检测报告,块材、水泥、钢筋、外加剂等材料主要性能的进场复验报告。严禁使用国家明令淘汰的材料。《建筑抗震设计规范》(GB 50011—2010)要求砌体结构材料应符合下列规定:烧结普通砖和烧结多孔砖的强度等级不应低于 MU10,其砌筑砂浆强度等级不应低于 M5;混凝土小型空心砌块的强度等级不应低于 MU7.5,其砌筑砂浆强度等级不应低于 M7.5。

1. 块材

砌筑工程块材有砖、砌块以及石材,它们的品种、强度等级必须符合设计要求,设计无规定时按规范要求。

(1)砖的准备。

选砖:砖的品种、强度等级必须符合设计要求,并应规格一致;用于清水墙、柱表面的砖,外观要求应尺寸准确、边角整齐、色泽均匀,无裂纹、掉角、缺棱和翘曲等严重现象。

淋砖:为避免砖吸收砂浆中过多的水分而影响黏结力,并可除去砖面上的粉末,砖应提前 1~2 d 浇水湿润,现场断砖检查,截面四周融水深度达 15~20 mm 时合适,浇水过多会产生砌体走样或滑动。

(2)砌块。

施工所用的小砌块的产品龄期不应小于 28 d。应保持砌块表面干净,避免黏结黏土、脏物。密实砌块的切割可采用切割机。

2. 砂浆

(1)砂浆原材料要求。

①水泥。水泥进场使用前,应分批对其强度、安定性进行复验。检验应以同一生产厂家、同一编号为一批。当在使用中对水泥质量有怀疑或水泥出厂超过 3 个月(快硬硅酸盐水泥超过 1 个月)时,应复查试验,并按其结果使用。不同品种的水泥,不得混合使用。

②砂。砂宜用中砂,其中毛石砌体宜用粗砂。砂浆用砂不得含有有害杂物。砂的含泥量:对水泥砂浆和强度等级不小于 M5 的水泥混合砂浆,不应超过 5%;强度等级小于 M5 的水泥混合砂浆,不应超过 10%。人工砂、山砂及特细砂,应经试配能满足砌筑砂浆技术条件要求。

③石灰膏。块状生石灰熟化成石灰膏时,应进行过滤,生石灰熟化时间不得少于 7 d;对于磨细生石灰粉,其熟化时间不得小于 2 d。不得采用脱水硬化的石灰膏。消石灰粉不得直接使用于砌筑砂浆中。

④拌制砂浆用水。水质应符合现行行业标准《混凝土用水标准》(JGJ 63—2006)的规定。

⑤外加剂。凡在砂浆中掺有外加剂,如有机塑化剂、早强剂、缓凝剂、防冻剂等,应经检验和试配符

合要求后,方可使用。有机塑化剂应有砌体强度的形式检验报告。

砌体施工前,砂浆的准备工作包括:砂浆的配合比设计和砂浆拌制。

(2)砂浆的配合比设计。

砌筑砂浆应按现行行业标准《砌筑砂浆配合比设计规程》(JGJ 98—2010)规定,通过试配确定配合比。当砌筑砂浆的组成材料有变更时,其配合比应重新确定。施工中当采用水泥砂浆代替水泥混合砂浆时,应重新确定砂浆强度等级。

试配时应采用工程中实际使用的材料,采用机械搅拌,搅拌时间应自投料结束算起,对水泥砂浆和水泥混合砂浆,不得少于 120 s;对掺用粉煤灰和外加剂的砂浆,不得少于 180 s。

技 术 点 睛

水泥砂浆和水泥混合砂浆必须分别在拌成后 3 h 和 4 h 内使用完毕,当施工期间最高气温超过30 ℃时,则必须分别在拌成后 2 h 和 3 h 内使用完毕。

4.2 垂直运输设施

垂直运输设施的种类很多,常用的有塔式起重机、井架、龙门架、施工电梯等。无论选择哪种机械,都应当满足设置要求。比如塔吊需要考虑覆盖面能否满足施工的要求,井架、龙门架为了不影响施工效率,需要考虑供应面的大小,此外,垂直运输设施还应满足提升高度、供应能力的要求。

4.2.1 塔式起重机

塔式起重机的种类较多,但都有一个直立的塔身,在其上部装有起重臂,具有一定的变幅能力,有较高的有效吊装高度及较大的工作空间,故幅度利用率较高。塔式起重机自身有可靠平衡,无须牵缆;起升高度与有效幅度大;轨道式塔式起重机有行走机构,可沿轨道行驶,因而工作面广;吊运特性好,能同时进行垂直、水平运输及 360°回转运动。

(1)按起重能力分类。

按起重能力分类,可分为轻型塔式起重机(起重量一般为 0.5~3 t,一般用于 6 层以下多层建筑)、中型塔式起重机(起重量一般为 3~15 t,适用于建筑工程)及重型塔式起重机(起重量一般为 15~40 t,适用于工业吊装)。

(2)按架设形式分类。

塔式起重机的架设形式有固定式、附着式、轨道式和爬升式 4 种,如图 4.1 所示。

(3)按塔式起重机回转形式分类。

①上回转塔式起重机。塔身不旋转,而是利用通过支撑装置安装在塔顶上的转塔(由起重臂、平衡臂和塔帽组成)旋转,塔身与下部门架连接简单;塔身的整体刚性较好。但整个机械重心较高,必须在塔身下部增加较大的压重,使重心下移;当建筑物高度超过塔身时,限制起重机的回转。

②下回转塔式起重机。回转支撑装置安装在塔身下部,这种塔式起重机整机工作重量较轻,重心低,稳定性好,且便于维护;重物总是处于司机的正前方,操纵室位置较高,所以操作方便,视野开阔。

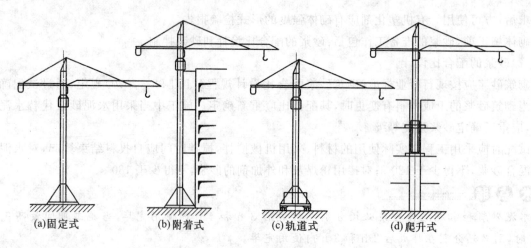

(a)固定式　　(b)附着式　　(c)轨道式　　(d)爬升式

图4.1　塔式起重机的架设形式

（4）按塔式起重机变幅形式分类(图4.2)。

①小车变幅塔式起重机。起重臂呈水平状态,装有起重小车。可以带载变幅,在吊装安装就位时非常方便;最小幅度小,变幅迅速、安全,工作平稳可靠;但臂架受弯,起重臂自重大且结构比较复杂。

②动臂变幅塔式起重机。通过调整起重臂仰角变幅。起重臂为压杆式臂架,重量较轻,起重臂能仰起,故可使起重机的有效起升高度增大;但最小幅度较大,吊装构件就位时操作比较复杂。

③伸缩式小车变幅塔式起重机。通过臂架前部伸缩可使臂架最大幅度缩减近一半,从而避开障碍物。

④折臂变幅塔式起重机。吊臂由两节组成,可以折曲并进行俯仰变幅。吊臂前节可以平卧成为小车变幅水平臂架,吊臂后节可以直立而发挥塔身作用。

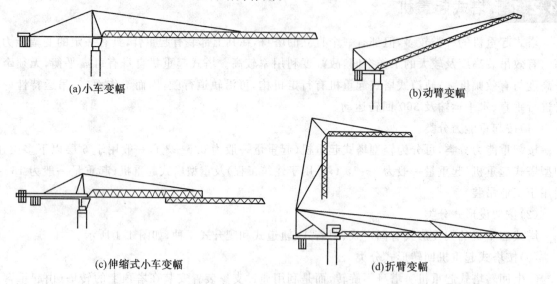

(a)小车变幅　　　　　　　　　　　　(b)动臂变幅

(c)伸缩式小车变幅　　　　　　　　　(d)折臂变幅

图4.2　塔式起重机的变幅形式

（5）按塔式起重机塔身加节形式分类。

按塔式起重机塔身加节形式分类,可分为塔身下加节、塔身中加节及塔身上加节(图4.3)。

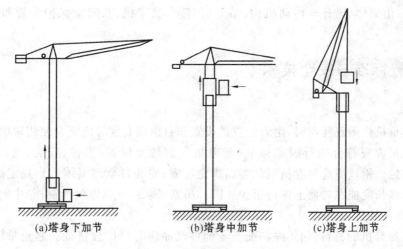

图 4.3 塔式起重机的加节形式

(a)塔身下加节　　(b)塔身中加节　　(c)塔身上加节

4.2.2　井架及龙门架

　　物料提升机是建筑施工现场常用的一种输送物料的垂直运输设备。它以卷扬机为动力,以底架、立柱及天梁为架体,以钢丝绳为传动,以吊笼(吊篮)为工作装置,在架体上装设滑轮、导轨、导靴、吊笼、安全装置等和卷扬机配套构成完整的垂直运输体系。物料提升机构造简单,按结构形式的不同,可分为井架式物料提升机(图 4.4)和龙门架式物料提升机(图 4.5)。

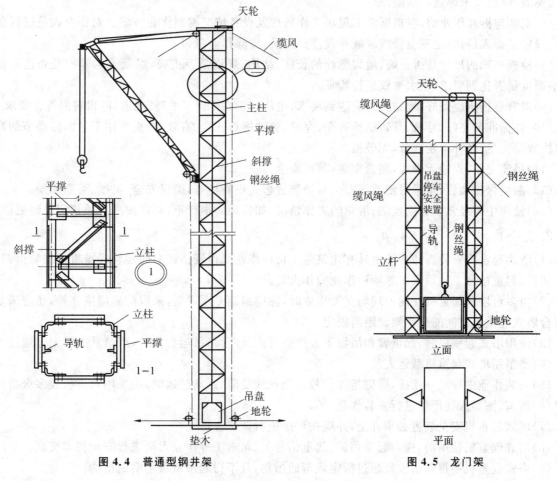

图 4.4 普通型钢井架　　　　　　　　　　图 4.5 龙门架

井架(龙门架)由架体、提升与传动机构、吊笼(吊篮)、稳定机构、安全保护装置和电气控制系统等组成。

4.2.3 质量标准与安全技术

1. 质量标准

(1)当塔式起重机作附着使用时,附着装置的设置和自由端高度等应符合使用说明书规定。

(2)钢丝绳的报废应符合现行国家标准《起重机 钢丝绳保养、维护、安装、检验和报废》(GB/T 5972—2009)的规定。钢丝绳应与卷扬机的卷筒固定可靠;安装好全部架体达到规定高度时,在全部钢丝绳输出后,钢丝绳长度能在卷筒上保持至少4圈。吊索必须由整根钢丝绳制作,中间不得有接头。环形吊索应只允许有一处接头。

(3)用于物料提升机的材料、钢丝绳和配套零部件产品应有出厂合格证。起重量限制器、防坠安全器应经检验合格。

(4)平台四周应设置防护栏杆,上栏杆高度宜为 1.0～1.2 m,下栏杆高度宜为 0.5～0.6 m,在栏杆任一点作用 1 kN 的水平力时,不应产生永久变形;挡脚板高度不应小于 180 mm,且宜采用厚度不小于 1.5 mm 的冷轧钢板。

(5)物料提升机自由端高度不宜大于 6 m,附墙架间距不宜大于 6 m。

(6)承重构件应选用 Q235A,主要承重构件应选用 Q235B,并应符合现行国家标准《碳素结构钢》(GB/T 700—2006)的规定。焊条、焊丝及焊剂的选用应与主体材料相适应。焊缝应饱满、平整,不应有气孔、夹渣、咬边及未焊透等缺陷。

(7)安装与拆卸作业前,应根据施工现场工作条件及设备情况编制作业方案。对作业人员进行分工交底,确定指挥人员,划定安全警戒区域并设监护人员,排除作业障碍。

(8)检查基础的尺寸是否正确,地脚螺栓的长度、结构、规格是否正确,混凝土的养护是否达到规定期,平面度是否达到要求(用水平仪进行验证)。

(9)提升卷扬机应完好,地锚拉力应达到要求,电压控制在 380 V＋5％之内,电机转向符合要求。

(10)各标准节完好,导轨、导轨螺栓齐全、完好,各种螺栓齐全、有效,特别是用于紧固标准节的高强度螺栓数量充足;各种滑轮齐备,无破损。

(11)吊笼完整,焊缝无裂纹,底盘牢固,顶棚安全。

(12)断绳保护装置、重量限制器等安全防护装置事先进行检查,确保安全、灵敏、可靠无误。

(13)使用中要经常检查钢丝绳、滑轮的工作情况,如发现磨损严重,必须按照有关规定及时更换。

2. 安全技术

(1)塔式起重机安装拆卸必须由具有建筑施工特种作业操作资格证书的建筑起重机械安装拆卸工、起重司机、起重信号工和司索工等特种作业操作人员。

(2)当多台塔式起重机在同一现场交叉作业时,除应编制专项方案,采取防碰撞措施外,还应满足任意两台塔式起重机之间的最小架设距离规定。

(3)使用塔式起重机时,起重臂和吊物下方严禁有人员停留;吊运物件时,严禁从人员上方通过。

(4)严禁用塔式起重机载运人员。

(5)安装作业中应统一指挥,明确指挥信号。当视线受阻、距离过远时,应采用对讲机或多级指挥。

(6)雨雪、浓雾天气严禁进行安装作业。

(7)塔式起重机安全装置必须齐全,并应按程序进行调试合格。

(8)塔式起重机使用前,应对起重司机、起重信号工、司索工等作业人员进行安全技术交底。

(9)塔式起重机不得起吊重量超过额定载荷的吊物,且不得起吊重量不明的吊物。

（10）塔式起重机拆卸工作宜连续进行,当遇到特殊情况拆卸作业不能继续时,应采取措施保证塔式起重机处于安全状态。

（11）拆卸时应先降节,后拆除附着装置。

（12）井架（龙门架）自由端高度不宜大于6 m;附墙架间距不宜大于6 m。

（13）钢丝绳在卷筒上应整齐排列,端部应与卷筒压紧装置连接牢固。当吊笼处于最低位置时,卷筒上的钢丝绳不应少于4圈。

（14）井架（龙门架）严禁使用摩擦式卷扬机。

（15）当井架（龙门架）安装高度大于或等于30 m时,不得使用缆风绳。

3.检测方法

塔式起重机作业前,应检查特种设备制造许可证、产品合格证、制造监督检验证明文件等。在作业的不同阶段,要根据规定对塔式起重机进行检测。主要检查:结构外观、安全装置、传动机构、连接件、制动器、索具、钢丝绳等。塔式起重机主要部件和安全装置等应进行经常性检查,每月不得少于一次。当塔式起重机使用周期超过一年时,应按照《建筑施工塔式起重机安装、使用、拆卸安全技术规程》（JGJ 196—2010）中附录C进行检查。

井架（龙门架）检验包括出场检验、形式检验和使用过程检验。其检验项目及规则应符合现行国家标准《货用施工升降机》（GB/T 10054）的规定。

4.3　多孔砖砌体的施工

4.3.1　多孔砖砌体施工工艺流程

墙体砌筑应在基础完成检验合格,并办好隐蔽验收资料后进行。

具体工艺流程为:基础验收,墙体放线（绑扎构造柱钢筋）→材料见证取样,配制砂浆→确定组砌方式,摆砖摞底→盘角,立杆挂线→砌筑砖墙→（安装构造柱模板、浇混凝土）→自检验收,养护→办理质量验收手续等工序。

4.3.2　多孔砖砌体施工方法

1.墙体放线

砌墙前先在基础防潮层或楼面上定出各层标高,并用水泥砂浆或C10细石混凝土找平,然后根据龙门板上标志的轴线,弹出墙身轴线、边线及门窗洞口位置。二楼以上墙的轴线可以用经纬仪或垂球将轴线引测上去。

技术点睛

找平层的做法:在基层表面处4个大角位置及每隔10 m位置抹一灰饼,用水准仪确定灰饼的上表面标高,使之与设计标高一致,然后,按这些标高用M7.5防水砂浆或掺有防水剂的C10细石混凝土找平,此层既是防潮层,也是找平层。

2.配制砂浆

砂浆的品种、强度必须符合设计要求,按试配调整后确定的配合比进行计量配料,并满足《砌体结构工程施工质量验收规范》（GB 50203—2011）对砌筑砂浆制作与抽检制作试块的要求。

3.确定组砌方式,摆砖摞底

按选定的组砌方法,在墙基顶面放线位置用干砖(即不铺灰)试摆砖样,目的是使门窗洞口、附墙垛等处符合砖的模数,偏差小时可通过竖缝调整,以尽可能减少砍砖,提高砌砖效率,并保证砖及砖缝排列整齐、均匀。一般在房屋外纵墙方向摆顺砖,在山墙方向摆丁砖,摆砖由一个大角摆到另一个大角,砖与砖留 10 mm 缝隙。摆砖样在清水墙砌筑中尤为重要。

技 术 点 睛

砖砌体的组砌方式有一顺一丁、三顺一丁、梅花丁、二平一侧等。

一顺一丁:由一皮顺砖、一皮丁砖间隔相砌而成,上下皮之竖向灰缝都错开1/4砖长,是一种常用的组砌方式,这种砌法整体性好,多用于一砖墙。

三顺一丁:是最常见的组砌形式,由三皮顺砖、一皮丁砖组砌而成,上下皮顺砖搭接半砖长,丁砖与顺砖搭接1/4砖长,因三皮顺砖内部纵向有通缝,故整体性较差,且墙面也不易控制平直。但这种组砌方法因顺砖较多,故砌筑速度快。

梅花丁:又称沙包式,是每皮中顺砖与丁砖间隔相砌,上下皮砖的竖缝相互错开1/4砖长。这种砌法内外竖缝每皮都能错开,整体性较好,灰缝整齐,比较美观,但砌筑效率较低,多用于清水墙面。

二平一侧:又称18墙,其组砌特点为,平砌层上下皮间错缝半砖,平砌层与侧砌层之间错缝1/4砖长。此种砌法比较费工,效率低,但节省砖块,可以作为层数较小的建筑物的承重墙。

此外还有全顺式和全丁式砌法,全顺式仅用于砌半砖隔断墙,全丁式一半多用于圆形建筑物,如水塔、烟囱、水池、圆仓等。

4.立皮数杆

皮数杆是指在其上画有每皮砖和灰缝厚度以及门窗洞口、过梁、楼板等高度位置的一种木制或钢制标杆(图 4.6)。皮数杆是砌筑时控制砌体竖向尺寸的标志,同时还可以保证砌体的垂直度。皮数杆一般设置在房屋的 4 个大角以及纵横墙的交接处、楼梯间以及洞口多的地方,如墙面过长时,应每隔 10~15 m 立一根。皮数杆需用水准仪统一竖立,其基准标高用水准仪校正。

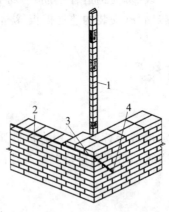

图 4.6　立皮数杆
1—皮数杆;2—准线;3—竹片;4—铁钉

技 术 点 睛

皮数杆上要标明皮数及竖向构造的变化部位。在基础皮数杆上,竖向构造包括:底层室内地面、防潮层、大放脚、洞口、管道、沟槽和预埋件等。在墙身皮数杆上,竖向构造包括:楼面、门窗洞口、过梁、圈梁、楼板、梁及梁垫等。

5.盘角及挂线

墙角是控制墙面横平竖直的主要依据,砖砌通常先在墙角以皮数杆进行盘角,墙角砖层高度必须与皮数杆刻度相符合,墙角砌好后,即可挂小线,作为砌筑中间墙体的依据,每砌一皮或两皮,准线向上移动一次。做到"三皮一吊,五皮一靠"。墙角必须双向垂直,以保证墙面平整,一般一砖墙、一砖半墙可单面挂线,一砖半墙以上则应用双面挂线。

6.砌筑砖墙

铺灰砌砖的操作方法与各地区的操作习惯、使用工具有关。常用的有满刀灰砌筑法(也称提刀灰)和"三一"砌筑法。砌砖宜采用"三一砌筑法",即"一铲灰、一块砖、一揉浆",并随手将挤出的砂浆刮去的砌筑方法。这种砌法的优点是灰缝容易饱满、黏结力好、墙面整洁。当采用铺浆法砌筑时,铺浆长度不得超过750 mm;施工期间气温超过30 ℃时,铺浆长度不得超过500 mm。砖砌体组砌方法应正确,上下错缝,内外搭砌,240 mm厚承重墙每层墙的最上、最下一皮砖或梁、梁垫下面,应整砖丁砌。需要注意的是,多孔砖的孔洞应垂直于受压面砌筑。

如为清水墙,最后还应勾缝,可以用砂浆随砌随勾缝,称为加浆勾缝。勾缝具有保护墙面和增加墙面美观的作用,为了确保勾缝质量,勾缝前应清除墙面黏结的砂浆和杂物,并洒水湿润,在砌完墙后,应画出1 cm的灰槽,灰缝可勾成凹、平、斜或凸的形状。勾缝完成后应清扫墙面。

在有构造柱的位置,还应完成构造柱的施工,如图4.7所示。

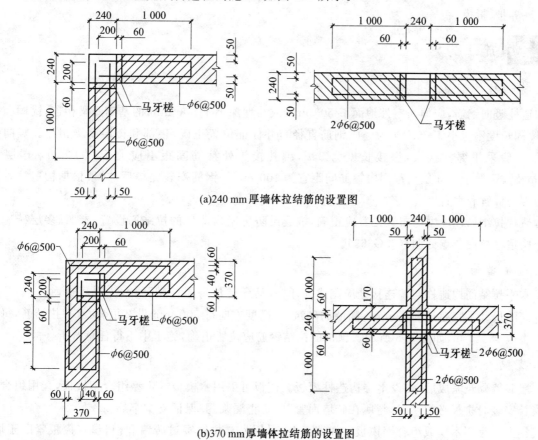

(a)240 mm厚墙体拉结筋的设置图

(b)370 mm厚墙体拉结筋的设置图

图4.7　构造柱及拉结钢筋在墙中布置示意图

7.办理质量验收手续等工序

砖墙砌筑完成后,应进行质量自检和验收,并办理质量验收手续。

技 术 点 睛

在施工过程中应经常用 2 m 托线板检查墙面垂直度，用 2 m 直尺和楔形塞尺检查墙体表面平整度，发现问题要及时纠正。

4.4 砖混结构中构造柱的施工

构造柱的设置位置和截面尺寸按设计要求施工。构造柱不单独承重，因此不需设独立的基础，其竖向钢筋下端应锚固于钢筋混凝土基础或基础梁内，上端与圈梁或上部其他混凝土构件连通。《建筑抗震设计规范》(GB 50011—2010)规定：突出屋顶的楼、电梯间，构造柱应伸到顶部，并与顶部圈梁连接。

在施工时必须先砌墙后浇混凝土，使柱与墙体紧密结合，共同工作，并用相邻的墙体作为一部分模板。构造柱的施工必须逐层进行，本层构造柱混凝土浇捣完毕后，才能进行上层的施工。

4.4.1 工艺流程

构造柱的工艺流程为：绑扎与安装柱钢筋笼→砌墙留马牙槎，随墙砌筑设水平拉结筋→支模→浇筑混凝土→养护、拆模。

4.4.2 施工方法

1. 构造柱的钢筋绑扎与安装

构造柱竖向钢筋，应伸入室外地面下 500 mm 或与埋深小于 500 mm 的基础圈梁相连，锚固在基础梁上，锚固长度不应小于 35d(d 为竖向钢筋直径)，并保证位置正确，顶部和楼层圈梁相连。竖向钢筋的接长，一般采用绑扎接头，搭接长度为 35d，绑扎接头处箍筋间距不应大于 200 mm。楼层上下 450 mm 及大于等于 1/6 层高范围内箍筋间距宜为 100 mm。钢筋安装完毕后，必须根据构造柱轴线校正竖向钢筋位置和垂直度。

构造柱拉结筋在墙中的布置位置应正确，抗震设防房屋构造柱的拉结筋设置，参照《多层砖房钢筋混凝土构造柱抗震节点详图》(03G363)。

2. 砌墙留马牙槎

设水平拉结筋构造柱与墙连接处应砌成马牙槎，马牙槎从每层柱脚开始，先退后进，每一马牙槎沿高度方向的尺寸不宜超过 300 mm。随墙的砌筑，沿高度方向每 500 mm 设 2 根 ϕ6 水平拉结筋，每边伸入墙内不应少于 1 m，如图 4.8 所示。预留的拉结钢筋应位置正确，施工中不得任意弯折。

3. 支模

本层砖墙砌筑完成后，支设本层构造柱模板。模板可采用木模板或定型组合钢模板，宜用组合钢模板。模板安装时拼板必须严密，与所在砖墙面紧贴，防止漏浆，并保证支撑牢靠。

支模方法是用木模或组合钢模板贴在墙面上，采用 ϕ10 拉筋穿过砖墙和模板，将模板紧贴于墙上。拉筋穿墙的洞要预留，留洞位置要求从距地面 30 cm 开始，每隔 0.5～1 m 留一道，洞的平面位置在构造柱马牙槎最宽处以外一个丁头砖处。为防止漏浆污染墙面，砖墙马牙槎两边可粘贴泡沫条密封。模板宽度一般为构造柱设计宽度加 20 cm。丁头角模宽为墙侧边至马牙槎最宽处再加 5 cm。模板根部应留置清扫口。

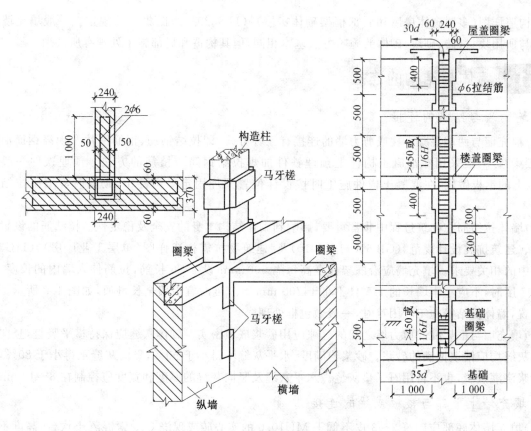

图 4.8　马牙槎及拉结钢筋布置示意图

4. 浇筑混凝土

浇筑构造柱混凝土之前,必须将砖墙和模板浇水湿润(若为钢模板,不浇水,刷隔离剂),并将模板内落地灰、砖渣和其他杂物清理干净,柱根部新旧混凝土交接处,要用水冲洗、湿润,宜先铺 10～20 mm 厚与混凝土同配合比的水泥砂浆或减石子混凝土后再浇筑混凝土。混凝土浇筑应用插入式振动器,浇筑时,先将振捣棒插入柱底根部,使其振动再灌入混凝土。应分层浇筑、振捣,每层厚度不超过 60 cm 或不超过振捣棒有效长度的 1.25 倍;边下料边振捣。振捣时,应避免振动棒触碰钢筋和砖墙,严禁通过砖墙传振,以免造成灰缝开裂。一般浇筑高度不宜大于 2 m,如能确保浇筑密实,也可每层一次浇筑。

5. 养护与拆模

混凝土浇筑完 12 h 以内,应进行养护。构造柱的拆模应符合《混凝土结构工程施工质量验收规范》(GB 50204—2002)和《建筑工程冬期施工规程》(JGJ 104—2011)相关规定要求,在混凝土强度能保证其表面及棱角不因拆除模板而受损坏,并满足相同条件下试块抗压强度达到 1.2 MPa,冬季施工达到 4 MPa 后方可拆除。

4.5　填充墙砌体的施工

填充墙大多采用烧结实心、空心砖、小型空心砌块、加气混凝土砌块、轻骨料混凝土小型空砌块及其他工业废料掺水泥加工的砌块与砂浆砌筑而成。由于不同的块料填充墙做法各异,因此要求也不尽相同,实际施工时应参照相应设计要求及施工质量验收规范和各地颁布实施的标准图集、施工工艺标准等。有抗震设防要求的房屋的填充墙施工,还应符合《建筑抗震设计规范》(GB 50011—2010)和《建筑物抗震构造详图(多层砌体房屋和底部框架砌体房屋)》(11G329—2)图集中的规定。一般填充墙的砌筑方法与所用块材(砖、砌块)砌体的施工方法基本相同,但其构造和局部施工处理有所区别。

4.5.1 墙体与结构的连接

1.墙两端与结构的连接

(1)填充墙与两端混凝土柱或剪力墙的连接有三种方式,即拉结钢筋、钢筋网片及现浇钢筋混凝土带(或腰梁)。一般采用在混凝土构件上预埋铁件加焊拉结钢筋或植筋的方法。预埋铁件一般采用4 mm以上的钢板做成,在混凝土构件施工时按设计位置预埋固定于构件中,砌墙时将墙中拉结钢筋焊接。

(2)墙体拉结筋在砌筑过程中非常重要,影响到砌体结构本身的安全及稳定性。拉结筋的设置应满足设计、《建筑抗震设计规范》(GB 50011—2010)及《建筑物抗震构造详图(单层工业厂房)》(11G329—3)图集中的相关要求。填充墙应沿框架柱全高每隔500 mm设2ϕ6拉筋,拉筋伸入墙内的长度,抗震设防6、7度时,不应小于墙长的1/5且不小于700 mm,8、9度时宜沿墙全长贯通,如图4.9所示。在墙垛的位置,墙体拉结筋施工较困难时,一般做包框处理。

(3)填充墙与框架柱或剪力墙之间的缝隙应用砂浆嵌填密实。砌体灰缝应保持横平竖直,竖向灰缝和水平灰缝均应铺设饱满的砂浆。砂浆饱满度:水平灰缝不得小于90%,竖向灰缝不得小于80%,严禁用水冲浆浇灌灰缝,也不得用石子垫灰缝。水平灰缝及竖向灰缝的厚度和宽度应控制在8~12 mm。

2.填充墙上下部与楼板或梁的连接

(1)填充墙体底部应砌筑2~3皮不低于MU10.0的实心砖或现浇C20素混凝土坎台,高度不小于200 mm。其作用是承重、防撞击和防潮,如图4.10所示。

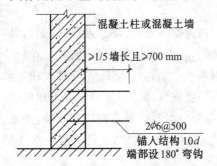

图4.9 填充墙与钢筋混凝土柱或墙的钢筋拉结图

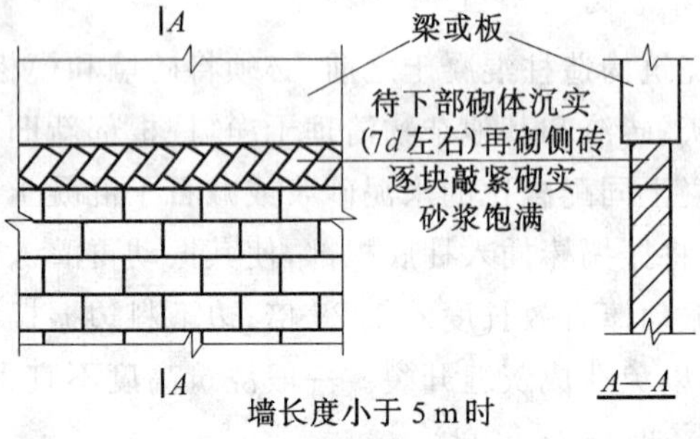

图4.10 填充墙上部与梁或板的连接

(2)为保证墙体的整体性,填充墙顶部通常采用侧砖、立砖、砌块斜砌(倾斜度宜为约60°)挤紧或在梁底做预埋铁件拉结等方式与结构连接。无论采用哪种连接方式,墙体向上砌至接近梁底时,应留一定空隙,并至少间隔7d,待下部砌块墙体变形稳定后再砌筑。最上一皮采用侧砖斜砌时,应保证砖挤紧,砂浆饱满,如图4.11所示。

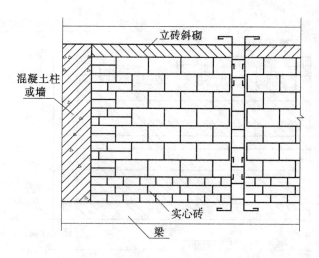

图 4.11 填充墙上、下部砌实心砖

4.5.2 填充墙的施工

填充墙的砌筑方法与所用块材(砖、砌块)砌体的施工方法基本相同,其施工顺序最好自顶层向下层进行,防止因结构变形量向下传递而造成早期下层先砌筑的墙体产生裂缝。如因工期紧等原因必须由底层向顶层砌筑时,则墙顶的连接处理须待全部砌体完成后,再自上层向下层施工,此目的是给每一层结构一个完成变形的时间和空间。应注意以下几方面构造要求:

1.门窗、洞口和阳角处的处理

通常采用在洞口两侧和阳角处做构造柱或镶砌专用砖或预制块的方法,空心砌块填充墙阳角处可设芯柱。空心砌块墙在窗台顶面应做成混凝土压顶,以保证窗框与砌体的可靠连接。

2.填充外墙防潮防水

空心砌块填充外墙面在施工中还应考虑防渗漏问题。渗漏现象主要发生在灰缝处。因此,在砌筑中应注意保证灰缝饱满,尤其是竖缝。另外,可采取在外墙抹灰层中加 3%～5% 的防水粉、面砖勾缝或表面刷防水剂等措施,保证防渗效果。

3.单片面积较大填充墙的施工

大空间的框架结构填充墙,应根据墙体长度、高度情况,按设计或规范要求设置构造柱和水平拉结件,以提高墙体稳定性。一般填充墙高度超过 4 m 时,应在墙体高度中部设置与柱连接且沿墙全长贯通的 2～3 道焊接钢筋网片或 $3\phi6$ 的通长水平钢筋或加设水平墙梁(腰梁),如图 4.12 所示。墙长大于 5 m 时,墙顶与梁宜有拉结;墙长超过层高 2 倍时,宜设置钢筋混凝土构造柱,如图 4.13 所示。当大面积的墙体有转角时,应在转角处设芯柱。

4.填充墙的构造柱施工

填充墙的构造柱设置在各层上下水平梁、板之间,构造柱本身不连续。构造柱的一般做法是:主体结构施工完毕后,进行填充墙及其构造柱的放线,先装钢筋后砌墙,再浇筑混凝土。钢筋的施工有两种方式,即预留钢筋和植筋。植筋的施工是用电钻在构造柱纵筋位置进行打孔,将钢筋植入孔中,用植筋专用胶黏结,实现构造柱与上下部梁或板的拉结。

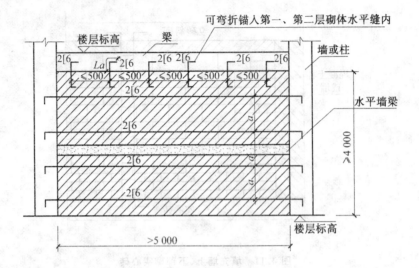

图 4.12　填充墙与结构梁、柱的连接

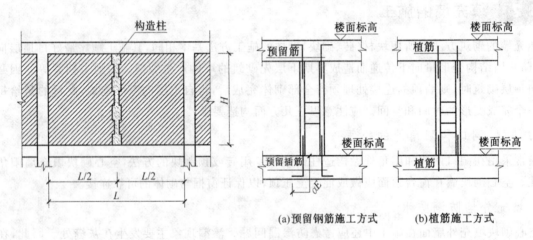

(a)预留钢筋施工方式　　(b)植筋施工方式

图 4.13　填充墙构造柱设置与钢筋施工方式

4.6　其他砌体的施工方法

4.6.1　砌块砌体的施工

在我国禁止使用实心黏土砖后，砌块得到了积极的发展，逐渐成为优质低廉的墙体材料，建设部已将其列为十项新技术重点推广项目。近几年，中小型砌块在我国得到了广泛应用。砌块按规格分为小型砌块和中型砌块。砌块高度在 115~380 mm 称为小型砌块；高度在 380~980 mm 称为中型砌块。目前施工中以小型砌块为主。

1. 施工准备

运到现场的砌块，应分规格、等级标记堆放，堆放高度不宜超过 1.6 m，堆垛之间应留有适当的通道。堆放现场必须平整，并做好排水。

砌块进场必须有产品合格证书，并经检查、验收、抽检合格后方可使用。取样规定：每 1 万块为一验收批，随机抽检一组（5 块），不足 1 万按一批计；基础和底层的砌块抽检数量不少于 2 组。

施工时所用砌块的龄期不应少于 28 d,承重墙体严禁使用断裂小砌块,严禁使用断裂或壁肋中有竖向裂纹的小砌块砌筑墙体。

普通混凝土小砌块砌筑前不宜浇水。因为混凝土制成的砌块与一般烧结材料(砖)不同,湿度变化时体积会变化,通常表现为湿胀干缩。如果干缩变形过大,超过了砌块块体或灰缝允许的极限,砌块墙就可能产生裂缝。因此,砌筑时须控制砌块上墙前的湿度,不能浸水或浇水,以免砌块吸水膨胀开裂。在气候特别干热的情况下,因砂浆水分蒸发过快,不便于施工时,可在砌筑前稍加喷水湿润,但表面有浮水时不得施工。

2.砌块的排列

由于中小型砌块体积较大、较重,不如砖块可以随意挪动,且砌筑时必须使用整块,不像普通砖可以随意砍凿,因此,在施工前,须按照设计图纸的房屋轴线编绘各墙体砌块平、立面排列图。砌块排列图按每片纵横墙分别绘制(图4.14)。

其绘制方法是在立面上用 1∶50 或 1∶30 的比例绘出纵横墙,然后将过梁、平板、楼梯、孔洞等在墙面标出,由纵墙和横墙高度计算皮数,画出水平灰缝线,并保证砌体平面尺寸和高度是块体加灰缝尺寸的倍数,再按砌块错缝搭接的构造要求和竖缝大小进行排列。对砌块进行排列时,注意尽量以主规格砌块为主,辅助规格砌块为辅,减少镶砖。

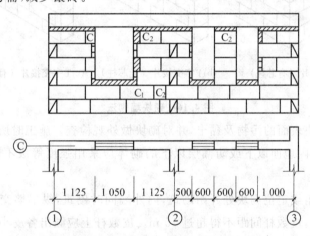

图 4.14　砌块排列图

4.6.2　混凝土小型空心砌块施工工艺

混凝土小型空心砌块砌筑与砖砌体类似,用手工搬动砌筑。

1.工艺流程

基层处理,墙体放线→制备砂浆,砌块排列→砌块砌筑(拉结筋放置→铺砂浆→砌块就位→校正)→芯柱钢筋连接→芯柱混凝土浇筑→砌体质量检查与验收。

2.小型砌块砌筑的施工要点

(1)砌块一般采用全顺组砌,上下错缝 1/2 砌块长度,上下皮孔对孔、肋对肋,个别部位无法对孔砌筑时,可错缝砌筑,但搭接长度不应小于 90 mm(轻骨料混凝土小型砌块不应小于 120 mm)。如不能满足要求的搭接长度时,应在水平灰缝中设置拉结钢筋或钢筋网片(长度大于等于 700 mm),但竖向通缝仍不得超过 2 皮砌块(图4.15、图4.16)。

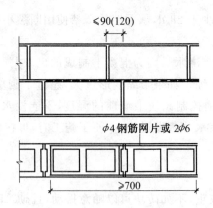

图 4.15　水平灰缝中拉结筋图

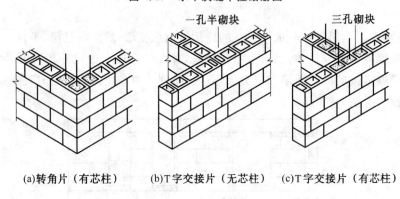

(a)转角片（有芯柱）　　(b)T字交接片（无芯柱）　　(c)T字交接片（有芯柱）

图 4.16　砌块墙砌法

（2）砌筑前应清除砌块表面的污物及黏土，并对砌块做外观检查。施工时所用的砂浆宜选用专用的小砌块砌筑砂浆。底层室内地面以下或防潮层以下的砌体应采用强度等级不低于 C20 的混凝土灌实小砌块的孔洞。

（3）砌块应从外墙转角或定位砌块处开始砌筑，内外墙同时砌筑，纵横墙交错搭接。在房屋四角或楼梯间转角处设立皮数杆，皮数杆间距不得超过 15 m。皮数杆上应画出各皮小型砌块的高度及灰缝厚度。在皮数杆上相对小型砌块上边线之间拉准线，小型砌块依准线砌筑。砌块应底面朝上砌筑，即"反砌法"。砌块生产时，因抽芯脱模需要，孔洞模芯有一定的锥度，形成上大下小，"反砌"易于铺放砂浆和保证水平灰缝砂浆的饱满度，这也是确定砌体强度指标的试件的基本砌法。

（4）砌块墙体的灰缝应做到横平竖直、砂浆饱满，严禁用水冲浆灌缝。小型砌块水平灰缝厚控制在 8～12 mm，中、大型砌块中水平灰缝厚度一般为 10～20 mm。有配筋的水平灰缝厚度为 20～25 mm；竖缝的宽度为 15～20 mm，当竖缝宽度大于 30 mm 时，应用不低于 C20 的细石混凝土填实，当竖缝宽度大于等于 150 mm 或楼层高不是砌块加灰缝的整数倍时，应用普通砖镶砌。砂浆饱满度水平缝不低于 90%，竖直缝不低于 80%。

（5）砌块砌体临时间断处应砌成斜槎，斜槎长度不应小于斜槎高度 2/3（一般按一步脚手架高度控制）；如留斜槎有困难，除外墙转角处及抗震设防地区，砌体临时间断处不应留直槎外，可从砌体面伸出 200 mm 砌成阴阳槎，并沿砌体高每三皮砌块（600 mm），设拉结筋或钢筋网片，接槎部位宜延至门窗洞口，如图 4.17 所示。

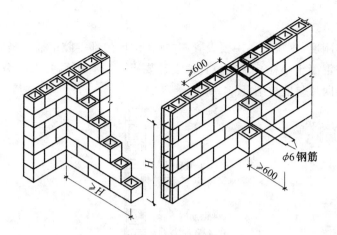

图 4.17 砌块墙留槎图

(6)砌块墙与后砌隔墙交接处,应沿墙高每 400 mm 在水平灰缝内设置不少于 2φ4 横筋、间距不大于 200 mm 的焊接钢筋网片(图 4.18)与后砌隔墙连接。

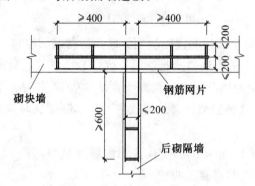

图 4.18 砌块墙与后砌隔墙交接处钢筋网片

(7)对孔洞、管道、沟槽和预埋件等,应在砌筑时预留,不得在砌筑好的墙上打孔、凿槽。电线暗管垂直方向敷设可随砌随埋在砌块内。

(8)小型砌块砌体内不宜设脚手眼,如必须设置时,可用辅助规格 190 mm×190 mm×190 mm 小砌块侧砌,利用其孔洞作脚手眼,砌体完工后用 C15 混凝土填实。但在砌体下列部位不得设置脚手眼:

①过梁上部,与过梁成 60°角的三角形及过梁跨度 1/2 范围内。

②宽度不大于 800 mm 的窗间墙。

③梁和梁垫下及左右各 500 mm 的范围内。

④门窗洞口两侧 200 mm 内和砌体交接处 400 mm 的范围内。

⑤结构设计规定不允许设脚手眼的部位。

(9)小型砌块砌体相邻工作段的高度差不得大于一个楼层高度或 4 m。

(10)砌筑时发现砌体歪斜或砌筑不够平整,需要移动砌体中的小砌块或小砌块被撞动时,要拆除重砌,不能用敲击砌体的方法进行砌体校正。

(11)常温条件下,普通混凝土小型砌块的日砌筑高度应控制在 1.8 m 内;轻骨料混凝土小型砌块的日砌筑高度应控制在 1.4 m 内。

(12)对砌体表面的平整度和垂直度,灰缝的厚度和砂浆饱满度应随时检查,校正偏差。在砌完每一楼层后,应校核砌体的轴线尺寸和标高,允许范围内的轴线及标高的偏差,可在楼板面上予以校正。

3.芯柱的施工

为增加房屋的整体刚度,砌块墙体中要设置芯柱(在砌块内部空腔中插入竖向钢筋并浇灌混凝土后形成的砌体内部的钢筋混凝土小柱),芯柱位置按设计要求。对有抗震要求的房屋,还应在芯柱处沿墙高每隔600 mm设钢筋网片与墙拉结(图4.19)。

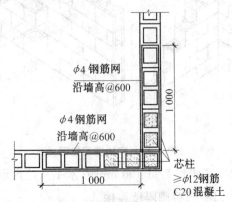

图4.19 砌块芯柱构造图

芯柱的施工方法:芯柱位置下部第一皮砌块侧面应预留孔洞,开口朝室内,以便清理杂物和绑扎钢筋。其钢筋应与基础或地圈梁下的钢筋搭接足够的长度。芯柱浇筑混凝土要待砌筑砂浆强度达1 MPa后,应使用混凝土小型空心砌块专用混凝土(《混凝土砌块(砖)砌体用灌孔混凝土》)(JC 861—2008)灌注,坍落度大于等于180 mm。在该层墙体砌筑完成后与顶部圈梁同时浇筑,每浇400~500 mm高应捣实一次。

芯柱混凝土不是普通混凝土,它是配筋砌体专用的胶凝材料,其基本成分是砂、普通水泥、豆石和水。其分为细注芯混凝土和粗注芯混凝土两种。

①细注芯混凝土。适用于浇筑间隙小、窄或钢筋较集中的芯柱。采用细注芯混凝土时,钢筋与块体间的间隙应大于等于35 mm。配合比若设计无规定时,则一般采用水泥与沙体积比为(1:2.5)~(1:3),相应坍落度为200~250 mm时需要的水。

②粗注芯混凝土。适用于砖砌体的浇筑水平间隙大于38 mm和砌块孔洞的尺寸大于等于38 mm×76 mm,钢筋与块体间的间隙应大于等于12.7 mm。配合比若无设计,粗注芯混凝土的水泥、砂、豆石体积比为1:(2.5~3):(1~2),相应坍落度为200~250 mm时需要的水。骨料粒径应小于等于9.5 mm。

由于初始水量的损失和普通水泥的水化作用,注芯混凝土在固化过程会产生收缩,常常采用一种使注芯混凝土膨胀的外加剂,以补偿这种收缩。

4.7 质量验收标准与安全技术

4.7.1 质量标准

砌体工程的施工质量应符合《砌体结构工程施工质量验收规范》(GB 50203—2011)(以下简称《规范》)的要求,并应按《建筑工程施工质量验收统一标准》(GB 50300—2013)(以下简称《标准》)要求进行施工质量验收。其基本规定如下:

①砌体工程所用的材料应有产品的合格证书、产品性能检测报告。块材、水泥、钢筋、外加剂等尚应有材料主要性能的进场复验报告。严禁使用国家明令淘汰的材料。

②砌筑基础前,应校核放线尺寸,应在允许偏差范围内。

③砌筑顺序应符合下列规定:

a.基底标高不同时,应从低处砌起,并应由高处向低处搭砌。当设计无要求时,搭接长度不应小于基础扩大部分的高度。

b.砌体的转角处和交接处应同时砌筑。当不能同时砌筑时,应按规定留槎、接槎。

④在墙上留置临时施工洞口,其侧边离交接处墙面不应小于500 mm,洞口净宽度不应超过1 m。抗震设防烈度为9度的地区建筑物的临时施工洞口位置,应会同设计单位确定。

临时施工洞口应做好补砌。

⑤不得在下列墙体或部位设置脚手眼:

a.120 mm厚墙料石清水墙和独立柱。

b.过梁上与过梁成60°角的三角形范围及过梁净跨度1/2的高度范围内。

c.宽度小于1 m的窗间墙。

d.砌体门窗洞口两侧200 mm(石砌体为300 mm)和转角处450 mm(石砌体为600 mm)范围内。

e.梁或梁垫下及其左右200 mm范围内。

f.设计不允许设置脚手眼的部位。

⑥施工脚手眼补砌时,灰缝应填满砂浆,不得用干砖填塞。

⑦设计要求的洞口、管道、沟槽,应于砌筑时正确留出或预埋,未经设计同意,不得打凿墙体和在墙体上开凿水平沟槽。宽度超过300 mm的洞口上部,应设置过梁。

⑧尚未施工楼板或屋面的墙或柱,当可能遇到大风时,其允许自由高度不得超过规范规定。

⑨搁置预制梁、板的砌体,顶面应找平,安装时应铺一层砂浆。当设计无具体要求时,应采用1:2.5的水泥砂浆。

⑩设置在潮湿环境或有化学侵蚀性介质的环境中的砌体灰缝内的钢筋应采取防腐措施。

4.7.2 安全技术

砌筑前认真做好安全技术交底工作,制定安全技术措施,对施工人员进行安全培训教育。

(1)砌筑工程的安全技术措施。

砌筑操作前,必须检查施工现场各项准备工作是否符合安全要求,如道路是否完全牢固,安全设施和防护用品是否安全,经检查符合要求后才可施工。

砌基础时,应检查和注意基坑土质的变化情况。堆放砖石材料应离开坑边1 m以上。砌墙高度超过地坪1.2 m以上时,应搭设脚手架。架上堆放材料不得超过规定荷载,堆砖高度不得超过3皮侧砖,同一块脚手板上的操作人员不应超过2人。在一层以上或高度超过4 m时,采用脚手架砌筑必须按规定搭设安全网。采用外脚手架时应设护身栏杆和挡脚板后方可砌筑。在同一垂直面内上下交叉作业时,必须设置安全隔板,下方操作人员必须戴好安全帽。

不准站在墙顶上做划线、刮缝及清扫墙面或检查大角垂直等工作。不准用不稳固的工具或物体在脚手板上垫高操作。

砍砖时应面向墙面,注意防止碎砖跳出伤及他人。工作完毕应将脚手板和砖墙上的碎砖、灰浆清扫干净,防止掉落伤人。正在砌筑的墙上不准走人。不准站在墙上做划线、刮缝、吊线等工作。山墙砌完,应立即安装衍条或临时支撑,防止倒塌。

雨天或每日下班时,应做好防雨准备,以防雨水冲走砂浆,致使砌体倒塌。冬期施工时,脚手板上有冰霜、积雪,应先清除后才能站在架子上进行操作。

砖料运输车辆,两车前后距离:平道上不小于 2 m,坡道上不小于 10 m。装砖时要先取高处后取低处,防止倒塌伤人。

砌石墙上不准在墙顶或架子上修石材,以免振动墙体影响质量或石片掉下伤人。不准徒手移动上墙的石块,以免压迫或擦伤手指。不准勉强在超过胸部的墙上进行砌筑,以免将墙体碰撞倒塌或上石时失手掉下造成安全事故。石块不得往下掷。运石上下时,脚手板要钉装牢固,并钉防滑条及扶手栏杆。

对有部分破裂和脱落危险的砌块,严禁起吊;起吊砌块时,严禁将砌块停留在操作人员的上空或在空中整修;砌块吊装时,不得在下一层楼面上进行其他任何工作;卸下砌块时应避免冲击,砌块堆放应尽量靠近楼板两端,不得超过楼板的承重能力;砌块吊装就位时,应待砌块放稳后,方可松开夹具。

凡脚手架、井架、门架搭设好后,须经专人验收合格后方可使用。

(2)砌筑工程施工人员的安全防护及要求。

①进场施工人员,必须经过安全教育培训,考核合格,持证上岗。新工人进场前应经过三级安全教育,并经考试合格后方可正式上岗。

②现场悬挂安全标语,无关人员不准进场,进入现场必须戴好安全帽,管理人员、安全员要佩戴标志,危险处应设警示标语,并采取安全防护措施。在 2 m 以上架体或施工层作业时必须佩戴安全带。

③施工人员工作前严禁喝酒,进入施工现场不准打闹喧哗。

④施工人员不得随意拆除现场的一切安全防护设施,如机械护壳、安全网、安全围栏、外架拉结点、警示信号等,如因工作需要,必须经项目负责人同意方可进行。

4.7.3 检测方法

砌筑工程施工前,主要检查原材料相关证书、质量报告、检验报告等文件。在施工过程及完毕后的不同阶段,要根据验收规范规定对砌体的各项控制指标进行检测。对砌筑工程检测方法主要有:观察法、百格网检查、经纬仪检测、2 m 托线板检查、2 m 靠尺检查、吊线检查等。

观察法:如经目测检查砖砌体的转角处和交接处是否同时砌筑并有可靠措施的内外墙分砌施工等。

百格网检查:检查砌体砂浆的饱满度等。

经纬仪检查:检查砌体的垂直度及轴线位移。

2 m 托线板检查:检查砖砌体的位置及垂直度偏差。

2 m 靠尺检查:主要用于砌体的平整度等。

吊线检查:如检查外墙上下窗口偏移。

【案例实解】

1. 事故概况

某工程由客房、饭厅、会议厅和厨房组成,总建筑面积约为 4 000 m²。该工程在完成主体工程进入装修阶段后,饭厅、会议厅连同备餐间、楼梯间突然整体倒塌,倒塌建筑面积约为 700 m²,造成多名工人伤亡。

2. 原因分析

某轴线承重纵墙的地圈梁向外偏离 30 mm,处理方法不当,砌墙时用墙轴线向内找正,造成砖墙向内悬挑 30 mm,减少了墙体的受压面积,改变了墙体的受力性质。

纵墙壁柱设计为 490 mm × 120 mm,错砌成 370 mm × 120 mm,当墙基本砌至一层窗台时才发现此问题。返工处理不彻底,只是将地圈梁的上部返工为 490 mm × 120 mm,其以下部分仍保持 370 mm × 120 mm,减少承压面积 144 cm²。当时砌体砂浆强度已达 40% 左右,返工按留斜槎形式进行,上部有局部是直槎,由于返工扰动,削弱了砌体的整体性。

调制砂浆无配合比设计,砂子含泥量最高达 23%,拌和砂浆时,用小车倒砂,计量不准确。根据现场破坏的情况,现场砌体中砂浆取样试验和样品观察的综合判定,实际砂浆强度明显达不到设计标号。倒塌后的砖,绝大部分已成散砖,成块砌体极少,散砖上的砂浆绝大部分都已脱落。说明砌体的整体性差,强度很低。

不规范作业,4 个大角施工时留直槎,影响了结构的整体性。组砌方法错误,墙体砌成两层皮(通槽),从残墙下发现有 3 处通槽,其原因是一人在墙外砌 240 墙,一人在墙内用半截砖砌 120 墙。

基础同步

一、填空题

1.对水泥砂浆和强度等级不小于 M5 的水泥混合砂浆,砂的含泥量不应超过_____。

2.皮数杆是砌筑时控制砌体_____的标志,同时还可以保证砌体的_____。

3.填充墙与两端混凝土柱或剪力墙的连接有三种方式,即_____、_____及_____。

4.砌块进场必须有产品合格证书,并经检查、验收、抽检合格后方可使用,基础和底层的砌块抽检数量不少于_____。

二、选择题

1.水泥混合砂浆搅拌时间,自投料完算起不得少于( )。

A. 60 s   B. 100 s   C. 120 s   D. 180 s

2.砖的浇水湿润要在砌砖前( )。

A. 1~2 d   B. 3~4 d   C. 4~5 d   D. 5~6 d

3.在基础皮数杆上竖向构造不包括( )。

A. 防潮层   B. 大放脚   C. 楼板   D. 沟槽

4.砌砖宜采用"三一砌砖法","三一"不包括( )。

A. 一把刀   B. 一铲灰   C. 一块砖   D. 一揉压

三、判断题

1.对于磨细生石灰粉,其熟化时间不得小于 7 d。 ( )

2.小型砌块的砌筑一般采用全丁组砌方式。 ( )

3.填充墙水平灰缝的砂浆饱满度不得小于 80%。 ( )

4.砌块砌体临时间断处应砌成斜槎,斜槎长度不应小于斜槎高度的 2/3。 ( )

四、简答题

1.简述砌体工程的一般要求。

2.简述摆砖的目的。

3.怎样检查墙体的垂直度及平整度?

4.在砌体的哪些部位不得设置脚手眼?

5.简述塔式起重机的种类。

6.简述井架的构造特征。

实训提升

1.采用一顺一丁组砌法按照砌砖墙工艺过程砌筑一字墙,墙长度为 1.2 m,厚度为 240 mm,高度为 10 皮砖。所用材料:烧结普通砖和水泥混合砂浆。所用工具:大铲、瓦刀、皮数杆、刨锛。

2.参照《砌体结构工程施工质量验收规范》(GB 50203—2011)中关于砖砌体质量验收的要求,检查所砌筑的墙体质量。所用工具:百格网、靠尺、塞尺、卷尺、墨斗、水平尺、灰斗、砖夹子等。

项目 5 钢筋混凝土工程

项目
目标 >>>>>>

【知识目标】

1. 了解模板的种类和组成，了解木模板、钢模板和其他模板的构造要求；
2. 理解早拆模板的原理与组成及模板施工安全技术要求；
3. 理解钢筋的检验方法及常用的钢筋加工工艺和要求；
4. 掌握钢筋的下料计；
5. 掌握混凝土的配制强度和施工配合比的换算及搅拌制度；
6. 理解混凝土浇筑的一般要求、振捣方式和养护方法；
7. 了解其他混凝土的基本知识。

【技能目标】

1. 能进行模板的安装与拆除的操作及模板的验收方法与规范要求；
2. 能进行钢筋的绑扎、焊接、机械连接操作施工，并能进行钢筋的下料长度计算，具备钢筋的进场检测，钢筋工程的质量验收，能进行钢筋的冷加工、除锈、调直、弯曲、切断等操作及钢筋的安全检查等；
3. 能够选择混凝土工程的振捣方式和养护方法，能对混凝土工程进行质量和安全检查。

【课时建议】

16～20 课时

5.1 模板工程

模板是由模板及支撑系统两部分组成。模板是使新拌混凝土在浇筑过程中保持设计要求的位置尺寸和几何形状,使之硬化成为钢筋混凝土结构或构件的模型,并保证在上述荷载作用下不发生沉陷、变形,更不得产生破坏现象。

对模板系统的基本要求是:模板及其支架应具有足够的承载能力、刚度和稳定性,能可靠地承受浇筑混凝土的重量、侧压力及施工荷载;要保证工程结构、构件各部分形状尺寸和相互位置的正确;构造简单,装拆方便,并便于钢筋的绑扎和安装,符合混凝土的浇筑及养护等工艺要求;模板的拼(接)缝应严密,不得漏浆;清水混凝土工程及装饰混凝土工程所使用的模板,应满足设计效果的要求。

5.1.1 木模板安装施工

模板按其所用的材料不同分为木模板、钢模板、钢木模板、钢竹模板、胶合板模板、塑料模板、铝合金模板等;按其结构的类型不同分为基础模板、柱模板、楼板模板、墙模板、壳模板和烟囱模板等;按其形式不同分为整体式模板、定型模板、工具式模板、滑升模板等。

木模板与钢模板相比,质量轻,易加工,装拆方便,施工性能好,可减少拼缝,特别是在清水混凝土应用中,可减少或取消抹灰,减少装饰工程量,加快了工程进度;冬期施工时,木模板对混凝土有一定的保温养护作用,有利于工程质量。尤其适用于浇筑外形复杂、数量不多的混凝土结构或构件,也可用于加工曲线模板。但木模板容易老化,易腐朽,因而周转使用率较低。周转次数超过4次,易发生翘曲,与钢材相比,强度低,硬度也不够,易损坏。

木模板主要采用松木和杉木制作,含水率不宜超过19%,否则易干裂,木模板不应选用腐朽、扭裂、劈裂的材料。木模板的基本元件为拼板(图5.1),由板条与拼条钉成。板条厚度一般为25～50 mm,板条宽度不宜超过200 mm,以保证干缩时缝隙均匀,浇水后易于密封。但梁底板的板条宽度不受限制,以减少漏浆。拼条的间距一般为400～500 mm。

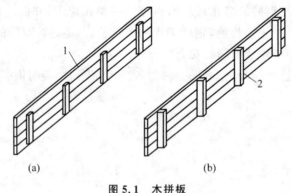

(a)   (b)

图 5.1 木拼板

1—板条;2—拼条

5.1.2　柱模板的安装

柱侧模(图 5.2)主要承受柱混凝土的侧压力,并经过柱侧模传给柱箍,由柱箍承受侧压力。底层柱箍宜距地 150 mm,以上间距 500 mm。柱箍的间距取决于混凝土侧压力的大小和侧模板的厚度,侧压力越向下越大,因此越靠近模板底端,柱箍就越多,越向顶端,柱箍就越少。柱模上部开有与梁模板连接的梁口,底部开设有清扫口,沿高度每隔约 2 m 开有灌筑口(也是振捣口),在模板的四角为防止柱面棱角碰损,可钉三角木条。模板底部设有底框用以固定柱模的水平位置。独立柱支模时,四周应设斜撑。如果是框架柱,则应在柱间拉设水平和斜向拉杆,将柱连为稳定整体。

在安装柱模板前,应先绑扎好钢筋,测出标高标在钢筋上,同时在已灌筑的地面、基础顶面或楼面上固定好柱模底部的木框,在预制的拼板上弹出中心线,根据柱边线及木框立模板并用临时斜撑固定,然后由顶部用锤球校正,使其垂直。检查无误,即用斜撑钉牢固定。同在一条直线上的柱,应先校两头的柱模,再在柱模上口中心线拉一根铁丝来校正中间的柱模。柱模之间用水平撑及剪刀撑相互牵搭住。

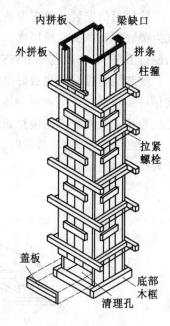

图 5.2　柱模板

5.1.3　梁板模板的安装

梁模板主要由底模、侧模、夹木及支架系统组成(图 5.3)。底模用长条模板加拼条拼成,或用整块板条。底模板一般较厚,不宜小于 50 mm。支架称为琵琶撑(牛头撑),琵琶撑的支柱(顶撑)最好做成可以伸缩的,以便调整高度,一般支柱断面不宜小于 100 mm×100 mm。在木垫板上支柱底部应垫一对木楔。木楔可调整梁模的标高,调整后应用钉子将木楔钉牢但不钉死。琵琶撑的间距根据梁的高度决定,一般为 1 m 左右。梁的侧模板厚度一般不宜小于 30 mm,底部用固定夹板侧模板夹住。对于高大的梁,可在侧板中部加铁丝或螺杆相互拉住以防变形。

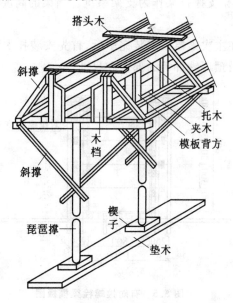

图 5.3　梁模板

如梁的跨度大于等于 4 m,应使梁底模板中部略微起拱,防止灌筑混凝土后跨中梁底下垂。如设计无规定,起拱高度宜为全跨长度的 0.1%~0.3%。

梁模板的安装。首先安装底模,在相对的两个柱模缺口下部外侧,钉一根支座木(支座木上口的高度为梁底标高减去底模厚度),将梁的底模放在支座木上,然后竖立琵琶撑,安装梁的侧模,在柱模缺口两侧钉上搭头,在琵琶撑上钉夹板(有时需钉斜撑)以固定侧板。

安装琵琶撑时应先放好垫板,以保证底部有足够的支撑面积。在多层建筑中,应注意使上下层的支柱尽可能在同一条竖向中心线上,或采取措施保证上层支柱的荷载能传递到下层的支架结构上。支柱之间应注意用水平及斜向拉条钉牢。

大多情况下,梁与板同时浇筑,因此梁与板的模板同时搭设(图 5.4)。楼板的特点是面积大且厚度比较薄,侧向压力小。

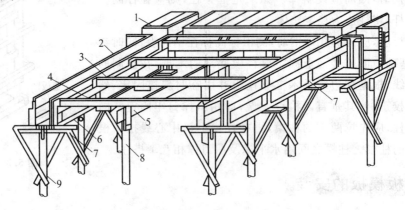

图 5.4 梁、板模板

1—楼板模板;2—梁侧模板;3—楞木;4—托木;5—杠木;6—夹木;7—短撑木;8—杠木撑;9—顶撑

楼板模板由底模和横楞组成,主要承受钢筋、混凝土的自重及其施工荷载,保证模板不变形。楼板模板厚度一般不宜小于 30 mm。模板支撑在楞木(搁栅)上,楞木断面一般采用 60 mm×120 mm,间距不宜大于 600 mm,楞木支撑在梁侧模板的托木上,托木下安短撑,撑在固定夹板(木)上。如跨度大于 2 m 时,楞木中间应增加一至几排支撑排架作为支架系统。当梁的高度大于 600 mm 时,要设对拉螺栓,如图 5.5 所示。

楼板模板的安装顺序,是在主次梁模板安装完毕后,首先安装托木,然后安装楞木,铺定型模板。铺好后核对楼板标高、预留孔洞及预埋铁件等的部位和尺寸。

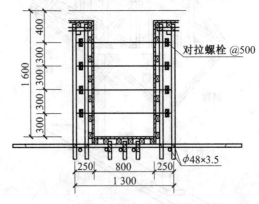

图 5.5 有对拉螺栓梁模板图

5.1.4　组合钢模板设计

定型组合钢模板是一种工具式定型模板,由钢模板、连接件和支撑件组成。钢模板通过各种连接件和支撑件可组合成多种尺寸、结构和几何形状的模板,以适应各种类型建筑物的梁、柱、板、墙、基础和设备等施工的需要,也可用其拼装成大模板、滑模、隧道模和台模等。定型组合钢模板组装灵活,通用性强,拆装方便;每套钢模可重复使用50~100次,周转率较高;加工精度高,浇筑混凝土的质量好,成型后的混凝土尺寸准确,棱角整齐,表面光滑,可以节省装修用工,但一次投资费用较大。

1. 钢模板

钢模板包括平模板、阴角模板、阳角模板及连接角模。

平模板用于基础、墙体、梁、板、柱等各种结构的平面部位,它由面板和肋组成,肋上设有U形卡孔和插销孔,利用U形卡和L形插销等拼装成大块板,板块由厚度2.3 mm,2.5 mm薄钢板压轧成型,对于大于等于400 mm宽面钢模板的钢板厚度应采用2.75 mm或3.0 mm钢板。板块的宽度以100 mm为基础,按50 mm进级;长度以450 mm为基础,按150 mm进级。

阴角模板用于混凝土构件阴角,如内墙角、水池内角及梁板交接处阴角等。阳角模板主要用于混凝土构件阳角。角模用于平模板作垂直连接构成阳角。常用组合钢模板规格见表5.1。

表 5.1　常用组合钢模板规格

名称	图示	用途	宽度/mm	长度/mm	肋高/mm
平面模板	 1—插销孔;2—U形卡孔;3—凸鼓;4—凸棱;5—边肋;6—主板;7—无孔横肋;8—有孔纵肋;9—无孔纵肋;10—有孔横肋;11—端肋	用于基础、墙体、梁、柱和板等多种结构的平面部位	600,550,500,450,400,350,300,250,200,150,100	1 800,1 500,1 200,900,750,600,450	55
阴角模板		用于墙体和各种构件的内角及凹角的转角部位	150×150 100×150		

续表 5.1

名称	图示	用途	宽度/mm	长度/mm	肋高/mm
阳角模板	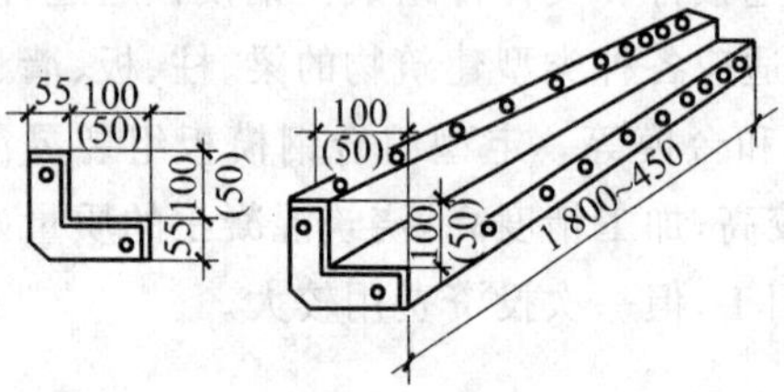	用于柱、梁及墙体等外角及凸角的转角部位	100×100, 50×50		
连接角模	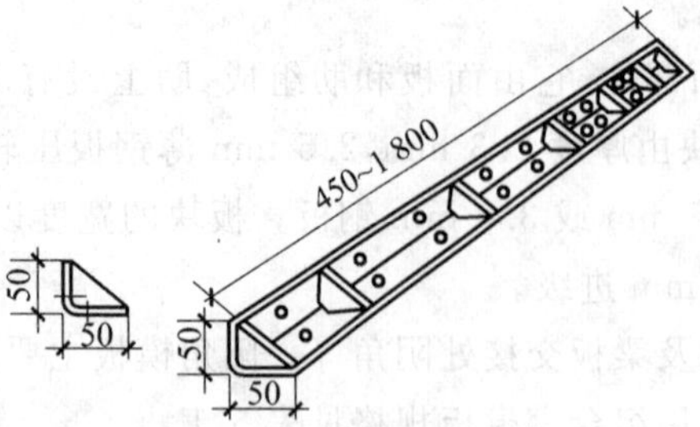	用于柱、梁及墙体等外角及凸角的转角部位	50×50	1 800,1 500, 1 200,900, 750,600, 450	55
角棱模板	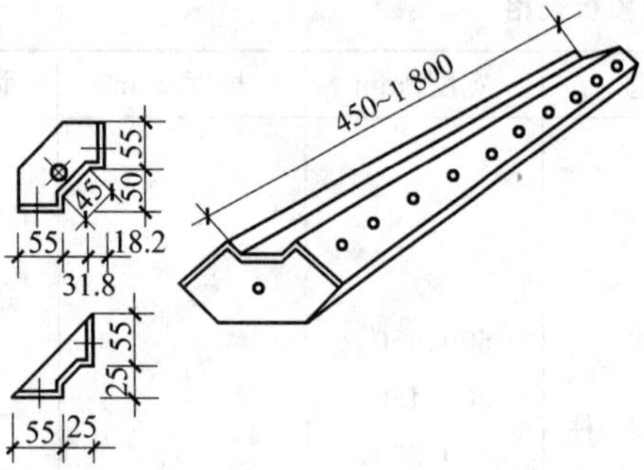	用于柱、梁及墙体等阳角的倒棱部位	17,45		
圆棱模板	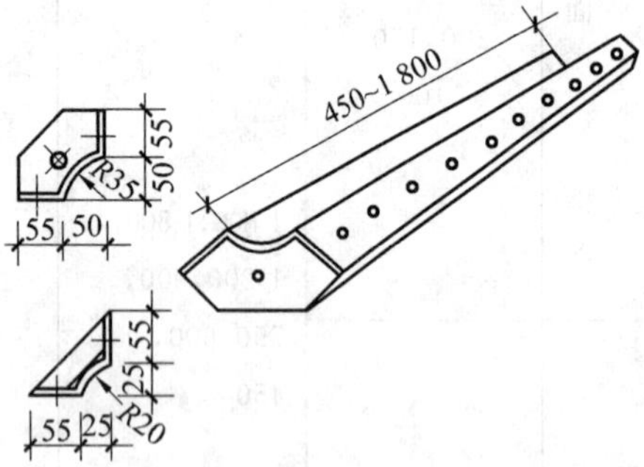		R20,R25	1 500,1 200, 900,750, 600,450	55

表 5.1 中的板块可以组合拼成长度和宽度方向上以 50 mm 进级的各种尺寸。组合钢模板配板设计中,若遇有不符合 50 mm 进级的模数尺寸,空隙部分可用木模填补。

2.连接配件

组合钢模板连接配件包括 U 形卡、L 形插销、钩头螺栓、对拉螺栓、紧固螺栓、扣件等。U 形卡用于钢模板与钢模板间的拼接(图 5.6(a)),其安装间距一般不大于 300 mm,即每隔一孔卡插一个,安装方向一顺一倒相互错开。

L 形插销用于两个钢模板端肋与端肋连接。将 L 形插销插入钢模板端部横肋的插销孔内(图 5.6(b))。当需将钢模板拼接成大块模板时,除了用 U 形卡及 L 形插销外,在钢模板外侧要用钢楞(圆形钢管、矩形钢管、内卷边槽钢等)加固,钢楞与钢模板间用钩头螺栓及"3"形扣件、蝶形扣件连接。浇筑钢筋混凝土墙体时,墙体两侧模板间用对拉螺栓连接,对拉螺栓截面应保证安全承受混凝土的侧压力(图 5.6(c)、(d)、(e))。

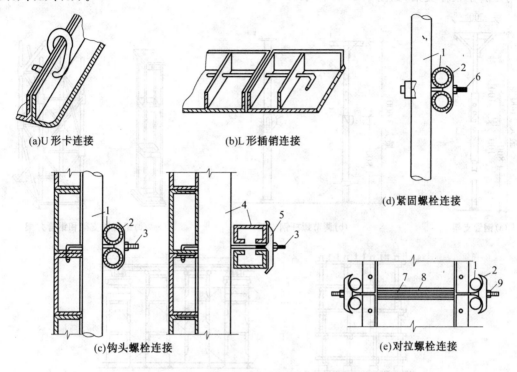

(a)U 形卡连接　　　　(b)L 形插销连接

(d) 紧固螺栓连接

(c)钩头螺栓连接　　　　(e)对拉螺栓连接

图 5.6　连接件

1—圆钢管钢楞;2—"3"形扣件;3—钩头螺栓;4—内卷边槽钢钢楞;
5—蝶形扣件;6—紧固螺栓;7—对拉螺栓;8—塑料套管;9—螺母

3. 支撑件

组合钢模板的支撑件包括柱箍、钢楞、支架、卡具、斜撑和钢桁架等。

(1)钢楞。

钢楞即模板的横档和竖档,分为内钢楞与外钢楞。内钢楞配置方向一般应与钢模板垂直,其间距一般为 700~900 mm。钢楞一般用圆钢管、矩形钢管、槽钢或内卷边槽钢,而以钢管用得较多。

(2)柱模板四角设钢柱箍。

柱箍可用角钢制作,也可用圆钢管制作。圆钢柱箍的钢管用扣件相互连接,角钢柱箍由两根互相焊成直角的角钢组成,用弯角螺栓及螺母拉紧也可用 60×5 扁钢制成扁钢柱箍或制成槽钢柱箍(图 5.7)。

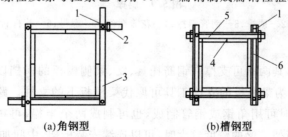

(a)角钢型　　　　(b)槽钢型

图 5.7　柱箍

1—插销;2—限位器;3—夹板;4—模板;5—角钢;6—槽钢

（3）支架。

当荷载较大、单根支架承载力不足时,可用组合钢支架或钢管井架(图 5.8(c)),还可用扣件式钢管脚手架、门型脚手架作支架,如图 5.8(d) 所示。

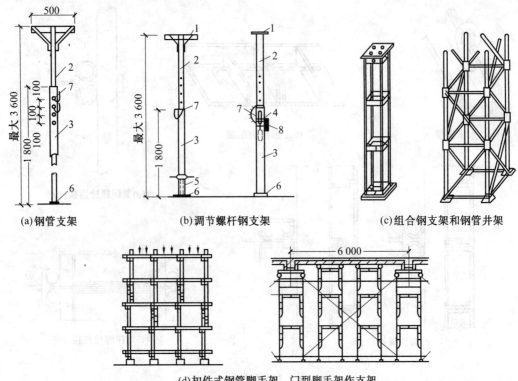

| (a)钢管支架 | (b)调节螺杆钢支架 | (c)组合钢支架和钢管井架 |

(d)扣件式钢管脚手架、门型脚手架作支架

图 5.8 钢支架

1—顶板;2—插管;3—套管;4—转盘;5—螺杆;6—底板;7—插销;8—转动手柄

（4）斜撑。

由组合钢模板拼成的整片墙模或柱模,在吊装就位后,应由斜撑调整和固定其垂直位置,如图 5.9 所示。

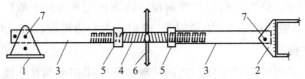

图 5.9 斜撑

1—底座;2—顶撑;3—钢管斜撑;4—花篮螺丝;5—螺母;6—旋杆;7—销钉

（5）钢桁架。

钢桁架如图 5.10 所示,其两端可支撑在钢筋托具、墙、梁侧模板的横档以及柱顶梁底横档上,以支撑梁或板的模板。钢桁架作为梁模板的支撑工具可取代梁模板下的立柱。跨度小、荷载小时桁架可用钢筋焊成,跨度或荷重较大时可用角钢或钢管制成,也可制成两个半榀,再拼装成整体(图 5.10(b))。每根梁下边设一组(两榀)桁架。梁的跨度较大时,可以连续安装桁架,中间加支柱。桁架两端可以支撑在墙、工具式立柱或钢管支架上。桁架支撑在墙上时,可用钢筋托具,托具用直径为 8~12 mm 的钢筋制成。托具可预先砌入或砌完墙后 2~3 d 后再打入墙内。

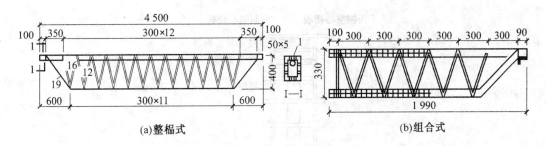

图 5.10　钢桁架

（6）卡具。

梁卡具（图 5.11）又称梁托架，用于固定矩形梁、圈梁等模板的侧模板，可节约斜撑等材料，也可用于侧模板上口的卡固定位。卡具可用于把侧模固定在底模板上，此时卡具安装在梁下部；卡具也可用于梁侧模上口的卡固定位，此时卡具安装在梁上方。

4.模板的构造与安装

柱模板由四块拼板围成，每块拼板由若干块钢模板组成，柱模四角由连接模板连接。柱顶梁缺处用钢模板组合往往不能满足要求，可在梁底标高以下用钢模板，以上用木模板与梁模板进行接头，其构造如图 5.12 所示。墙模板与梁模板的构造分别如图 5.13 和图 5.14 所示。

钢模板的安装参照木模板。

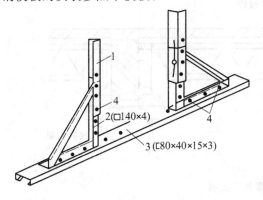

图 5.11　梁卡具

1—调节杆；2—三脚架；3—底座；4—螺栓

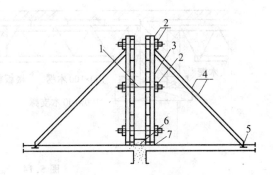

图 5.12　钢模板墙模

1—对拉螺栓；2—钢楞；3—钢模板；
4—钢管斜撑；5—预埋铁件；6—导墙；7—找平层

技 术 点 睛

模板配板设计要注意以下原则：应使用钢模板的块数最少，尽量选用大规格的板块，再以较小规格的板块拼凑尺寸；当尺寸用钢摸不能拼凑时，用木方或木板补足，要求木材拼镶量最少；合理使用连角模板和阴阳角模板，对于构造上无特殊要求的转角，尽量采用连接角模；应使支撑构件布置简单、受力合理；钢模板尽量采取一种排列方式，横排或竖排，尽可能不用横竖混排的方式；钢模板拼缝位置应尽可能错开，以提高模板的整体刚度。

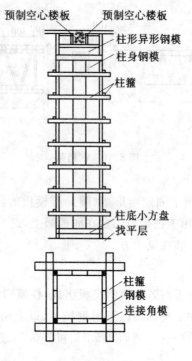

图 5.13 柱模板

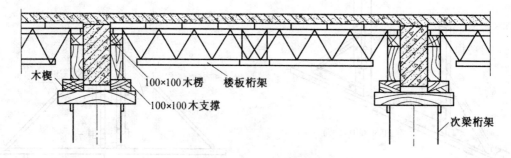

图 5.14 梁和楼板桁架支模

5.1.5 早拆模板

1. 早拆模板的原理

早拆模板就是在楼板模板支撑系统中设置早拆装置,当楼板混凝土达到早拆强度时,早拆装置升降托架降下,拆除楼板模板;支撑系统实施两次拆除,第一次拆除部分支撑,形成间距不大于 2 m 的楼板支撑布局,所保留的支撑待混凝土构件达到拆模条件时再进行第二次拆除。

早拆模板应根据施工图纸及施工组织设计,结合现场施工条件进行设计。

模板及其支撑设计计算必须保证足够的强度、刚度和稳定性,满足施工过程中承受浇筑混凝土的自重荷载和施工荷载,确保安全。依据楼板厚度、最大施工荷载,采用的模板早拆体系类型,进行受力分析,设计竖向支撑间距控制值。依据开间尺寸进行早拆装置的布置。

早拆模板设计应明确标注第一次拆除模架时保留的支撑。早拆模板设计应保证上下层支撑位置对应准确。根据楼层的净空高度,按照支撑杆件的规格,确定竖向支撑组合,根据竖向支撑结构受力分析确定横杆步距。确定要保留的横杆,保证支撑架体的空间稳定性。

2.早拆模板的组成

早拆模板由模板及支撑系统两部分组成。早拆模板支撑可采用插卡式、碗扣式、独立钢支撑、门式脚手架等多种形式,但必须配置早拆装置(图5.15)。

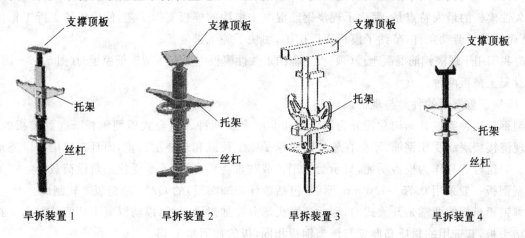

图 5.15 早拆模板早拆装置

早拆装置承受竖向荷载不应小于 25 kN,支撑顶板平面不小于 100 mm×100 mm,厚度不应小于8 mm,早拆模板支撑采用的调节丝杠直径应不小于 36 mm;丝杠插入钢管的长度不应小于丝杠长度的1/3。丝杠与钢管插接配合偏差应保证支撑顶板的水平位移不大于 5 mm。

5.1.6 其他形式模板介绍

1.台模

台模又称为桌模、飞模,是一种由台板、梁、支架、支撑、调节支腿及配件组成的工具式模板,如图5.16所示。实现一次组装、整体就位、整体拆除和整体吊升。

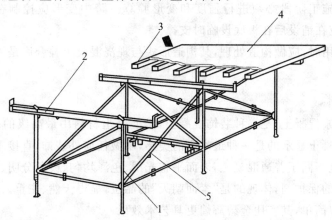

图 5.16 台模

1—台板;2—支架;3—梁;4—调节支腿;5—支撑

工作原理:利用起重机械从已浇筑完的楼层中吊运至上层重复使用,中途不落地。

适用于高层建筑大柱网、大空间的现浇混凝土框架、框剪结构施工,特别适合于无柱帽的无梁楼盖结构工程施工。台模由台架和面板组成,适用于高层建筑中的各种楼盖结构施工,其形状与桌相似,故称台模。台架为台模的支撑系统,按其支撑形式可分为立柱式、悬架式、整体式等。

2. 永久性模板

永久性模板,即在现浇混凝土结构浇筑后模板不再拆除,其中有的模板与现浇结构叠合后组合成共同受力构件。该模板多用于现浇钢筋混凝土楼(顶)板工程,也有用于竖向现浇结构。

永久性模板的最大特点是:简化了现浇钢筋混凝土结构的模板支拆工艺,使模板的支拆工作量大大减少,从而改善了劳动条件,节约了模板支拆用工,加快了施工进度。

目前我国用于现浇钢筋混凝土楼(顶)板工程的永久性模板主要有压型钢板模板与(图5.17~图5.19)配筋的混凝土薄板两种。

(1)压型钢板模板的种类与规格。

压型钢板的种类按其结构功能分为组合式和非组合式两种。组合式压型钢板既起到模板的作用,又作为现浇楼板底面受拉钢筋,不但在施工阶段承受施工荷载和现浇层自重,而且在使用阶段还承受使用荷载。非组合式只作为模板功能,只承受施工荷载和现浇层自重,不承受使用阶段荷载。

压型钢板一般采用0.75~1.6 mm厚(不包括镀锌和饰面层)的Q235薄钢板冷轧制成。

压型钢板模板的两端是开放式的,因此两端头部分要加封沿钢板,以防混凝土从两端漏出。封沿钢板又称堵头板,其选用的材质和厚度与压型钢板相同,板的截面呈L形。

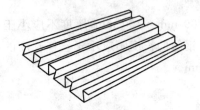
图5.17 楔形肋压型钢板

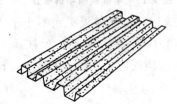
图5.18 带压痕压型钢板

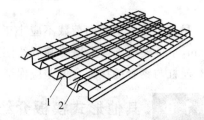
图5.19 焊有横向钢筋的压型钢板
1—压型钢板;2—钢筋

(2)使用原则与要求。

①压型钢板模板在施工阶段必须进行强度和变形验算。跨中变形应控制在$\delta = L/200 \leqslant 20$ mm。如超过变形控制量时,应在铺设后在板底设临时支撑。

②压型钢板模板使用时,应做构造处理,其构造形式与现浇混凝土叠合后是否组合成共同受力构件有关。

3. 清水混凝土模板

清水混凝土又称原浆混凝土,是一种装饰混凝土,是混凝土材料中最高级的表达形式,因其极具装饰效果而得名。清水混凝土显示的是一种最本质的美感,不做任何外装饰,直接采用现浇混凝土的自然表面效果作为饰面,因此不同于普通混凝土,表面平整光滑、色泽均匀、棱角分明、无碰损和污染,只是在表面涂一层或两层透明的保护剂,体现的是"素面朝天"的品位,显得天然、庄重。因此建筑师们认为,这是一种高贵的朴素,看似简单,其实比金碧辉煌更具艺术效果。

清水混凝土不仅可以作结构本身材料,也是一种装饰材料,这就要求其模板要比一般模板有更高的精度,对施工人员有更高的要求,因而清水混凝土模板要符合下列规定:

(1)模板体系的选型应根据工程设计要求和工程具体情况确定,并应满足清水混凝土质量要求;所选择的模板体系应技术先进、构造简单、支拆方便、经济合理。

(2)模板面板可采用胶合板、钢板、塑料板、铝板、玻璃钢等材料,应满足强度、刚度和周转使用要求,且加工性能好。

(3)模板骨架材料应顺直、规格一致,应有足够的强度、刚度,且满足受力要求。

（4）模板之间的连接可采用模板夹具、螺栓等连接件。

（5）对接螺栓的规格、品种应根据混凝土侧压力、墙体防水、人防要求和模板面板等情况选用，选用的对接螺栓应有足够的强度。

（6）对拉螺栓套管及堵头应根据对拉螺栓的直径进行确定，可选用塑料、橡胶、尼龙等材料。

（7）明缝条可选用硬木、铝合金等材料，截面宜为梯形。

（8）内衬模可选用塑料、橡胶、玻璃钢、聚氨酯等材料。

（9）模板龙骨不宜有接头，当需有接头时，接头数量不应超过主龙骨总数量的 50%。

（10）模板加工后宜预拼，应对模板平整度、外形尺寸、相邻板面高低差以及对接螺栓组合情况进行校核。

清水混凝土模板的安装等情况参见大模板。

4. 大模板

大模板是进行现浇剪力墙结构施工的一种工具式模板，一般配有相应的起重吊装机械，通过合理的施工组织安排，以机械化施工方式在现场浇筑混凝土竖向（主要是墙、壁）结构构件。其特点是：以建筑物的开间、进深、层高为标准化的基础，以大模板为主要手段，以现浇混凝土墙体为主导工序，组织进行有节奏的均衡施工。为此，也要求建筑和结构设计能做到标准化，以使模板能做到周转通用。

我国目前的大模板工程大体分为 3 类，即外墙预制内墙现浇（简称内浇外板）、内外墙全现浇（简称全现浇）、外墙砌砖内墙现浇（简称内浇外砌）。

内浇外板工程的做法：内纵墙和内横墙为大模板现浇混凝土，外纵墙和山墙为预制墙板。预制外墙板，采用单一材料或复合材料制成，其厚度主要根据各个地区保温、隔热和结构抗震的要求决定。楼板一般采用整间预应力大楼板、预制实心板或小块空心板。

全现浇工程的做法是内外墙均采用大模板现浇墙体混凝土。采用这种类型，建筑物施工缝少，整体性好；造价比外墙预制类型低，对起重运输设备及预制构件生产能力的要求也比较低。但模板型号较多，支模工序复杂，湿作业多，影响施工速度；同时外墙外模板要在高空作业条件下安装，存在安全问题。如采用外承式外模，安全问题可以解决，但模板用钢量大，对下层墙体的强度要求高，模板周转较慢。

内浇外砌工程是大模板剪力墙与砖混结构的结合，发挥了钢筋混凝土承重墙坚固耐久和砖砌体造价低的特点，主要用于多层建筑。内墙采用大模板现浇混凝土，外墙采用普通黏土砖、空心砖或其他砌体。

大模板由面板、加劲肋、竖楞、支撑桁架、稳定机构和操作平台、穿墙螺栓等组成，是一种现浇钢筋混凝土墙体的大型工具式模板，如图 5.20 所示。面板是直接与混凝土接触的部分，通常采用钢面板（3～5 mm 厚的钢板制成）或胶合板面板（用 7～9 层胶合板）。面板要求板面平整，接缝严密，具有足够的刚度。加劲肋的作用是固定面板，可做成水平肋或垂直肋。加劲肋把混凝土传给面板的侧压力传递到竖楞上去，加劲肋与金属面板焊接固定，与胶合板面板可用螺栓固定。加劲肋一般采用 [65 或 L65 制作，肋的间距根据面板的大小、厚度及墙体厚度确定，一般为 300～500 mm。竖楞的作用是加强大模板的整体刚度，承受模板传来的混凝土侧压力和垂直力并作为穿墙螺栓的支点。支撑桁架采用螺栓或焊接方式与竖楞连接在一起，其作用是承受风荷载等水平力，防止大模板倾覆。桁架上部可搭设操作平台。

稳定机构为在大模板两端的桁架底部伸出支腿上设置可调整螺旋千斤顶。在模板使用阶段，用以调整模板的垂直度，并把作用力传递到地面或楼板上。在模板堆放时，用来调整模板的倾斜度，以保证模板的稳定。

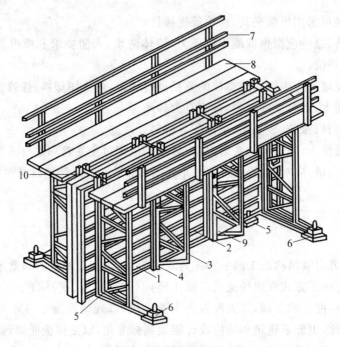

图 5.20　大模板构造示意图

1—面板；2—水平加劲肋；3—支撑桁架；4—竖楞；5—调整水平螺旋千斤顶；

6—调整垂直螺旋千斤顶；7—栏杆；8—脚手板；9—穿墙螺栓；10—固定卡具

操作平台是施工人员的操作场所，有两种做法：

(1)将脚手板直接铺在支撑桁架的水平弦杆上形成操作平台，外侧设栏杆。这种操作平台工作面较小，但投资少，装拆方便。

(2)在两道横墙之间的大模板的边框上用角钢连接成为搁栅，在其上满铺脚手板。

这种操作平台的优点是施工安全，但耗钢量大。

穿墙螺栓的作用是控制模板间距，承受新浇混凝土的侧压力，并能加强模板刚度。为了避免穿墙螺栓与混凝土黏结，在穿墙螺栓外边套一根硬塑料管或穿孔的混凝土垫块，其长度为墙体厚度。

5. 滑升模板

液压滑升模板工程是现浇钢筋混凝土结构机械化施工的一种施工方法。在建筑物或构筑物的底部，按照建筑物平面或构筑物平面，沿其墙、柱、梁等构件周边安装高 1.2 m 左右的模板和操作平台，随着向模板内不断分层浇筑混凝土，利用液压提升设备不断向上滑升模板连续成型，逐步完成建筑物或构筑物的混凝土浇筑工作。液压滑升模工程适用于各种构筑物，如烟囱、筒仓、冷却塔等现浇钢筋混凝土工程的施工。

(1)液压滑升模板的特点。

大量节约模板和脚手架，节省劳动力，减轻劳动强度，降低施工费用；加快施工速度，缩短工期；提高机械化程度，能保证结构的整体性，提高工程质量；施工安全可靠；液压滑模工程耗钢量大，一次性投资费用较多。

(2)液压滑升模板的组成。

液压滑升模板是由模板系统、操作平台系统、提升机具系统及施工精度控制系统等组成。模板系统包括模板、腰梁(又称围圈)和提升架等。模板又称围板，依赖腰梁带动其沿混凝土的表面滑动，主要作用是成型混凝土，承受混凝土的侧压力、冲击力和滑升时的摩擦阻力。操作平台系统包括操作平台、上辅助平台和内外吊脚手等，是施工操作地点。提升机具系统包括支撑杆、千斤顶和提升操纵装置等，是液压滑模向上滑升的动力。提升架将模板系统、操作平台系统和提升机具系统连成整体,构成整套液压滑模装置(图 5.21)。

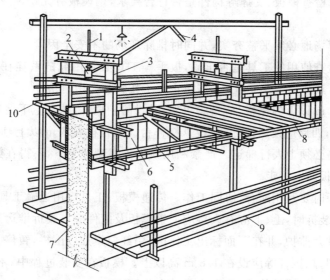

图 5.21　液压滑升模板
1—支撑杆;2—千斤顶;3—提升架;4—油管;5—下围圈;
6—模板;7—混凝土墙;8—内平台;9—内吊平台;10—外平台

5.1.7 质量验收质量标准与安全技术

1. 质量验收

模板安装包括以下两方面:

(1)主控项目。

①安装现浇结构的上层模板及其支架时,下层楼板应具有承受上层荷载的承载能力或加设支架;上、下层支架的立柱应对准,并铺设垫板。

检查数量:全数检查。

检验方法:对照模板设计文件和施工技术方案观察。

②在涂刷模板隔离剂时,不得玷污钢筋和混凝土接槎处。

检查数量:全数检查。

检验方法:观察。

(2)一般项目。

①模板安装应满足下列要求:模板的接缝不应漏浆;在浇筑混凝土前,木模板应浇水湿润,但模板内不应有积水;模板与混凝土的接触面应清理干净并涂刷隔离剂,但不得采用影响结构性能或妨碍装饰工程施工的隔离剂;浇筑混凝土前,模板内的杂物应清理干净;对清水混凝土工程及装饰混凝土工程,应使用能达到设计效果的模板。

②用作模板的地坪、胎模等应平整光洁,不得产生影响构件质量的下沉、裂缝、起砂或起鼓。

③对跨度不小于 4 m 的现浇钢筋混凝土梁、板,其模板应按设计要求起拱;当设计无具体要求时,起拱高度宜为跨度的 1/1 000~3/1 000。

④固定在模板上的预埋件、预留孔和预留洞均不得遗漏,且应安装牢固,其偏差应符合规定。

检查数量:首次使用及大修后的模板应全数检查,使用中的模板应定期检查,并根据使用情况不定期抽查。

2. 安全技术

(1)作业前应认真检查模板、支撑等构件是否符合要求,钢模板有无锈蚀或变形,木模板及支撑材质是否合格。

(2)地面上的支模场地必须平整夯实,并同时排除现场的不安全因素。

(3)工作前应先检查使用的工具是否牢固,扳手等工具必须用绳链系挂在身上,钉子必须放在工具袋内,以勉掉落伤人。工作时要集中注意力,防止钉子扎脚和空中滑落。

(4)安装与拆除 2 m 以上的模板,应搭脚手架,并设防护栏杆,防止上下在同一垂直面操作。支设高度在 3 m 以上的模板,四周应设斜撑,并应设立操作台。如柱模在 6 m 以上,应将几个柱模连成整体。

(5)操作人员登高必须走人行梯道。严禁利用模板支撑攀登上下,不得在梁、柱顶、独立梁及其他高处狭窄而无防护的模板面上行走。

(6)两人抬运模板时要互相配合,协同工作。传递模板、工具应用运输工具或绳子系牢固后升降,不得乱抛。组合钢模板装拆时,上、下应有人接应。钢模板及配件应谁装拆谁运送,严禁从高处掷下,高空拆模时,应有专人指挥及监护,并在下面标出工作区,用红白旗加以围栏,暂停人员过往。

(7)道路中间的斜撑、拉杆等应设在 1.8 m 高以上。模板在安装过程中,不得间歇,柱头、搭头、立柱顶撑、拉杆等必须安装牢固成整体后,作业人员才允许离开。

(8)模板上有预留洞者,应在安装后将洞口盖好。

(9)基础模板安装,必须检查基坑土壁边坡的稳定情况,基坑上口边沿 1 m 以内不得堆放模板、材料及杂物。向槽(坑)内运送模板、构件时,严禁抛掷。使用溜槽或起重机械运送,下方人员必须远离危险区域。

(10)高空复杂结构模板的安装与拆除,事先应有切实的安全措施。

(11)遇六级以上的大风时,应暂停室外的高空作业,雪、霜、雨后应先清扫施工现场,略干不滑时或铺草袋再进行工作。

(12)模板必须满足拆模时所需混凝土强度的试压报告,并提出申请,经项目技术领导同意,不得因拆模而影响工程质量。

(13)拆模顺序和方法,应按照后支先拆,先支后拆的顺序,先拆除非承重模板,后拆承重模板及支撑,在拆除小钢模板支撑的顶板模板时,严禁将支柱全部拆除后,一次性拽下拆除。已拆活动的模板,必须一次连续拆除完,方可停歇,严禁留下安全隐患。

(14)拆模作业时,必须设警戒区,严禁下方有人进入。拆模作业人员必须站在平稳牢固可靠的地方,保持自身平衡,不得猛撬,以防失稳坠落。

(15)严禁用吊车直接吊除没有撬松的模板,吊运大型整体模板时必须栓结牢固,且吊点平衡,起吊、装运大钢模时必须用卡环连接,就位后必须拉接牢固方可卸除吊环。

(16)拆除大型孔洞模板时,下层必须支搭安全网等可靠防坠措施。

(17)拆除模板一般用长撬棒,人不许站在正在拆除的模板上。

(18)高空作业要搭设脚手架或操作平台,上、下要使用梯子,不许站在墙上工作,不准在大梁底模上行走。操作人员严禁穿硬底鞋、易滑鞋及有跟鞋作业。

(19)拆模时,作业人员要站立在安全地点进行操作,防止上、下在同一垂直面工作,操作人员要主动避让吊物,增强自我保护和相互保护的安全意识。

(20)拆模时必须一次拆清,不得留下无撑模板。拆下的模板要及时清理,堆放整齐。混凝土板上的预留孔,应在施工组织设计时就做好技术交底,(预设钢筋网架),以免操作人员从孔中坠落。

(21)模板、支撑要随拆随运,严禁随意抛掷,拆除后必须分类堆码整齐。不得留有未拆净的悬空模板,要及时清除防止伤人。

技术点睛 ··········

侧模在混凝土强度能保证其表面及棱角不因拆除模板而受损坏时方可拆除,一般情况下,当混凝土强度达到 2.5 N/mm² 时方可拆除。

【案例实解】

1. 工程概况

某纺织厂仓库工程,为三层三跨钢筋混凝土框架结构,柱距为 6 m,9 个开间共长 54 m,框架主跨 16 m,边跨 5 m,仓库高 6 m。每层建筑面积 1 400 m²。当工程施工到浇筑屋面混凝土板时,支撑系统突然下沉,随即已浇好的 156 m² 屋面混凝土连同约 20 m 长、6 m 高的三层砖墙倒塌,造成重大损失。

2. 原因分析

经现场调查分析,倒塌的主要原因是在竖向荷载作用下,支撑的承载力不足,支撑系统近于可变体系,失去稳定而倒塌。

(1)所用支撑立柱不合格。支撑采用又细又长的圆杂木,平均稍径才 60 mm,最小的只有 30 mm。

(2)立柱长度不够。需要接长,接长时采用对接,两边用夹板钉住,但对接面未弄平,不能吻合,且夹板过短,不能有效地传递内力。

(3)支撑未设剪刀撑,实际上近乎瞬变体系。虽有横杆拉结,但拉杆用篙杆,直径细、间距大,起不到水平支杆的作用。整个体系不稳定,稍有扰动,即失去稳定,引起事故。

5.2　钢筋工程

钢筋工程是钢筋混凝土工程施工中重要的组成部分,在钢筋混凝土梁、板、柱、基础等构件中起骨架支撑作用。钢筋笼、骨架的绑扎、焊接、下料计算都有相应的方法,由于钢筋工程将直接影响到建筑的承载能力,涉及建筑垮塌与否的问题,所以对钢筋工程的质量有非常严格的技术标准。

5.2.1　钢筋的进场检验和存放

1. 钢筋的进场力学性能检验

钢筋是否符合质量标准,直接影响结构的安全使用。在施工中必须加强对钢筋进场验收和质量检查工作。检验内容包含钢筋出厂质量证明或试验报告单,每捆(盘)钢筋均应有标牌。钢筋进场时,应按现行国家标准《钢筋混凝土用钢　第 2 部分热轧带肋钢筋》国家标准第 1 号修改单(GB 1499.2—2007/XG1—2009)的规定取样,进行力学性能抽样试验和外观检查。抽样检查时需按品种、批号及直径分批验收。每批热轧钢筋质量不超过 60 t,钢绞线为 20 t。热轧钢筋性能表见表 5.2。

钢筋的外观检查:钢筋的表面不得有裂痕、结疤和褶皱;钢筋表面的凸块不得超过螺纹的高度。

钢筋的外形尺寸应符合技术标准规定。

做力学性能试验时应从每批外观尺寸检查合格的钢筋中任选两根,每根取两个试件分别进行拉力试验(包括屈服强度、抗拉强度和伸长率的测定)和冷弯或反弯次数试验。如有一项试验结果不符合规定,则应从同一批钢筋中另取双倍数量的试件重新做上述四项试验,如果仍有一个试件不合格,则该批钢筋为不合格品,应不予验收或降级使用。

钢筋在加工使用中如发现机械性能或焊接性能不良,还应进行化学成分分析,检验其有害成分如硫(S)、磷(P)和砷(As)的含量是否超过规定范围。

表 5.2　热轧钢筋性能表

钢筋牌号	公称直径 /mm	屈服点 /MPa	抗拉强度 /MPa	伸长率/%	冷弯	
					弯曲角度	弯芯直径
HPB235	6～22	235	370	25	180°	$D=3d$
HRB335 HRBF335	6～25	335	490	17	180°	$D=3d$
	28～40				180°	$D=4d$
	>40～50				180°	$D=5d$
HRB400 HRBF500	6～25	400	540	16	180°	$D=4d$
	28～40				180°	$D=5d$
	>40～50				180°	$D=6d$
HRB500 HRBF500	6～25	500	630	15	180°	$D=6d$
	28～40				180°	$D=7d$
	>40～50				180°	$D=8d$

2. 钢筋的存放

当钢筋运进施工现场后,必须严格按批分等级、牌号、直径、长度挂牌分别存放,并注明数量,不得混淆。钢筋应尽量堆入仓库或料棚内。当条件不具备时,应选择地势较高、土质坚实、较为平坦的露天场地存放。在仓库或场地周围挖排水沟,以利于泄水。堆放时钢筋下面要加垫木,离地不宜少于 200 mm,以防止钢筋锈蚀和污染。钢筋成品要分工程名称和构件名称,按号码顺序存放。同一项工程与同一构件的钢筋要存放在一起,按号牌排列,牌上注明构件名称、部位、钢筋类型、尺寸、钢号、直径及根数,不能将几项工程的钢筋混放在一起。同时不要和产生有害气体的车间靠近,以免污染和腐蚀钢筋。

5.2.2　钢筋的加工

钢筋的加工包括调直、除锈、切断和弯曲等工作。

1. 钢筋的调直

一般采用钢筋调直机、数控钢筋调直切断机或卷扬机拉直设备进行。

（1）钢筋调直机。

钢筋调直机用于将成盘状的钢筋调直和切断。其原理是被调直的钢筋（4～12 mm）在送料辊和牵引辊的带动下在旋转的调直筒中调直。GT48 钢筋调直机的外形如图 5.22 所示。

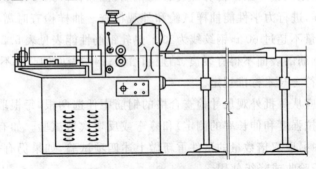

图 5.22　GT48 型钢筋调直切断机

采用钢筋调直机调直冷拔钢丝和细钢丝时,要根据钢筋的直径选用调直模和传送压辊,并要正确掌握调直模的偏移量和压辊的压紧程度。

调直模的偏移量,根据其磨耗程度及钢筋品种通过试验确定;调直筒两端的调直模一定要在调直前后导孔的轴心线上,这是钢筋能否调直的一个关键。

冷拔钢丝和冷轧带肋钢筋经过调直后,其抗拉强度一般要降低 10%~15%。

(2)数控钢筋调直切断机。

数控钢筋调直切断机是在原有调直机的基础上应用电子控制仪,准确控制钢丝断料长度,并自动计数。数控钢筋调直切断机切断料精度高(偏差仅 1~2 mm),并实现了钢丝调直切断自动化。采用此机时,要求钢丝表面光洁,截面均匀,以免钢丝移动时速度不匀,影响切断长度的精确性。

(3)卷扬机拉直设备。

卷扬机拉直设备如图 5.23 所示。该设备简单,宜用于施工现场或小型构件厂。采用该方法调直钢筋时,HPB235 级钢筋的冷拉率不宜大于 4%,HRB335 级、HRB400 级及 RRB400 级冷拉率不宜大于 1%。

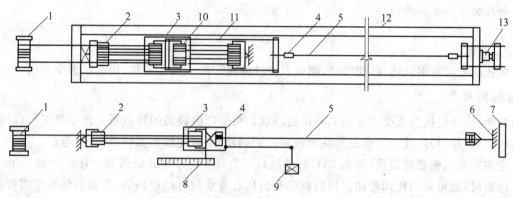

图 5.23　卷扬机拉直设备布置图

1—卷扬机;2—滑轮组;3—冷拉小车;4—夹具;5—被冷拉的钢筋;6—地锚;7—防护壁;
8—标尺;9—回程荷重架;10—回程滑轮组;11—传力架;12—槽式台座;13—液压千斤顶

2. 钢筋的切断

钢筋下料时必须按下料长度进行剪断。钢筋切断常用的工具有钢筋切断机或手动切断器。切断时根据下料长度,统一排料;先断长料,后断短料;减少短头,减少损耗。

(1)钢筋切断机。

钢筋切断机可切断直径为 12~40 mm 直径的钢筋。GQ40 型钢筋切割机的外形如图 5.24 所示。

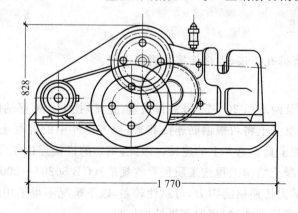

图 5.24　GQ40 型钢筋切割机外形图

（2）手动切断器。

手动切断机一般只用于切断直径小于 12 mm 的钢筋。

（3）其他切断器。

直径大于 40 mm 的钢筋需用氧乙炔焰或电弧切割，也可用砂轮切割机切割。

3.钢筋的除锈

钢筋的除锈按使用的机具可分为机械除锈和手工除锈。

（1）机械除锈。

机械除锈可以采用冷拉或调直机除锈以及电动除锈机除锈。经冷拉或机械调直的钢筋，一般不必进行除锈，这对大量钢筋的除锈较为经济、省工。电动除锈机除锈，对钢筋的局部除锈较为方便。

技术点睛 ....

钢筋冷拉是在常温下对钢筋进行强力拉伸，拉应力超过钢筋的屈服强度，使钢筋产生塑性变形，以达到调直钢筋、提高强度和除锈的目的，对焊接接长的钢筋也考验了焊接接头的质量。其方法一般有控制应力法和控制冷拉率法两种。

....

（2）手工除锈。

手工除锈的方法有钢丝刷、砂轮除锈，喷砂及酸洗除锈。由于费工费料，现在已很少采用。

4.钢筋的弯曲

钢筋切断后，要根据图纸要求弯曲成一定的形状。根据弯曲设备的特点及工地习惯进行画线，以便弯曲成所规定的（外包）尺寸。当弯曲形状比较复杂的钢筋时，可先放出实样，再进行弯曲。

钢筋弯曲宜采用钢筋弯曲机（图 5.25），弯曲机可弯直径 6～40 mm 的钢筋。直径小于 25 mm 的钢筋当无弯曲机时，也可采用板钩弯曲。目前钢筋弯曲机着重承担弯曲粗钢筋，弯曲钢筋有专用弯曲机。

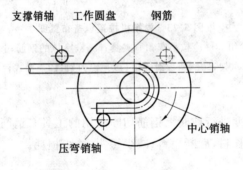

图 5.25　钢筋弯曲机原理图

5.2.3　钢筋的连接

钢筋接头的连接方法有绑扎连接、焊接连接和机械连接。

1.绑扎连接

钢筋搭接处，应在中心及两端用 20～22 号镀锌铁丝（扎丝）扎牢。钢筋的绑扎连接其实只是起一个临时的连接作用，并没真正意义上将两根钢筋连接起来，须等构件中的混凝土浇筑固结后，两根钢筋在混凝土的胶结作用下才实现了真正意义上的连接。因此，钢筋的搭接连接须有一定的搭接长度，搭接长度及接头位置等要符合《混凝土结构工程施工质量验收规范》（GB 50204—2002）的规定。

由于搭接接头仅靠黏结力传递钢筋内力，可靠性较差，以下情况不得采用绑扎接头：

（1）轴心受拉及小偏心受拉杆件（如桁架和拱的拉杆）。

（2）受拉钢筋直径大于 28 mm 及受压钢筋直径大于 32 mm。

（3）需要进行疲劳验算构件中的受拉钢筋。

2. 焊接连接

钢筋焊接常用的方法有对焊、点焊、电弧焊和电渣压力焊等。

（1）闪光对焊。

钢筋对焊具有成本低、质量好、功效高，并对各种钢筋都适用的特点，因而得到普遍应用。钢筋对焊原理如图 5.26 所示。它是利用对焊机使两段钢筋接触，通过低电压强电流，把电能转化为热能，使钢筋加热到一定温度后，即施以轴向压力顶锻，使两根钢筋焊合在一起。钢筋对焊常用闪光焊。根据钢筋品种、直径和所用焊机功率不同，闪光焊的工艺又分为连续闪光焊、预热闪光焊和闪光预热闪光焊。

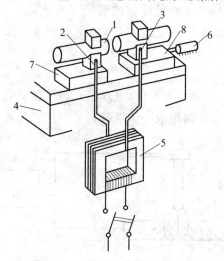

图 5.26 钢筋对焊机原理图
1—钢筋；2—固定电极；3—可动电极；4—机座；
5—变压器；6—平动顶压机构；7—固定支座；8—滑动支撑

①连续闪光焊。

连续闪光焊的工艺过程包括连续闪光和顶锻过程，即先将钢筋夹在焊机电极钳口上，然后闭合电源，使两端钢筋轻微接触，由于钢筋端部凸凹不平，开始仅有一点或数点接触，接触面很小。放电流密度和接触电阻很大，接触点很快熔化，形成"金属过梁"。过梁进一步加热，产生金属蒸汽飞溅形成闪光现象，然后再徐徐移动钢筋，保持接头轻微接触，形成连续闪光过程，接头也同时被加热，直至接头端面烧平、杂质闪掉、接头熔化后，随即施加适当的轴向压力迅速顶锻，先带电顶锻，随之断电顶锻到一定长度，由于闪光的的作用使空气不能进入接头处；同时又闪去接口中原有的杂质的氧化膜，通过挤压，把熔化的氧化物全部挤出，因而接头得到保证。

②预热闪光焊（断续闪光闪光顶锻）。

由于连续闪光焊焊接大直径钢筋受到限制，为了发挥焊机效用，对于直径在 25 mm 以上且端面较平整的钢筋，则可采用预热闪光焊。这种方法是在预热闪光焊之前，增加一次预热过程，以扩大焊接热影响区，即在闭合电源后使两钢筋端面交替地接触和分开，这时在钢筋端面的间隙中即发生断续的闪光，从而形成预热过程。当钢筋达到预热温度后，随即进行连续闪光和顶锻。

③闪光预热闪光焊。

在预热闪光焊前增加一次闪光过程，使预热均匀。采用这种工艺焊接钢筋时，其操作要点为多次闪光，闪平为准；预热充分，频率较高（3～5 次/s）；二次闪光，短、稳、强烈；顶锻过程快速有力。闪光预热闪光焊比较适合焊接直径大于 25 mm 且端面不够平整的钢筋,这是对焊施工中最常用的一种方法。

(2)电阻点焊。

在各种预制构件中,利用点焊机进行交叉钢筋焊接,使单根钢筋成型为各种网片、骨架,以代替人工绑扎,是实现生产机械化、提高功效、节约劳动力和材料(钢筋端部不需弯钩)、保证质量、降低成本的一种有效措施。而且使用焊接骨架和焊接网,可使钢筋在混凝土中能更好地钳固,可提高构件的刚度和抗裂性,因此钢筋骨架成型应优先采用点焊。

点焊的工作原理如图 5.27 所示,是将已除锈的钢筋交叉点放在点焊机的两电极间,使钢筋通电发热至一定温度后,加压使焊点金属焊合。

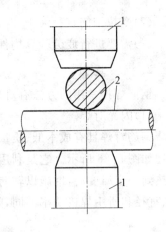

图 5.27 钢筋点焊机的工作原理
1—电极;2—钢筋

(3)电弧焊。

电弧焊的工作原理如图 5.28 所示。电焊时,电焊机送出低压的强电流,使焊条与焊件之间产生高温电流,将焊条与焊件金属熔化,凝固时形成一条焊缝。

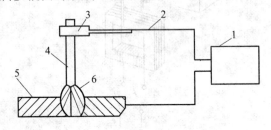

图 5.28 电弧焊的工作原理
1—电源;2—导线;3—焊钳;4—焊条;5—焊件;6—电弧

电弧焊应用较广。如整体式钢筋混凝土结构中钢筋接长、装配式钢筋接头、钢筋骨架焊接及钢筋与钢板的焊接等。钢筋电弧焊的接头形式主要有搭接接头、帮条接头、坡口(剖口)接头及钢筋与预埋件接头 4 种。

①搭接接头。

焊接时,先将钢筋的端部按搭接长度预弯,使被焊接钢筋与其在同一轴线上,并采用两端点焊定位,焊接宜采用双面焊,当双面施焊有困难时,也可采用单面焊。

②帮条接头。

帮条钢筋宜与主钢筋同级别、同直径,如帮条与被焊接钢筋的级别不相同时,还应按钢筋的计算强度进行换算。所采用帮条的总截面面积应满足:当被焊接钢筋为 HPB235 级时,应不小于被焊接钢筋截面的 1.2 倍;为 HRB335 级、HRB400 级时则应不小于 1.5 倍。主筋端面间的间隙应为 2～5 mm,帮条和主筋间用四点对称定位焊加以固定。钢筋搭接接头与帮条接头焊接时,焊接厚度应不小于 $0.3d$,且大于 4 mm;焊缝宽度不小于 $0.7d$,且不小于 10 mm。

③坡口(剖口)接头。

坡口(剖口)接头分为平焊接头和立焊接头,如图 5.29 所示。当焊接 HRB400 级、RRB400 级钢筋时应先将焊件加温处理。坡口接头较上两种接头节约钢材。

④钢筋与预埋件接头。

钢筋与预埋件接头可分对接接头和搭接接头两种。对接接头又分为角焊和穿孔塞焊,如图 5.30 所示,当钢筋直径为 6～25 mm 时,可采用角焊;当钢筋直径为 20～30 mm 时,宜采用穿孔塞焊。

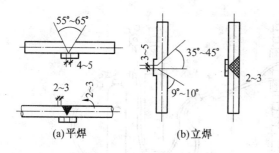

图 5.29　钢筋坡口接头

(a)平焊　(b)立焊

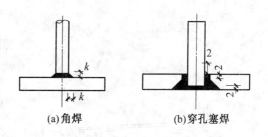

图 5.30　钢筋与预埋件焊接

(a)角焊　(b)穿孔塞焊

（4）电渣压力焊。

电渣压力焊是利用电流通过电渣池产生的电阻热将钢筋端部熔化，然后施加压力使钢筋焊合。主要用于现浇结构中异径差在 9 mm 内、直径为 14～40 mm 的竖向或斜向（倾斜度在 4∶1 内）钢筋的接长。这种焊接方法操作简单、工作条件好、工效高、成本低，比电弧焊接头节电 80% 以上，比绑扎连接和帮条搭接节约钢筋 30%，提高工效 6～10 倍。

电渣压力焊设备（图 5.31）包括焊接电源、焊接夹具和焊剂盒等。

在钢筋电渣压力焊焊接过程中，如发现裂纹、未熔合、烧伤等焊接缺陷，应查找原因，采取措施，及时消除。

（5）气压焊。

气压焊接钢筋是利用乙炔氧混合气体燃烧的高温火焰对已有初始压力的两根钢筋端部接合处加热，使钢筋端部产生塑性变形，并促使钢筋端部的金属原子互相扩散，当钢筋加热到 1 250～1 350 ℃（相当于钢材熔点的 0.8～0.9 倍，此时钢筋加热部位呈黄色，有白亮闪光出现）时进行加压顶锻，钢筋内的原子再结晶而焊接。

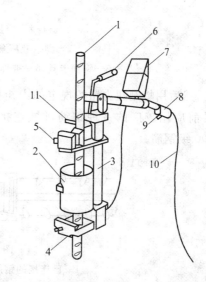

图 5.31　电渣压力焊示意图

1—钢筋；2—焊剂盒；3—单导柱；4—下夹头；
5—上夹头；6—手柄；7—监控仪表；8—操作手把；
9—开关；10—控制电缆；11—插座

钢筋气压焊接属于热压焊。在焊接加热过程中，加热温度为钢材熔点的 0.8～0.9 倍，钢材未呈熔化液态，且加热时间较短，钢筋的热输入量较少，所以不会出现钢筋材质劣化倾向。另外，它设备轻巧、使用灵活、效率高、省电能、焊接成本低，可进行全方位（竖向、水平和斜向）焊接，目前已在我国得到了广泛应用。

气压焊接设备（图 5.32）主要包括加热和加压系统两部分。

气压焊接的钢筋要用砂轮切割机断料，要求端面与钢筋轴线垂直。焊接前将磨端面清除氧化物和污物，并喷涂一层焊接活化剂，以保护端面不再氧化。

3.机械连接

钢筋机械连接具有很多优点：接头强度高，质量稳定可靠，对钢筋无可焊性要求；无明火作业，不受气候影响；工艺简单，连接速度快。下面介绍几种常用的钢筋机械连接的方法：

（1）钢筋锥螺纹套筒连接接头。

①原理。

用专用套丝机，把两根待接钢筋的连接端加工成符合要求的锥形螺纹，通过预先加工好的相应的连

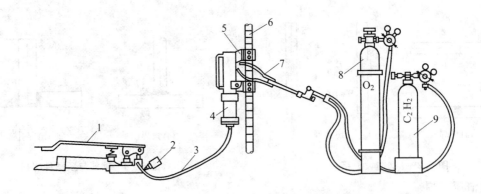

图 5.32　气压焊示意图

1—脚踏液压泵；2—压力表；3—液压胶管；4—油罐；
5—钢筋卡具；6—被焊钢筋；7—多火口烤枪；8—氧气瓶；9—乙炔瓶

接套筒，然后用特制扭力钳按规定的力矩值把两根待接钢筋拧紧咬合连成一体的钢筋机械连接接头。这是目前应用较广的一种钢筋机械连接接头形式（图 5.33），可用于连接 10～40 的 HPB235 级～RRB400 级钢筋。

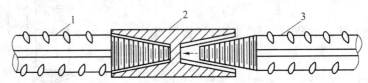

图 5.33　锥螺纹套筒连接图

1—已连接的钢筋；2—锥形螺纹套筒；3—未连接的钢筋

②机具设备。

钢筋锥螺纹套丝机：量规（牙形规、卡规、镶螺纹塞规等）、力矩扳手，力矩值为 100～360 N·m。

辅助机具包括砂轮锯、角向磨光机及台式砂轮机各一台。

（2）镦粗直螺纹钢筋连接。

镦粗直螺纹钢筋连接是我国近年来开发成功的新一代钢筋连接技术。它通过对钢筋端部冷镦扩粗、切削螺纹，再用连接套筒对接钢筋。这种接头综合了套筒挤压接头和锥螺纹接头的优点，具有接头强度高、质量稳定、施工方便、连接速度快、应用范围广、综合效益好的特点。因此被广泛运用在高层建筑、桥梁工程、核电站、电视塔等结构工程中。

（3）钢筋套筒挤压连接。

①原理。

将两根待接变形粗钢筋的端头先后插入一个优质钢套筒，采用专用液压钳挤压钢套筒，使钢套筒产生塑性变形，从而使钢套筒的内壁变形而紧密嵌入钢筋螺纹，将两根待接钢筋连于一体的一种机械连接接头。

②机具设备。

挤压连接设备由压钳、超高压油管和超高压油压泵组成。

辅助设备和专用量具：①采用挤压连接方法施工时，一般应配备吊具、角向砂轮等辅助设备；②检测卡尺的测量精度应达到±0.1 mm。

（4）钢筋连接质量检验。

根据《钢筋机械连接技术规程（附条文说明）》（JGJ 107—2010）规定，现场检验应分批进行，同一施工条件下采用同一批材料的同等级、同形式、同规格接头,以500个为一批进行验收,不足500个也作为一批,在每批中应随机抽3个试件做单向拉伸试验,都满足规程中的强度等级要求时为合格品,如有一个试件的抗拉强度不符合要求,应再取双倍的试件进行复检,如仍有一个不符合要求,则该批为不合格。在现场连续检验10批,其全部单向拉伸试件一次抽检均为合格时,验收批接头数量可扩大一倍。

5.2.4　钢筋的配料及代换

1. 钢筋的配料

钢筋配料就是根据设计图纸和会审记录,按不同构件分别计算出钢筋下料长度和根数,填写配料单,然后进行备料加工。

(1)钢筋长度。

结构施工图中所指钢筋长度是钢筋外缘至外缘之间的长度,即外包尺寸,这也是施工中量度钢筋长度的基本依据。

钢筋下料长度可按下列公式计算:

$$钢筋下料长度=钢筋外包尺寸之和-弯曲量度差+弯钩增加长度$$

$$箍筋下料长度=箍筋周长+箍筋调整值$$

$$钢筋外包尺寸=构件外形尺寸-保护层厚度$$

(2)混凝土保护层厚度。

混凝土保护层厚度是指受力钢筋外边缘至混凝土构件表面的距离,设计无要求时按规范规定。受力钢筋的混凝土保护层厚度见表5.3。

表5.3　受力钢筋的混凝土保护层厚度

环境与条件	构件名称	混凝土强度等级		
		≤C20	C25~C45	≥C50
室内正常环境	板、墙、壳	20	15	15
	梁	30	25	25
	柱	30	30	30
露天或室内潮湿环境	板、墙、壳	—	20	20
	梁	—	30	30
	柱	—	30	30
有垫层	基础	40		
无垫层		70		

(3)钢筋末端弯钩的增长值。

钢筋弯钩的形式有半圆弯钩(180°)、直弯钩(90°)及斜弯钩(135°)。

不同弯钩增加的长度如图5.34所示。

(a)90°弯　　　　　　　　(b)180°弯

图5.34　不同弯钩增加的长度

（4）钢筋弯曲量度差值。

钢筋弯曲后的特点是：在弯曲处内皮收缩、外皮延伸、轴线长度不变。直线钢筋的外包尺寸等于轴线长度，而钢筋弯曲段的外包尺寸大于轴线长度，二者之间存在一个差值，称为量度差值。如果下料长度按外包尺寸的总和来计算，则弯曲后钢筋尺寸大于设计要求的尺寸，影响施工质量，也造成材料浪费，只有按轴线长度下料加工，才能使钢筋形状尺寸符合设计要求。因此，钢筋下料时，其下料长度应为各段外包尺寸之和减去量度差值，再加上两端弯钩增加长度（表5.4）。

表 5.4　钢筋弯曲量度差

钢筋弯曲角度	30°	45°	60°	90°	135°
钢筋弯曲量度差值	0.3d	0.5d	1d	2d	3d

（5）箍筋调整值。

箍筋调整值即弯钩增加长度和量度差值两项之差，由箍筋量外包尺寸和内包尺寸确定（表5.5）。

表 5.5　箍筋调整值　　　　　　　　　　　　　　　　　mm

箍筋的量度方法	箍筋直径			
	4～5	6	8	10～12
量外包尺寸	40	50	60	70
量内包尺寸	80	100	120	150～170

【案例实解】

某工程第一层共有5根L1梁，梁的配筋如图5.35所示，试作钢筋配料单（保护层厚度取25 mm，弯起筋弯起角度为45°）。

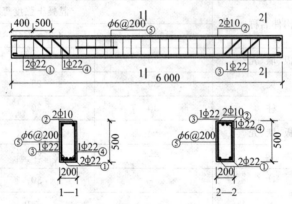

图 5.35　L1 梁的配筋详图

L1梁各钢筋下料长度计算如下：

①号钢筋为HPB335级钢筋，两端作180°弯钩，计算其长度为

$$(6\ 000-2\times25+2\times6.25\times22)\text{mm}=6\ 225\ \text{mm}$$

②号钢筋下料长度为

$$(6\ 000-2\times25+2\times6.25\times10)\text{mm}=6\ 075\ \text{mm}$$

③号钢筋为弯起钢筋，分段计算其长度。

端部平直段长为

$$(400-25)\text{mm}=375\ \text{mm}$$

斜段长为

$$（梁高-2倍保护层厚度）\times1.414=[(400-2\times25)\times1.414]\text{mm}=564\ \text{mm}$$

中间平直段长为

$$[6\ 000-2\times400-2\times(450-2\times25)]mm=4\ 400\ mm$$

则③号钢筋的下料长度为

$$[375\times2+564\times2+4\ 400-4\times0.5\times22+2\times6.25\times22]mm=6\ 509\ mm$$

④号钢筋为弯起钢筋,分段计算其长度。

端部平直段长为

$$(400+500-25)mm=875\ mm$$

中间平直段长为

$$[6\ 000-2\times(400+500)-2\times(450-2\times25)]mm=3\ 400\ mm$$

则④号钢筋下料长度为

$$[875\times2+564\times2+3\ 400-4\times0.5\times22+2\times6.25\times22]mm=6\ 509\ mm$$

⑤号钢筋为箍筋,箍筋调整值查表8.8为50 mm,箍筋外包尺寸为

$$宽度=(200-2\times25+2\times6)mm=162\ mm$$
$$高度=(450-2\times25+2\times6)mm=412\ mm$$

则⑤号箍筋的下料长度为

$$[(162+412)\times2+50]mm=1\ 198\ mm$$

箍筋根数为

$$(构件长-2倍保护层厚度)/箍筋间距+1=[(6\ 000-2\times25)/2\ 000+1]根=30.75\ 根$$

取31根。

2.钢筋的代换

在钢筋工程施工中,内于材料供应的具体情况,有时不可能满足设计图纸的要求。经常遇到缺少某种规格钢筋必须用另一种规格钢筋代换的情况。施工中应由设计单位出具代换文件或经设计单位同意后才能进行代换。钢筋代换主要是考虑强度计算和满足配筋构造要求,仅对某些特定的构件,如吊车梁等,代换后需进行裂缝宽度的验算。

钢筋代换方法如下:

(1)等强度代换。

即代换后的钢筋强度数值要达到设计图纸上原来配筋的强度数值。代换时要满足

$$N_2\geqslant N_1 \tag{5.1}$$

式中 N_1,N_2——代换前、后钢筋受力设计值。

$$N_1=f_{y1}A_{s1},N_2=f_{y2}\cdot A_{s2}$$

式中 f_{y1},f_{y2}——代换前、后钢筋的设计强度值;

A_{s1},A_{s2}——代换前、后钢筋的总面积。

(2)等面积代换。

构件按最小配筋率配筋时,或同强度等级的钢筋的代换,可按钢筋面积相等的原则进行代换,称为等面积代换。代换时应满足

$$A_{s2}=A_{s1} \tag{5.2}$$

5.2.5　质量标准与安全技术

1.质量标准

钢筋工程属于隐蔽工程,在浇筑混凝土前应对钢筋及预埋件进行隐蔽工程验收,并按规定记好隐蔽工程记录,以便检查。按《混凝土结构工程施工质量验收规范》(GB 50204—2002)进行验收,其内容包括:纵向受力钢筋的品种、规格、数量、位置是否正确,特别要检查负筋的位置;钢筋的连接方式、接头位置、接头数量、接头面积百分率是否符合规定;箍筋、横向钢筋的品种、规格、数量、间距等;预埋件的规格、数量;位置等;检查钢筋绑扎是否牢固,有无变形、松脱和开焊。钢筋工程的施工质量检验应分为主控项目、一般项目,按规定的检验方法检验。

钢筋的保护层厚度要符合《混凝土结构设计规范》(GB 50010—2010)中规定的各种环境下各类构件的最小保护层厚度,施工中应在钢筋下部设置混凝土垫块或水泥砂浆垫块,以保证保护层的厚度。梁板构件钢筋保护层厚度偏差合格率不小于90%,其他构件钢筋保护层厚度偏差合格率不小于80%。

2.安全技术

安装钢筋网与钢筋骨架时,应根据结构配筋特点及起重、运输机械的能力确定分段或分块的大小。

钢筋网的分块面积以6～20 m² 为宜,在运输和安装过程中,为防止网片或骨架发生歪斜变形,需采取临时加固措施。

钢筋网与钢筋骨架吊点,应根据其尺寸、质量及刚度确定。宽度大于1 m的水平钢筋网片宜采用四点起吊;跨度小于6 m的钢筋骨架宜采用两点起吊;跨度大于6 m、刚度差的钢筋骨架宜采用横吊梁(铁扁担)四点起吊,为了防止吊点处钢筋受力变形,也可采取兜底吊或加短钢筋。安装后,绑扎或焊接的钢筋网和骨架,不得有变形、松脱和开焊。

【案例实解】

1.工程概况

某悬挑雨篷,当混凝土浇筑完成并经过养护到期,拆除模板后发现在根部出现裂缝,并迅速发展,最终沿根部断裂。

2.原因分析

雨篷板的受拉主钢筋位置不准。现场查看,发现受拉主钢筋不在板上部而在板下部,位置错误,引起倒塌。按一般梁板,受拉主筋在构件下边,但对悬臂构件主要是受负弯矩,受拉钢筋应放在上部。但施工时,或者因为施工人员不熟悉图纸,仅凭自己的感觉放在下边,造成错误;或者虽然放在了上边正确位置,但支撑不牢,浇筑混凝土时因混凝土的浇筑压力,或者施工人员站在上面施工时把主筋踩到了下面。这样,雨篷上部的混凝土受拉区无钢筋,连自重应力也承受不了,因而当拆模时下边的支撑一拆,雨篷就折断了。

3.预防措施

遇到悬挑构件施工时,一定要仔细检查钢筋的位置,在浇筑混凝土前采取必要的固定措施,以保证施工时钢筋不改变位置。

5.3　混凝土工程

混凝土工程施工包括配料、搅拌、运输、养护等,各个施工过程既紧密联系又相互影响,任一施工过程处理不当都会影响混凝土的最终质量,因此,确保混凝土工程质量非常重要。

混凝土配制强度与施工配合比计算

1. 混凝土配置强度的确定

在混凝土施工配料时,除应保证结构设计对混凝土强度等级的要求外,还要保证施工对混凝土和易性的要求,并应符合合理使用材料、节约水泥的原则。必要时,还应符合抗冻性、抗渗性等要求。

混凝土制备之前按下式确定混凝土的施工配置强度,以达到95%的保证率:

$$f_{cu,0} = f_{cu,k} + 1.645\sigma \tag{5.3}$$

式中　$f_{cu,0}$——混凝土的施工配置强度,N/mm^2;

　　　$f_{cu,k}$——设计的混凝土立方体抗压强度标准值,N/mm^2;

　　　σ——施工单位的混凝土强度标准差,N/mm^2。

当施工单位具有近期同一品种混凝强度的统计资料时,σ可按下式计算:

$$\sigma = \sqrt{\frac{\sum_{i=1}^{n} f_{cu,i}^2 - nu_{f_{cu}}^2}{n-1}}$$

式中　$f_{cu,0}$——第 i 组混凝土试件强度,N/mm^2;

　　　$\mu_{f_{cu}}$——n 组混凝土试件强度的平均值,N/mm^2;

　　　n——统计周期内相同混凝土强度等级的试件组数,$n \geq 30$。

对于强度等级不大于 C30 的混凝土,当 σ 计算值不小于 3.0 N/mm^2 时,应按照计算结果取值;当 σ 计算值小于 3.0 N/mm^2 时,σ 应取 3.0 N/mm^2。对于强度等级大于 C30 且不大于 C60 的混凝土,当 σ 计算值不小于 4.0 N/mm^2 时,应按照计算结果取值;当 σ 计算值小于 4.0 N/mm^2 时,σ 应取 4.0 N/mm^2。

施工单位如无近期混凝土强度统计资料,σ 可按表 5.6 取值。

表 5.6　σ 值

混凝土强度等级	$\leqslant$C20	C25～C45	C50～C55
$\sigma/(N \cdot mm^{-2})$	4.0	5.0	6.0

注:表中 σ 值,反映了我国施工单位对混凝土施工技术和管理的平均水平,采用时可根据本单位情况做适当调整

2. 施工配合比计算

混凝土实验室配合比是根据完全干燥的砂、石骨料制订的,但实际使用的砂、石骨料一般都含有一些水分,而且含水量又会随气候条件发生变化。所以施工时应及时测定现场砂、石骨料的含水量,并将混凝土实验室配合比换算成在实际含水量情况下的施工配合比。

设实验室中水泥:砂子:石子的配合比为 $1:x:y$,水灰比为 w_c,并测得砂子的含水量为 w_x,石子的含水量为 w_y,则施工配合比应为 $1:(x_1+w_x):(y_1+w_y)$。

按实验室配合比,$1\ m^3$ 混凝土水泥用量为 $C(kg)$,计算时确保混凝土水灰比 w_c 不变(W 为用水量),则换算后材料用量如下。

水泥:　　　　　　　　　　$C' = c$

砂子:　　　　　　　　　　$G' = c_x(1+w_x)$

石子:　　　　　　　　　　$G'1 = c_y(1+w_y)$

水:　　　　　　　　　　　$W' = w - c_x w_x - c_y w_y$

某工程现场搅拌混凝土经过配合比设计后得出实验室配合比为 $1:1.75:3.25$,水灰比为 0.53,每立方米混凝土的水泥用量为 370 kg,测得砂子的含水量为 4%,石子含水量为 2%,则施工配合比为

$$1 \colon 1.75(1+4\%) \colon 3.25(1+2\%)=1 \colon 1.84 \colon 3.35$$

每立方米混凝土材料用量如下。

水泥：370 kg。

砂子：$[370\times1.75(1+4\%)]$kg=680.8 kg。

石子：$[370\times3.25(1+2\%)]$kg=1 239.5 kg。

水：$(370\times0.53-370\times1.75\times4\%-370\times3.25\times2\%)$kg=146.15 kg。

3.施工配料

求出每立方米混凝土材料用量后,还必须根据工地现有搅拌机的出料容量确定每次需用的水泥袋数,然后按水泥用量来计算砂石的每次拌用量。本工程采用 JZ250 型搅拌机,出料容量为 0.25 m³,则每搅拌一次装料量如下。

水泥：(370×0.25)kg=92.5 kg。

砂子：$(680.8\times92.5/370)$kg=170.2 kg。

石子：$(1\ 239.5\times92.5/370)$kg=309.88 kg。

水：$(146.15\times92.5/370)$kg=36.54 kg。

为严格控制混凝土的配合比,原材料的数量应采用质量计算,必须准确。其质量偏差不得超过以下规定:水泥、混合材料为±2%;细骨料为±3%;水、外加剂溶液为±2%。各种衡量器应定期校验,经常保持准确。骨料含水量应经常测定,雨天施工时,应增加测定次数。

5.3.2 混凝土搅拌机的选择

混凝土搅拌机按其搅拌原理分为自落式搅拌机和强制式搅拌机两类。根据其构造的不同,又可分为若干种,见表 5.7。自落式搅拌机采用重力拌和原理,搅拌筒内壁装有叶片,搅拌筒旋转,叶片将物料提升一定高度后自由下落,各物料颗粒分散拌和均匀,宜用于搅拌塑性混凝土。锥形反转出料和双锥形倾翻出料搅拌机可用于搅拌低流动性混凝土。

表 5.7 混凝土搅拌机的类型

自落式			强制式			
鼓筒式	双锥式		立轴式			卧轴式 (单轴、双轴)
	反转出料	倾翻出料	涡浆式	行星式		
				定盘式	盘转式	

强制式搅拌机分为立轴式和卧轴式两类。强制式搅拌机是用剪切拌和原理,在轴上安装叶片,通过叶片强制搅拌装在搅拌筒中的物料,使物料沿环向、径向和竖向运动,拌和成均匀的混合物。强制式搅拌机拌和强烈,多用于搅拌干硬性混凝土、低流动性混凝土和轻骨料混凝土。立轴式强制搅拌机是通过底部的卸料口卸料,卸料迅速,但如卸料口密封不好,水泥浆易漏掉,所以不宜用于搅拌流动性大的混凝土。

混凝土搅拌机以其出料容量(m³)×100 标定规格,常用为 150 L,250 L,350 L 等。

选择搅拌机型号,要根据工程量大小、混凝土的坍落度和骨料尺寸等确定。既要满足技术上的要求,也要考虑经济效果和节约能源。

5.3.3　搅拌制度

为了获得均匀优质的混凝土拌合物,除合理选择搅拌机的型号外,还必须正确地确定搅拌时间、投料顺序以及进料容量等。

1. 搅拌时间

搅拌时间应从全部材料投入搅拌筒起,到开始卸料为止所经历的时间,它与搅拌质量密切相关。搅拌时间过短,混凝土不均匀,强度及和易性下降;搅拌时间过长,不但降低搅拌的生产效率,同时还会使不坚硬的粗骨料,在大容量搅拌机中因脱角、破碎等而影响混凝土的质量。对于加气混凝土也会因搅拌时间过长而使所含气泡减少。混凝土搅拌的最短时间可按表 5.8 采用。

表 5.8　混凝土搅拌的最短时间　　　　　　　　　　　　　　　s

混凝土坍落度	搅拌机类型	搅拌机出料量		
		＜250 L	250～500 L	＞250 L
≤30 m	自落式	90	120	150
	强制式	60	90	120
＞30 m	自落式	90	90	120
	强制式	60	60	90

2. 投料顺序

投料顺序应从提高搅拌质量,减少叶片、衬板的磨损,减少拌合物与搅拌筒的黏结,减少水泥飞扬,改善工作环境,提高混凝土强度,节约水泥等方面综合考虑确定。常用一次投料法、二次投料法和水泥裹砂法等。

(1)一次投料法。

这是目前最普遍采用的方法。它是将砂、石、水泥和水一起同时加入搅拌筒中进行搅拌。为了减少水泥的飞扬和水泥的粘罐现象,对自落式搅拌机常用的投料顺序是将水泥装在料斗中,并夹在砂、石之间,一次上料,最后加水搅拌。

(2)二次投料法。

二次投料法又分为预拌水泥砂浆法和预拌水泥净浆法。

预拌水泥砂浆法是先将水泥、砂和水加入搅拌筒内进行充分搅拌,成为均匀的水泥砂浆后,再加入石子搅拌成均匀的混凝土。

预拌水泥净浆法是先将水泥和水充分搅拌成均匀的水泥净浆后,再加入砂和石搅拌成混凝土。

国内外的试验表明,二次投料法搅拌的混凝土与一次投料法相比较,混凝土强度可提高约 15%。在强度等级相同的情况下,可节约水泥 15%～20%。

(3)水泥裹砂法。

这种混凝土就是在砂子表面造成一层水泥浆壳。其主要采取两项工艺措施:一是对砂子的表面湿度进行处理,控制在一定范围内;二是进行两次加水搅拌,第一次加水搅拌称为造壳搅拌,就是先将处理过的砂子、水泥和部分水搅拌,使砂子周围形成黏着性很高的水泥糊包裹层;加入第二次水及石子,经搅拌,部分水泥浆便均匀地分散在被造壳的砂子及石子周围。这种方法的关键在于控制砂子表面水率及第一次搅拌时的造壳用水量。国内外的试验结果表明:砂子的表面水率控制在 4%～6%,第一次搅拌加水为总加水量的 20%～26%时,造壳混凝土的增强效果最佳。此外,与造壳搅拌时间也有密切关系,时间过短,不能形成均匀的低水灰比的水泥浆使之牢固地黏结在砂子表面,即形成水泥浆壳;若时间过长,造壳效果并不十分明显,强度提高不大,而以 45～75 s 为宜。

3. 进料容量

进料容量是将搅拌前各种材料的体积累积起来的容量,又称干料容量。进料容量为出料容量的 1.4～1.8 倍(通常取 1.5 倍)。进料容量超过规定容量 10% 以上,就会使材料在搅拌筒内无充分的空间进行掺和,影响混凝土拌合物的均匀性;反之,如装料过少,则又不能充分发挥搅拌机的效能。

4. 搅拌要求

应严格控制混凝土施工配合比。砂、石必须严格过磅,不得随意加减用水量。

在搅拌混凝土前,搅拌机应加适量的水运转,使拌筒表面润湿,然后将多余水排干。搅拌第一盘混凝土时,考虑到筒壁上黏附砂浆的损失,石子用量应按配合比规定减半。

搅拌好的混凝土要卸尽,在混凝土全部卸出之前,不得再投入拌合料,更不得采取边出料边进料的方法。

技 术 点 睛

混凝土试件留置规定:每拌制 100 盘且不超过 100 m³ 的同配合比的混凝土,取样不得少于一次;每工作班拌制的同一配合比的混凝土不足 100 盘时,取样不得少于一次;当一次连续浇筑超过 1 000 m³ 时,同一配合比的混凝土每 200 m³ 取样不得少于一次;每一楼层、同一配合比的混凝土,取样不得少于一次;每次取样应至少留置一组标准养护试件,同条件养护试件的留置组数应根据实际需要确定。

5.3.4 混凝土浇筑、振捣及养护

混凝土的浇筑成型工作包括布料、摊平、捣实和抹面修整等工序。它对混凝土的密实性和耐久性、结构的整体性和外形的正确性等都有重要的影响。

1. 混凝土浇筑的一般要求

(1)施工准备。

施工准备工作根据工程对象、结构特点,结合具体条件研究制定混凝土浇筑施工方案;对搅拌机、运输车、料斗、串筒、振动器等机具设备按需要准备充足,并考虑发生故障时的修理时间,所用机具均应在浇筑前进行检查和试运转;保证水电及原材料的供应;掌握天气、季节变化情况,准备好在浇筑过程中所必需的抽水设备和防雨、防暑、防寒等物资;检查模板、支撑、钢筋和预埋件等是否符合设计要求;检查安全设施,劳动配备是否妥当,能否满足浇筑速度的要求等。

(2)浇筑层的厚度。

为了使混凝土振捣密实,必须分层浇筑,每层浇筑厚度与捣实方法、结构的配筋情况有关。浇筑厚度与振捣方法符合表 5.9 的规定。

表 5.9　混凝土浇筑层的厚度

项次	捣实混凝土的方法		浇筑层的厚度/mm
1	插入式振捣		振动棒作用部分长度的 1.25 倍
2	表面振动		200
3	人工捣固	在基础、无筋混凝土或配筋稀疏的结构中	250
		在梁、板墙、柱结构中	200
		在配筋密列的结构中	150

（3）浇筑间歇时间。

浇筑混凝土应连续进行，如必须间歇，其间歇时间应尽可能缩短，并应在前一层混凝土凝结之前，将次层混凝土浇筑完毕。间歇的最长时间应按所用水泥品种及混凝土凝结条件确定，并不得超过表 5.10 的规定，超过规定时间必须设置施工缝。

表 5.10　浇筑混凝土的间歇时间

混凝土强度等级	气温	
	< 25 ℃	> 25 ℃
< C30	210 min	180 min
>C30	180 min	150 min

（4）浇筑混凝土的坍落度。

混凝土浇筑前不应发生初凝和离析现象，如已发生，可进行重新搅拌，使混凝土恢复流动性和黏聚性后再进行浇筑。混凝土运至施工现场后，其坍落度应满足表 5.11 的要求。

表 5.11　混凝土浇筑时的坍落度

结构种类	坍落度/mm
基础或地面等的垫层、无配筋的大体积结构（挡土墙、基础等）或配筋稀疏的结构	10～30
板、梁和大型及中型截面的柱子等	30～50
配筋密列的结构（薄壁、斗仓、筒仓、细柱等）	50～70
配筋特密的结构	70～90

（5）浇筑时应注意的要点。

①浇筑混凝土时，应注意防止混凝土的分层离析。混凝土由料斗、漏斗内卸出进行浇筑时，其自由倾落高度一般不宜超过 2 m，在竖向结构中浇筑混凝土的高度不得超过 3 m，否则应采用串筒、溜槽、振动溜管等下料（图 5.36）。

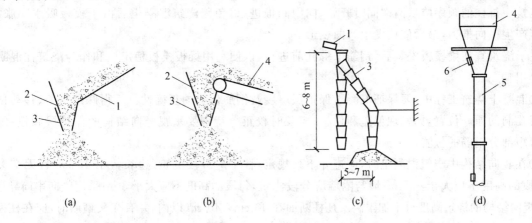

图 5.36　溜槽与串筒

1—溜槽；2—挡板；3—串筒；4—漏斗；5—节管；6—振动器

②浇筑竖向结构混凝土前，底部应先填以 50～100 mm 厚与混凝土成分相同的水泥砂浆。混凝土的水灰比和坍落度，应随浇筑高度的上升，予以递减。

③浇筑混凝土时，应经常观察模板、支架、钢筋、预埋件和预留孔洞的情况，当发现有变形、移位时，应立即停止浇筑，并应在已浇筑的混凝土凝结前修整完好。

④在浇筑与柱和墙连成整体的梁和板时,应在柱和墙浇筑完毕后停歇1~1.5 h,使混凝土获得初步沉实后,再继续浇筑,以防止接缝处出现裂缝。

⑤梁和板应同时浇筑混凝土。较大尺寸的梁(梁的高度大于1 m)、拱和类似的结构,可单独浇筑。但施工缝的设置应符合有关规定。

2. 施工缝的留设与处理

如果由于技术或施工组织上的原因,不能对混凝土结构一次连续浇筑完毕,而必须停歇较长的时间,其停歇时间已超过混凝土的初凝时间,致使混凝土已初凝;当继续浇混凝土时,形成了接缝,即为施工缝。

(1)施工缝的留设位置。

施工缝设置的原则,一般宜留在结构受力(剪力)较小且便于施工的部位。柱子的施工缝宜留在基础与柱子交接处的水平面或梁的下面,或吊车梁牛腿的下面、吊车梁的上面、无梁楼盖柱帽的下面;高度大于1 m的钢筋混凝土梁的水平施工缝,应留在楼板底面下20~30 mm处,当板下有梁托时,留在梁托下部;单向平板的施工缝,可留在平行于短边的任何位置处;对于有主次梁的楼板结构,宜顺着次梁方向浇筑,施工缝应留在次梁跨度的中间1/3范围内。

(2)施工缝的处理。

施工缝处继续浇筑混凝土时,应待混凝土的抗压强度不小于1.2 MPa方可进行。施工缝浇筑混凝土之前,应除去施工缝表面的水泥薄膜、松动石子和软弱的混凝土层,并加以充分湿润和冲洗干净,不得有积水;浇筑时,施工缝处宜先铺水泥浆(水泥与水的质量比为1:0.4)或与混凝土成分相同的水泥砂浆一层,厚度为30~50 mm,以保证接缝的质量;浇筑过程中,施工缝应细致捣实,使其紧密结合。

3. 整体结构浇筑

(1)框架结构浇筑。

①多层框架按分层分段施工,水平方向以结构平面的伸缩缝分段,垂直方向按结构层次分层。在每层中先浇筑柱,再浇筑梁、板。

浇筑一排柱的顺序应从两端同时开始,向中间推进,以免因浇筑混凝土后由于模板吸水膨胀,断面增大而产生横向推力,最后使柱发生弯曲变形。

柱子浇筑宜在梁模板安装后,钢筋未绑扎前进行,以便利用梁板模板稳定柱和作为浇筑柱混凝土操作平台用。

②混凝土浇筑工程中,要保证混凝土保护层厚度及钢筋位置的正确性。不得踩踏钢筋、移动预埋件和预留孔洞的原来位置,如发现偏差和位移,应及时校正。特别要重视竖向结构的保护层和板、雨篷结构负弯矩部分钢筋的位置。

③在竖向结构中浇筑混凝土时,应遵守下列规定:柱子应分段浇筑,边长大于40 cm且无交叉箍筋时,每段的高度不应大于3.5 m;墙与隔墙应分段浇筑,每段的高度不应大于3 m;采用竖向串筒导送混凝土时,竖向结构的浇筑高度可不加限制。凡柱断面在40 cm×40 cm以内,并有交叉箍筋时,应在柱模侧面开不小于30 cm高的浇筑孔,装上斜溜槽分段浇筑,每段高度不得超过2 m;分层施工开始浇筑上一层柱时,底部应先填以5~10 cm厚水泥砂浆一层,其成分与浇筑混凝土内砂浆成分相同,以免底部产生蜂窝现象。在浇筑剪刀墙、薄墙、独立柱等狭深结构时,为避免混凝土浇筑至一定高度后,由于积聚大量浆水而可能造成混凝土强度不匀的现象,宜在浇筑到适当的高度时,适量减少混凝土的配合比用水量。

④肋形楼板的梁板应同时浇筑,浇筑方法应先将梁根据高度分层浇捣成阶梯形,当达到板底位置时即与板的混凝土一起浇捣,随着阶梯形的不断延长,则可连续向前推进(图5.37)。倾倒混凝土的方向与浇筑方向相反(图5.38)。

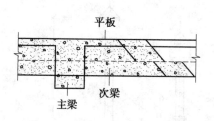
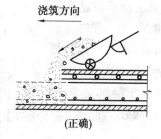
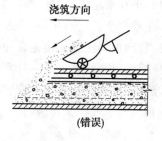

图 5.37 梁板同时浇筑方法示意图 　　　　　图 5.38 混凝土倾倒方向

当梁的高度大于 1 m 时,允许单独浇筑,施工缝可留在距板底面以下 2～3 cm 处。

⑤浇筑无梁楼盖时,在离柱帽下 5 cm 处暂停,然后分层浇筑柱帽,下料必须倒在柱帽中心,待混凝土接近楼板底面时即可连同楼板一起浇筑。

⑥当浇筑柱梁及主次梁交叉处的混凝土时,一般钢筋较密集,特别是在上部负钢筋又粗又多,因此,既要防止混凝土下料困难,又要注意砂浆挡住石子下不去。必要时这一部分可改用细石混凝土进行浇筑,与此同时,振捣棒头可改用片式并辅以人工捣固配合。

⑦梁板施工缝可采用企口式接缝或垂直缝的做法,不宜留坡槎。在预定留施工缝的地方,在板上按板厚度放一木条,在梁上闸以木板,其中间要留切口以通过钢筋。

(2)剪力墙浇筑。

剪力墙浇筑除按一般原则进行外,还应注意:门窗洞口部分应两侧同时下料,高度不能太大,以防止门窗洞模板移动。先浇捣窗台下部,后浇捣窗间墙,以防止窗台下部出现蜂窝孔洞;开始浇筑时,应先浇筑 10 cm 厚与混凝土砂浆成分相同的水泥砂浆。每次铺设厚度以 50 cm 为宜;混凝土浇捣工程中,不可随意挪动钢筋,要经常检查钢筋保护层厚度及所有预埋件的牢固程度及位置的准确性。

混凝土硬化过程中,由于水泥浆的化学减缩、混凝土的失水收缩、碳化收缩及热胀冷缩等因素影响,都会导致混凝土的体积收缩。通常剪力墙结构的面积大、长度长、体积收缩更为显著。而剪力墙结构又受转角,上、下楼板结构或基础底板的约束,阻碍其自由收缩。因而,就会形成剪力墙结构中的收缩应力。一旦收缩应力大于混凝土的实际抗拉强度,必然造成混凝土结构的开裂。剪力墙结构收缩裂缝均为竖向垂直裂缝。施工过程养护不足,泵送混凝土和高强度等级混凝土所增加的水泥用量,都会加剧混凝土的收缩和收缩裂缝的产生。

减少或防止剪力墙结构的收缩裂缝,可采取以下技术措施:优化混凝土配合比设计,减少水泥用量,适当掺入磨细粉煤灰或降低混凝土强度等级;降低混凝土浆量体积,增加粗集料用量;采用减水剂,降低混凝土的单位用水量;强化浇水养护或喷养护剂,保证混凝土早期不失水;适当增加剪力墙结构的横向配筋;在剪力墙结构水平方向设暗梁等。

(3)水下浇筑混凝土。

深基础、沉井与沉箱的封底等,常需要进行水下混凝土浇筑,地下连续墙及钻孔灌注桩则是在泥浆中浇筑混凝土。水下或泥浆中浇筑混凝土,目前多用导管法(图 5.39)。

导管直径为 250～300 mm(不小于最大骨料粒径的 8 倍),每节长 3 m,用快速接头连接,顶部装有漏斗。导管用起重设备吊住,可以升降。浇筑前,导管下口先用隔水塞(混凝土、木等制成)堵塞,隔水塞用铁丝吊住。然后在导管内浇筑一定量的混凝土,保证开管前漏斗及管内的混凝土量要使混凝土冲出后足以封住并高出管口。将导管插入水下,使其下口距底面的距离 h_1 约 300 mm 时进行浇筑,距离太小易堵管,太大则要求漏斗及管内混凝土量较多。当导管内混凝土的体积及高度满足上述要求后,剪断吊住隔水塞的铁丝进行开管,使混凝土在自重作用下迅速推出隔水塞进入水中。然后一面均衡地浇筑混凝土,一面慢慢提起导管,导管下口必须始终保持在混凝土表面之下不小于 1.5 m。下口埋得越深,则混凝土顶面越平、质量越好,但混凝土浇筑也越难。

在整个浇筑过程中,一般应避免在水平方向移动导管,直到混凝土顶面接近设计标高时,才可将导管提起,换插到另一浇筑点。一旦发生堵管,如半小时内不能排除,应立即换插备用导管。待混凝土浇筑完毕,应清除顶面与水或泥浆接触的一层松软部分。

4.混凝土的密实成型

混凝土拌合物浇筑后,需经密实成型才能赋予混凝土制品或结构一定的外形和内部结构。混凝土的强度、抗冻性、抗渗性、耐久性等皆与密实成型的好坏有关。

混凝土密实成型的途径有以下 3 种:一是利用机械外力(如机械振动)来克服拌合物的黏聚力和内摩擦力而使之液化、沉实;二是在拌合物中适当增加用水量

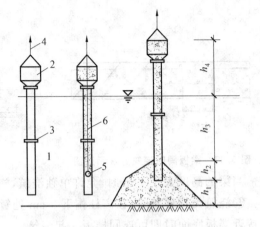

图 5.39 导管法水下浇筑混凝土
1—钢导管;2—漏斗;3—接头;
4—吊索;5—隔水塞;6—铁丝

以提高其流动性,使之便于成型,然后用离心泵法、真空作业法等将多余水分和空气排出;三是在拌合物中掺入高效能减水剂,使其坍落度大大增加,可自流成型。下面重点介绍机械振捣密实成型法。

混凝土振动密实的原理,是利用产生振动的机械将一定的频率、振幅和激振力的振动能量通过某种方式传递给混凝土拌合物时,受振混凝土中所有的骨料颗粒都受到强迫振动,它们之间原来赖以保持平衡,并使混凝土拌合物保持一定塑性状态的黏聚力和内摩擦力随之大大降低,受振动混凝土拌合物呈现所谓的"重质液体状态",因而混凝土拌合物的骨料犹如悬浮在液体中,在其自重作用下向新的稳定位置沉落,排除存在于混凝土拌合物中的气体,消除空隙,使骨料和水泥浆在模板中得到致密地排列和迅速有效地填充。

混凝土振动机械按其工作方式分为:内部振动器、表面振动器、外部振动器和振动台,如图 5.40 所示。

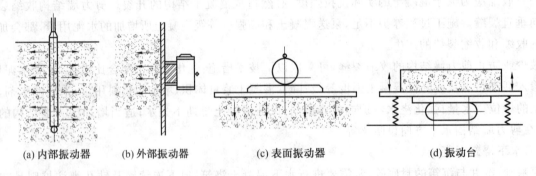

(a) 内部振动器　　(b) 外部振动器　　(c) 表面振动器　　(d) 振动台

图 5.40 振动机械示意图

①内部振动器。

内部振动器又称插入式振动器,其构造如图 5.41 所示。常用于振实梁、柱、墙等构件和大体积混凝土。当振动大体积混凝土时,还可将几个振动器组成振动束进行强力振捣。

使用插入式振动器的操作要点是:直上和直下,快插与慢拔;插点要均布,切勿漏点插;上下要抽动,层层要扣搭;时间掌握好,密实质量佳;操作要细心,软管莫弯卷;不得碰模板,不得碰钢筋;用 200 h 后,要加润滑油;振动 0.5 h,停歇 5 min。

根据经验,比较适合的振幅范围为 1~3 mm,在此范围内适当采用较大的振幅对提高生产效率有利。由于振幅是沿着棒长按三角形或梯形分布,尖端最大,故在操作时,为了防止表面混凝土振实后与下面混凝土发生分层离析,振动棒插入时要"快插";为了使混凝土能填满洞孔,抽出时要"慢拔";为了保证每一层混凝土上下振捣均匀,应将振动棒上下来回抽动 50~100 mm。此外,还应将振动棒深入下层混凝土中 50 mm 左右。以保证上下层混凝土接合密实,如图 5.42 所示。

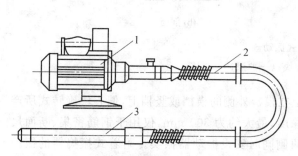

图 5.41 插入式振动器

1—电动机;2—软轴;3—振动棒

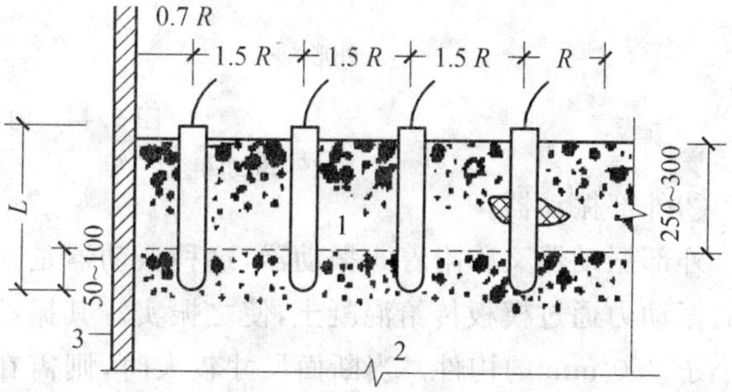

图 5.42 插入式振动器的插入深度

1—新浇筑的混凝土;2—下层已振捣但尚未初凝的混凝土;

3—模板;R—有效作用半径;L—振动棒长度

振动棒插点间距要均匀排列,以免漏振。一般间距不要超过振动棒有效作用半径的 1.5 倍;插点可按行列式或交错式布置(图 5.43),其中交错式的重叠搭接较好,比较合理。

振动棒的有效作用半径,应通过实验确定,一般为 300~400 mm。根据实践经验,其有效半径为振动棒半径的 8~10 倍。影响有效作用半径的因素较多,它与混凝土性能、结构特征和振捣时间等有关。混凝土坍落度越大,振动力越容易传播,有效作用半径越大;振捣时间越长,也能相应地增加有效作用半径。但时间过长,不仅会降低生产率,反而会使混凝土发生离析现象。一般每点振捣时间为 20~30 s,以振至混凝土不再沉落,气泡不再排出,表面开始泛浆并基本平坦为止。

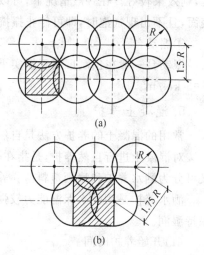

图 5.43 振捣点的布置

R—振动棒有效作用半径

振捣方法有垂直振捣和斜向振捣。垂直振捣容易掌握插点距离,不容易漏振;容易控制插入点深度(不得超过振动棒长度的 1.25 倍);不易触及钢筋和模板;混凝土受振后能自然沉实,均匀密实。斜向振捣是将振动棒与混凝土表面成 40°~45°角度插入,其特点是操作省力,效率高,出浆快,易于排出空气,不会发生严重的离析现象,振动棒拔出时不会形成孔洞。

②表面振动器。

表面振动器又称平板振动器,是将附着式振动器(图 5.44)固定在一块底板上。它适用于振实楼板、地面、板形构件和薄壳等构件。在无筋或单层钢筋的结构中,每次振实厚度不大于 250 mm;在双层钢筋的结构中,每次振实的厚度不大于 120 mm。在每一位置上应连续振动一定时间,正常情况下为 25~40 s,以混凝土面均匀出现浆液为准。移动时应成排一次振捣前进,前后位置和排与排之间相互搭接 100 mm,避免漏振。最好进行两遍,每遍的方向要相互垂直,第一遍主要使混凝土密实,第二遍则使其表面平整。

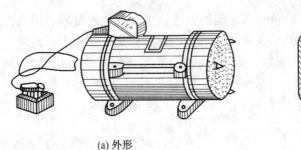 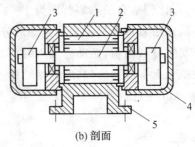

(a) 外形   (b) 剖面

图 5.44　附着式振动器

1—电动机；2—轴；3—偏心块；4—护照；5—机座

③外部振动器。

外部振动器又称附着式振动器，这种振动器是固定在模板外侧的横档或竖档上，偏心块旋转式所产生的振动力通过模板传给混凝土，使之振实。其振动深度，最大约为 300 mm，仅用于钢筋密集、断面尺寸小于 250 mm 的构件。当断面尺寸较大时，则需在两侧同时安设振动器振实。附着式振捣器的振动时间和有效作用半径随结构形状、模板坚固程度、混凝土的坍落度及振动器功率的大小等而定。一般要求混凝土的水灰比应比内部振捣时大一些。模板结构应坚固严密，但模板越坚固，越不容易传播振动作用，越需要大功率的振动器。因此，最好采用轻巧模板，应用频率相同、小功率的成组振捣器同时进行捣实，则效果较好。在一般情况下，可以每隔 1～1.5 m 距离设置一个振动器。振动时，当混凝土成一水平表面，且不出现气泡时，即可停止振捣。

④振动台。

振动台一般在预制厂用于振实干硬性混凝土和轻骨料混凝土。宜采用加压振动的方法，加压力为 1～3 kN/m²。

5. 混凝土养护

常用的混凝土的养护方法是自然养护法。

对混凝土进行自然养护，是指在平均气温高于 +5 ℃ 的条件下使混凝土保持湿润状态。自然养护又可分为洒水养护和喷洒塑料薄膜养生液养护等。

洒水养护是用吸水保温能力较强的材料（如草帘、芦席、麻袋、锯末等）将混凝土覆盖，经常洒水使其保持湿润。

（1）开始养护时间。

当最高气温低于 25 ℃ 时，混凝土浇筑完成后应在 12 h 内加以覆盖和浇水；最高气温高于 25 ℃ 时，应在 6 h 内开始养护。

（2）养护天数。

浇水养护时间的长短视水泥品种而定，硅酸盐水泥、普通硅酸盐水泥和矿渣硅酸盐水泥拌制的混凝土，不得少于 7 昼夜；火山灰硅酸盐水泥和粉煤灰硅酸盐水泥拌制的混凝土或有抗渗要求的混凝土，不得少于 14 昼夜。

（3）浇水次数。

应使混凝土保持具有足够的湿润状态。养护初期，水泥的水化反应较快，需水量也较多，所以要特别注意在浇筑以后头几天的养护工作，在气温高、湿度低时，也应增加洒水的次数。

喷洒塑料薄膜养生液养护适用于不易洒水养护的高耸构筑物和大面积混凝土结构及缺水地区。它是将养生液用喷枪喷洒在混凝土表面，溶液挥发后在混凝土表面形成一层塑料薄膜，使混凝土与空气隔绝，阻止其中水分的蒸发以保证水化作用的正常进行。在夏季，薄膜成型后要有防晒措施，否则易产生裂纹。

对于表面积大的构件(如地坪、楼板、屋面、路面等),也可用湿土、湿砂覆盖或沿构件周边用黏土等围住,在构件中间蓄水进行养护。

混凝土必须养护至其强度达到 1.2 N/mm² 以上,才准在上面行人和架设支架、安装模板,且不得冲击混凝土。

技 术 点 睛

混凝土立方体试件的养护采用标准养护。标准养护是指混凝土在温度为(20±2)℃和相对湿度为 95% 以上的潮湿环境或水中的条件下进行的养护。

5.3.5　商品混凝土施工

预拌(商品)混凝土系指由水泥、集料、水以及根据需要掺入的外加剂和掺合料等组成按照一定比例,在集中搅拌站(厂)经计量、拌制后出售的,并采用运输车在规定时间运至使用地点的混凝土拌合物。因预拌混凝土具有商品的属性,也称商品混凝土。商品混凝土在生产过程中实现了机械化配料、上料。计量系统实现称量自动化,使计量准确,容易达到规范要求的材料计量精度,可以掺加外加剂和矿物掺合料,对改善施工环境有显著作用。这些条件比现场搅拌站要优越得多。

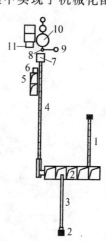

1．混凝土搅拌站

大型混凝土搅拌站是将施工现场需用的混凝土,在一个集中站点统一拌制后,用混凝土运输车分别输送到一个或若干个施工现场进行浇筑使用。大型混凝土搅拌站对提高混凝土质量,节约原材料,实现现场文明施工和改善环境,都具有突出的优点,已取得较好的社会效益与经济效益。

大型混凝土搅拌站根据其竖向布置上的不同,可分为单阶式和双阶式两种。

单阶式混凝土搅拌站是将原材料由皮带机、螺旋输送机等运输设备一次提升到需要高度后,靠自重作用,依次经过贮料、称量、集料、搅拌等程序,完成整个搅拌生产流程。单阶式搅拌站的优点在于:从上一道工序到下一道工序经历的时间短,生产效率高,机械化、自动化程度高,搅拌楼占地面积小,对产量大的大型永久性混凝土搅拌站比较适用(图 5.45 和图 5.46)。

图 5.45　大型搅拌站平面布置示意
1—砂子上料系统;2—地上式砂石储料仓;3—石子上料系统;4—主皮带;5—洗车池;6—泵房;7—搅拌楼;8—斗式提升机;9—粉煤灰筒仓;10—水泥筒仓;11—空压机房

双阶式混凝土搅拌站是将原材料在第一次提升后,依靠材料的自重经过贮料、称量、集料等程序后,在经过第二次提升进入搅拌机。这种形式的搅拌站其建筑物的总高度较小,运输设备较简单,投资相对较少,建设速度快。目前,一般永久性的大型混凝土搅拌站多采用这一类型(图 5.47 和图 5.48)。

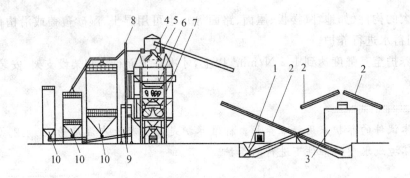

图 5.46　大型混凝土搅拌站竖向布置示意

1—砂石卸料坑；2—皮带机；3—地上式砂石储料仓；4—砂石分料器；
5—水泥储存仓；6—称量斗；7—搅拌机；8—斗式提升机；9—粉煤灰筒仓；10—水泥筒仓

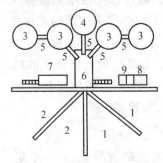

图 5.47　大型半移动式搅拌站平面示意

1—石子料仓；2—砂子料仓；3—水泥筒仓；4—粉煤灰筒仓；
5—螺旋输送机；6—搅拌楼；7—操作室；8—清水箱；9—外加剂调制箱

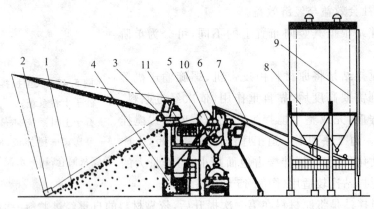

图 5.48　大型半移动式搅拌站竖向布置示意

1—砂石料仓；2—砂石上料斗；3—拉铲控制室；4—砂石进料口；5—砂石称量及上料斗；
6—水泥及粉煤灰称量斗；7—螺旋输送机，8　水泥筒仓；9—粉煤灰筒仓；10—搅拌机；11—操作室

2.商品混凝土的运输（混凝土泵、混凝土泵车）

（1）对混凝土运输的要求。

混凝土自搅拌机中卸出后，应及时运至浇筑地点，为保证混凝土质量，对混凝土运输的基本要求：为运输过程中要使混凝土保持良好的均匀性，不离析、不漏浆；保证混凝土具有设计配合比所规定的坍落度；使混凝土在初凝前浇入模板并捣实完毕；保证混凝土浇筑能连续进行。

（2）混凝土运输的时间。

混凝土运输时间有一定的限制,混凝土应以最少的转运次数和最短的时间从搅拌地点运至浇筑地点,并在初凝之前浇筑完毕。普通混凝土从搅拌机中卸出后到浇筑完毕的延续时间不宜超过表 5.12 的规定。如需进行长距离运输可选混凝土搅拌运输车。

表 5.12   混凝土从搅拌机中卸出到浇筑完毕的延续时间   min

混凝土强度等级	气温		附注
	<25 ℃	>25 ℃	
< C30	120	90	1.使用外掺剂或采用快硬水泥拌制混凝土时,应按试验确定;
> C30	90	60	2.本表数值包括混凝土运输和浇筑完毕的时间

3.混凝土运输工具

运输混凝土的工具要不吸水、不漏浆,方便快捷。混凝土运输分为地面运输、垂直运输和楼面运输3 种情况。预拌(商品)混凝土地面运输工具多用混凝土搅拌运输车和自卸汽车。

当混凝土需要量较大、运距较远或使用商品混凝土时,则多采用自卸汽车和混凝土搅拌运输车。混凝土搅拌运输车(图 5.49)是将锥形倾翻出料式搅拌机装在载重汽车的底盘上,可以在运送混凝土的途中继续缓慢地搅拌,以防止在运距较远的情况下混凝土产生分层离析现象;在运输距离很长时,还可将配好的混凝土干料装入筒内,在运输中加水搅拌,这样能减少由于长途运输而引起的混凝土坍落度损失。

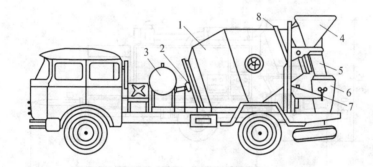

图 5.49   混凝土搅拌运输车
1—搅拌筒;2—轴承座;3—水箱;4—进料斗;5—卸料槽;6—引料槽;7—托轮;8—轮圈

楼面运输可用双轮手推车、皮带运输机,也可以用塔式起重机、混凝土泵等,楼面运输应采取措施保证模板和钢筋位置,防止混凝土离析等。

混凝土垂直运输,多采用塔式起重机加料斗、井架或混凝土泵等。

（1）混凝土泵。

液压式活塞泵是一种目前常用的较为先进的混凝土泵。其工作原理如图 5.50 所示。它主要由料斗、液压缸和活塞、混凝土缸、阀门、Y 形管、冲洗设备、液压系统、动力系统等组成。工作时,由搅拌机卸出的或由混凝土搅拌运输车卸出的混凝土倒入受料斗 6,在阀门操纵系统作用下,吸入端水平片阀 7 开启、排出端竖直片阀 8 关闭,液压活塞 4 在液压作用下通过活塞杆 5 带动活塞 2 后移,料斗内的混凝土在自重和吸力作用下进入混凝土缸 1。然后,液压系统中压力油的进出反向,活塞 2 向前推压,同时吸入端水平片阀 7 关闭、吸入端水平片阀 8 开启,混凝土缸中的混凝土在压力作用下就通过 Y 形管进入输送管送至浇筑地点。由于两个缸交替进料和出料,因而能连续稳定地排料。

固定式混凝土输送泵是一种常见的形式(图 5.51),使用时,需用汽车将它拖带至施工地点,然后进行混凝土输送。这种形式的混凝土泵主要由混凝土推送机构、分配闸机构、料斗搅拌装置、操作系统、清洗系统等组成。

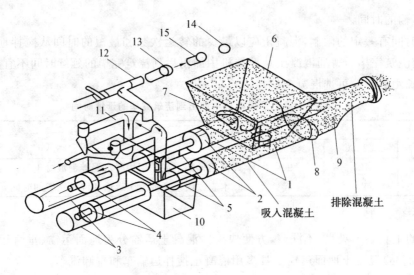

图 5.50　液压活塞式混凝土泵工作原理

1—混凝土缸;2—混凝土活塞;3—液压缸;4—液压活塞;5—活塞杆;6—受料斗;

7—吸入端水平片阀;8—排出端竖直片阀;9—Y 形输送管;10—水箱;11—水洗装置换向阀;

12—水洗用高压软管;13—水洗用法兰;14—海绵球;15—清洗活塞

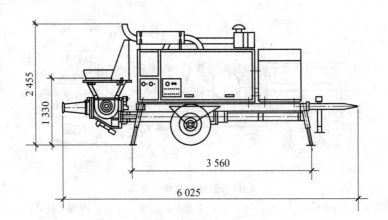

图 5.51　固定式混凝土输送泵

(2)混凝土泵车。

　　将液压活塞式混凝土泵固定安装在汽车底盘上,使用时开至需要施工的地点,进行混凝土泵送作业,称为混凝土泵车。一般情况下,此种泵车都带装有全回转三段折叠臂架式的布料杆。整个泵车主要由混凝土推送机构、分配闸阀机构、料斗搅拌装置、悬臂布料装置、操作系统、清洗系统、传动系统、汽车底盘系统等部分组成。这种泵使用方便、适用范围广,它既可以利用在工地配置装接的管道输送到较远、较高的浇筑部位,也可以发挥随车附带的布料杆的作用,把混凝土直接输送到需要浇筑的地点。图5.52 所示为带布料杆的混凝土泵车及浇筑范围示意图。

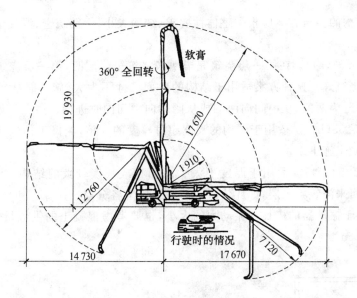

360° 全回转

软膏

19 930

17 670

1 910

12 760

行驶时的情况

7 120

14 730

17 670

图 5.52　带布料杆的混凝土泵车

5.3.6　大体积混凝土施工

关于大体积混凝土的定义,目前国内外还没有一个统一的规定。在我国,大体积混凝土指混凝土实体物最小断面尺寸大于 1 m 以上的混凝土结构,或者体积较大的、可能由胶凝材料水化热引起的温度应力导致有害裂缝的混凝土结构。其尺寸已经大到必须采用相应的技术措施妥善处理温度差值,合理解决温度应力并控制裂缝开展的混凝土结构。

1. 大体积浇筑方案及计算

为保证混凝土在浇筑时不发生离析,便于浇筑振捣密实和保证施工的连续性,施工时,满足以下要求:

(1)混凝土自由下落高度超过 2 m 时,采用串筒、溜槽或振动管下落工艺,以保证混凝土拌合物不发生离析。

(2)采用分层浇筑方案,以保证能够振捣密实。

(3)分段分层浇筑时,在下层混凝土凝结前,保证将上层混凝土浇筑并振捣完毕。

(4)分段分层浇筑时,为了尽量使混凝土浇筑强度保持一致,供料均衡,以保证施工的连续性,需要确定浇筑分段,首先计算分段分层浇筑方案中浇筑位置。

混凝土最大浇筑区面积为

$$F_{\max} = \frac{Q}{TH} \tag{5.4}$$

如要保证混凝土的整体性,则要保证使每一浇筑层在初凝前就被上一层混凝土覆盖并捣实成为整体。为此要求混凝土小于下述的浇灌量进行浇筑:

$$Q = \frac{FH}{T} \tag{5.5}$$

式中　Q——混凝土最小浇筑量,m^3/h;

　　　F——混凝土浇筑区的面积,m^2;

　　　H——浇筑层厚度,取决于混凝土捣实方法,参考表 5.9;

　　　T——下层混凝土从开始浇筑到初凝所容许的时间间隔,一般等于混凝土初凝时间减去运输时间,h。

大体积混凝土结构的浇筑方案应根据整体性要求、结构大小、钢筋疏密、混凝土供应等具体情况,选用如下3种方式:

①全面分层(图5.53(a))。在第一层浇筑完毕回来浇筑第二层时,第一层浇筑的混凝土还未初凝,如此逐层进行,直至浇筑好。这种方案适用于结构的平面尺寸不太大、施工时从短边开始、沿长边进行较适宜。必要时也可分为两段,从中间向两端或从两端向中间同时进行。

②斜面分层(图5.53(b))。适用于结构的长度超过厚度的3倍,振捣工作应从浇筑层的下端开始,逐渐上移,以保证混凝土施工质量。

③分段分层(图5.53(c))。适用于厚度不太大而面积或长度较大的结构。混凝土从底层开始浇筑,进行一定距离后回来浇筑第二层,如此依次向前浇筑以上各分层。

分层的厚度决定于振动器的棒长和振动力的大小,也要考虑混凝土的供应量大小和可能浇筑量的多少,一般为20~30 cm。

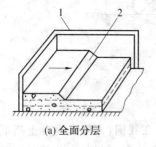 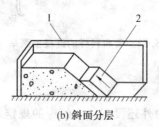 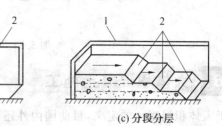

|(a)全面分层|(b)斜面分层|(c)分段分层|

图5.53 大体积混凝土浇筑方案
1—模板;2—新浇筑的混凝土

2.大体积混凝土养护方案

(1)大体积混凝土应进行保温保湿养护,在每次混凝土浇筑完毕后,除应按普通混凝土进行常规养护外,尚应及时按温控技术措施的要求进行保温养护,并应符合下列规定:

①应专人负责保温养护工作,并应按规范的有关规定操作,同时应做好测试记录。

②保湿养护的持续时间不得少于14 d,应经常检查塑料薄膜或养护剂涂层的完整情况,保持混凝土表面湿润。

③保温覆盖层的拆除应分层逐步进行,当混凝土的表面温度与环境最大温差小于20 ℃时,可全部拆除。

(2)在混凝土浇筑完毕初凝前,宜立即进行喷雾养护工作。

(3)塑料薄膜、麻袋、阻燃保温被等,可作为保温材料覆盖混凝土和模板,必要时,可搭设挡风保温棚或遮阳降温棚。在保温养护过程中,应对混凝土浇筑体的里表温差和降温速率进行现场监测,当实测结果不满足温控指标的要求时,应及时调整保温养护措施。

(4)高层建筑转换层的大体积混凝土施工,应加强进行养护,其侧模、底模的保温构造应在支模设计时确定。

(5)大体积混凝土拆模后,地下结构应及时回填土;地上结构应尽早进行装饰,不宜长期暴露在自然环境中。

(6)特殊气候条件下的施工。

①大体积混凝土施工遇炎热、冬期、大风或者雨雪天气时,必须采用保证混凝土浇筑质量的技术措施。

②炎热天气浇筑混凝土时,宜采用遮盖、洒水、拌冰屑等降低混凝土原材料温度的措施,混凝土入模

温度宜控制在 30 ℃以下。混凝土浇筑后,应及时进行保湿保温养护;条件许可时,应避开高温时段浇筑混凝土。

③冬期浇筑混凝土,宜采用热水拌和、加热骨料等提高混凝土原材料温度的措施,混凝土入模温度不宜低于 5 ℃。混凝土浇筑后,应及时进行保湿保温养护。

④大风天气浇筑混凝土,在作业面应采取挡风措施,并增加混凝土表面的抹压次数,应及时覆盖塑料薄膜和保温材料。

3.大体积混凝土温控方案

大体积混凝土的养护,不仅要满足强度增长的需要,还应通过人工的温度控制,防止因温度变形而引起结构物的开裂。

(1)控制浇筑层厚度和进度,以利散热。

(2)控制浇筑温度。如部分拌和用水以碎冰形式加进混凝土拌合物中,使现场新拌混凝土的温度被限制在 6 ℃左右。但是,为了混凝土的均匀性,在搅拌终了以前,应使混凝土拌合物中所有的冰全部融化。因此,小冰片或挤压成饼状的冰片比碎冰块更加适合。

(3)预埋冷却水管。用循环水降低混凝土温度,进行人工导热。循环水是通过薄壁钢管系统泵入的,以井水为最好。

(4)表面绝热。表面绝热的目的,不是限制温度上升,而是调节温度下降的速率,使混凝土由于表面与内部之间的温度梯度引起的应力差得以减小。因为,在混凝土已经硬化且获得相当的弹性后,环境温度降低与内部温度提高,两者共同作用,会增加温度梯度与应力差。尤其在冷天,必须减慢表面的热量损失,因此,常用绝热材料覆盖。

技 术 点 睛

混凝土表面质量出现缺陷的原因见表 5.13。

表 5.13　混凝土表面质量出现缺陷的原因

缺陷	原因
麻面	模板表面不光滑或模板润湿不够,拼缝不严而漏浆,振捣时间太少气泡未排出
蜂窝	模板缝过大漏浆严重,混凝土一次下料过多且振捣不实或漏振,钢筋密而混凝土坍落度过小,材料配合比不准或搅拌不匀
露筋	模板湿润不够而吸水过多造成脱模掉角产生露筋,表面混凝土振捣不密实,垫块强度低或绑扎不牢使垫块脱落
空洞	振捣不足,混凝土坍落度小,钢筋间距过小且骨料粒径太大
缝隙及夹层	模板内夹杂物清理不彻底,施工缝、温度缝、后浇带处理不当,混凝土浇筑高度大且未铺底浆
缺棱掉角	模板表面不平,模板未充分湿润,隔离剂漏刷或质量不好,拆模时间过早或过晚

【案例实解】

1. 工程概况

某影剧院观众厅看台框架结构,有柱子 14 根,底层柱从基础顶起到一层大梁止,高 7.5 m,断面为 740 mm×400 mm。混凝土浇筑后,拆模时发现有严重的蜂窝麻面和露筋现象,特别是地面以上 1 m 处尤其集中与严重。

2. 原因分析

(1)配合比控制不严。混凝土设计强度为 C20,水灰比为 0.53,坍落度为 30～50 mm。但施工第二天才安装磅秤。过磅时极为马虎，尤其是水灰比控制不严，完全按振捣人员要求加水拌和。

（2）浇筑高度超高。规范规定"混凝土自由倾落的高度不宜超过 2 m"，又规定"柱子分段浇筑高度不应大于 3.5 m"。该工程柱高 7 m，施工时柱子上又未留浇灌口，混凝土从 7 m 高处倒下，也未用串筒或溜槽等设备，一倾到底，这样势必造成混凝土的离析，从而造成振捣不密实与露筋。

（3）每次浇筑混凝土厚度太厚。该工程由乡村修建队施工，没有机械振捣设备，如振捣器等，采用 2.5 mm×4 mm×600 mm 的木杠捣固。这种情况，每次浇筑厚度不应超过 200 mm，而且要随灌随捣，捣固要插过两层交界处，才能保证捣固密实。但施工时，以一车混凝土为准作为一层捣实。这样每层厚度达到 400 mm，超过规定 1 倍，加上捣固马虎，出现蜂窝麻面是不可避免的。

（4）柱子中钢筋搭接处钢筋配置太密。该工程从基础顶面往上 1～2 m 间为钢筋接头区域，搭接长度 1 m 左右。搭接区内，在同一断面的某一边上有 6～8 根钢筋，钢筋的间距只有 31～38 mm，而规范要求柱内钢筋间距不应小于 50 mm。加上施工时钢筋分布不均匀，许多露筋处钢筋间距只有 10 mm，有的甚至筋碰筋，一点间隙也没有，这样必然造成露筋等质量问题。

3.处理方法

（1）将蜂窝、露筋附近疏松的混凝土全部凿掉。

（2）用水将蜂窝、露筋处混凝土浸湿，可采用淋水及用湿麻袋覆盖等办法。

（3）在要补填混凝土的洞口附近支模，为便于浇筑，在上边留出喇叭口。

（4）将混凝土提高一级，用 C30 并加入早强剂，或再掺入微量膨胀剂，将洞口填实，要捣固密实。

（5）养护要加强，保持湿润 14 d，以防混凝土发生较大收缩使新旧混凝土间产生裂缝。

（6）拆模，将多余混凝土凿去，磨平。

基础同步

一、填空题

1.我国目前的大模板工程大体分为 3 类，即_____、_____及_____。

2.常用的混凝土投料顺序有_____、_____和_____等。

3.钢筋焊接常用的方法有_____、_____、_____和_____等。

4.混凝土运输分为_____、_____和_____ 3 种情况。

5.对混凝土进行自然养护，是指在平均气温高于_____的条件下使混凝土保持湿润状态。自然养护又可分为_____和_____等。

二、选择题

1.钢模板中的平模板的宽度模数进级单位是（　　）。

A.50 mm　　　　　B.100 mm　　　　　C.150 mm　　　　　D.200 mm

2.钢筋冷拉的作用不包括（　　）。

A.调制钢筋　　　　B.提高强度　　　　C.除去锈蚀　　　　D.提高弹性

3.普通硅酸盐水泥拌制的混凝土洒水养护不少于（　　）。

A.3 d　　　　　　B.7 d　　　　　　C.14 d　　　　　　D.30 d

4.模板润湿不够引起的混凝土表面质量缺陷不包括（　　）。

A.麻面　　　　　　B.露筋　　　　　　C.空洞　　　　　　D.缺棱掉角

5.大体积混凝土的浇筑方案不包括（　　）。

A.全面分层　　　　B.分段分层　　　　C.斜面分层　　　　D.错面分层

三、判断题

1.楼板模板的安装顺序,是在主次梁模板安装完毕后,首先安楞木,然后安托木,铺定型模板。

（　　）

2.柱子的施工缝宜留在基础与柱子交接处的水平面或梁的下面,或吊车梁牛腿的下面、吊车梁的上面、无梁楼盖柱帽的下面。

（　　）

3.施工缝设置的原则,一般宜留在结构受力(剪力)较大且便于施工的部位。　（　　）

4.洒水养护时最高气温高于 25 ℃时,应在 12 h 内开始养护。　（　　）

5.按 60 d 龄期设计的混凝土,在 28 d 基本可达到设计强度的 70%～80%,既有利于裂缝的控制,又不会影响到上部结构的施工。

（　　）

四、简答题

1.模板工程必须满足哪些要求?

2.施工缝的处理措施有哪些?

3.热轧钢筋有哪些品种? 其力学性能如何?

4.混凝土配料时为什么要进行施工配合比的换算? 如何换算?

5.简述大体积混凝土的养护和温控方案。

6.预制厂制作构件的工艺方案有哪几种?

实训提升

1.根据提供的模板进行梁模板的安装。所用材料:定型组合钢模板、定型钢角模、钢管、扣件、U 形卡等。所用工具:锤子、梅花扳手、线锤、靠尺板、方尺、铁水平尺、撬棍等。

2.到施工现场对已有的混凝土结构,按照《混凝土结构工程施工质量验收规范》(GB 50204—2002)的相关要求和程序检查其尺寸偏差。

项目 **6** 屋面及防水工程

项目目标 >>>>>>>

【知识目标】

1. 了解卷材防水屋面施工方法；

2. 理解高聚物改性沥青系防水卷材的施工方法；

3. 理解涂膜防水屋面的施工方法；

4. 了解刚性防水屋面施工方法；

5. 了解地下防水工程卷材防水的施工方法；

6. 掌握防水混凝土(主要指普通防水混凝土、防水混凝土)的材料要求、施工方法及技术要求。

【技能目标】

能处理一般防水工程质量通病，并能正确选用防水施工方案进行屋面、厕浴间等部位的渗漏问题处理。

【课时建议】

8～10 课时

6.1 卷材防水屋面施工

屋面防水工程是房屋建筑的一项重要工程。防水屋面的常用种类有卷材防水屋面、涂膜防水屋面和刚性防水屋面等。屋面防水工程根据建筑物的性质、重要程度、使用功能要求及防水层耐用年限等，将屋面防水分为4个等级，并按不同等级进行设防（表6.1）。

表6.1 屋面防水等级和设防要求

项目	屋面防水等级			
	Ⅰ级	Ⅱ级	Ⅲ级	Ⅳ级
建筑物类别	特别重要或对防水有特殊要求的建筑	重要的建筑和高层建筑	一般的建筑	非永久性的建筑
防水层合理使用年限	25年	15年	10年	5年
防水层选用材料	宜选用合成高分子防水卷材、高聚物改性沥青防水卷材、金属板材、合成高分子防水涂料、细石混凝土等材料	宜选用高聚物改性沥青防水卷材、合成高分子防水卷材、金属板材、合成高分子防水涂料、高聚物改性沥青防水涂料、细石混凝土、平瓦、油毡瓦等材料	宜选用三毡四油沥青防水卷材、高聚物改性沥青防水卷材、合成高分子防水卷材、金属板材、高聚物改性沥青防水涂料、合成高分子防水涂料、细石混凝土、平瓦、油毡瓦等材料	可选用二毡三油沥青防水卷材、高聚物改性沥青防水涂料等材料
设防要求	三道或三道以上防水设防	两道防水设防	一道防水设防	一道防水设防

卷材防水屋面是用胶结材料粘贴卷材进行屋面防水。这种屋面具有质量轻、防水性能好的优点，其防水层的柔韧性好，能适应一定程度的结构振动和膨胀变形。所用材料有传统的沥青防水卷材、高聚沥青防水卷材和合成高分子防水卷材等三大系列。

6.1.1 沥青防水屋面施工

1.卷材屋面的构造

屋面卷材防水施工按工程部位包括普通屋面部位卷材防水施工和屋面局部细部构造卷材防水施工。普通屋面部位的卷材防水构造分为不保温的卷材屋面和保温的卷材屋面两种，具体构造如图6.1所示。

2.卷材防水基层施工

(1)基层应有足够的强度和刚度，承受荷载时不致产生显著变形。

(2)基层一般采用水泥砂浆、细石混凝土或沥青砂浆找平，做到平整、坚实、清洁、无凹凸形及尖锐颗粒。用2 m长的直尺检查，基层和直尺间的最大空隙不应超过5 mm，空隙仅允许平缓变化，每米长度内不得多于一处。铺设屋面隔气层和防水层以前，基层必须清扫干净。

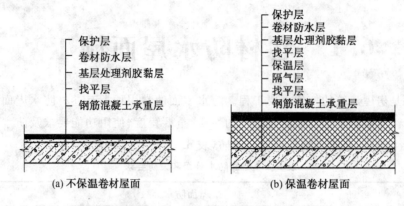

（a）不保温卷材屋面　　　　　　（b）保温卷材屋面

图 6.1　卷材屋面构造层次示意图

（3）屋面及檐口、檐沟、天沟找平层的排水坡度，必须符合设计要求，在与突出屋面结构的连接处以及在屋面的转角处，均应做成圆弧或钝角，其圆弧半径应符合要求：沥青防水卷材为 100～150 mm，高聚物改性沥青防水卷材为 50 mm，合成高分子防水卷材为 20 mm。

（4）为防止由于温差及混凝土构件收缩而使防水屋面开裂，找平层应留分隔缝，缝宽一般为 20 mm。其纵横向最大间距：当找平层采用水泥砂浆或细石混凝土时，不宜大于 6 m；采用沥青砂浆时，则不宜大于 4 m。分隔缝处应附加 200～300 mm 宽的油毡，用沥青胶结材料单边点贴覆盖。

（5）采用水泥砂浆或沥青砂浆找平层作基底时，其厚度和技术要求应符合表 6.2 的规定。

表 6.2　找平层厚度和技术要求

类别	基层种类	厚度/mm	技术要求
水泥砂浆找平层	整体混凝土	15～20	水泥与砂浆的体积比为(1∶2.5)～(1∶3)，水泥强度等级不低于32.5
	整体或板状材料保温层	20～250	
	装配式混凝土板、松散材料保温层	20～30	
细石混凝土找平层	松散材料保温层	30～35	混凝土强度等级不低于C20
沥青砂浆找平层	整体混凝土	15～20	沥青与砂浆的质量比为1∶8
	装配式混凝土板、整体或板状材料保温层	20～25	

3.材料选择

（1）基层处理剂。

应与所用卷材的材性相容。常用的沥青卷材防水屋面基层处理剂主要是冷底子油。

（2）胶黏剂。

卷材防水层的黏结材料，必须选用与卷材相应的胶黏剂。沥青卷材可选用沥青胶作为胶黏剂，沥青胶的标号应根据屋面坡度、当地历年室外极端最高气温按表 6.3 选用，其性能应符合表 6.3 规定。

表 6.3　沥青胶结材料选用

屋面坡度	历年室外极端最高温度	沥青胶结材料标号
1%～3%	小于 38 ℃	S—60
	38～41 ℃	S—65
	41～45 ℃	S—70

续表6.3

屋面坡度	历年室外极端最高温度	沥青胶结材料标号
3%~15%	小于38 ℃	S—65
	38~41 ℃	S—70
	41~45 ℃	S—75
15%~25%	小于38 ℃	S—75
	38~41 ℃	S—80
	41~45 ℃	S—85

（3）卷材。

①沥青防水卷材（也称油毡）施工需熬制沥青，污染环境。其主要有纸胎、玻璃胎、玻璃布、黄麻、铝箔沥青等卷材。

②沥青防水卷材的外观质量要求参见表6.4。

表6.4 沥青防水卷材的外观质量

项目	质量要求
孔洞、硌伤	不允许
露胎、涂盖不均	不允许
折纹、皱折	距卷芯1 000 mm以外，长度不大于100 mm
裂纹	距卷芯1 000 mm以外，长度不大于10 mm
裂口、缺边	边缘裂口小于20 mm，缺边长度小于50 mm，深度小于50 mm
每卷卷材的接头	不超过一处，较短的一段不应小2 500 mm，接头处应加长150 mm

4.沥青卷材防水施工

工艺流程：基层表面清理、修整→喷、涂基层处理剂→节点附加增强处理→定位、弹线、试铺→铺贴卷材→收头处理、节点密封→清理、检查、修整→保护层施工。

（1）铺设方向。

卷材的铺设方向应根据屋面坡度和屋面是否有振动来确定。当屋面坡度小于3%时，卷材宜平行于屋脊铺贴；屋面坡度为3%~15%时，卷材可平行或垂直于屋脊铺贴；屋面坡度大于15%或屋面受震动时，沥青防水卷材应垂直于屋脊铺贴。上下层卷材不得相互垂直铺贴。

（2）施工顺序。

屋面防水层施工时，应先做好节点、附加层和屋面排水比较集中部位（如屋面与水落口连接处、檐口、天沟、屋面转角处、板端缝等）的处理；由屋面最低标高处向上施工。

铺贴天沟、檐沟卷材时，宜顺天沟、檐口方向，尽量减少搭接。铺贴多跨和有高低跨的屋面时，应按先高后低、先远后近的顺序进行。大面积屋面施工时，应根据屋面特征及面积大小等因素合理划分流水施工段。施工段的界线宜设在屋脊、天沟、变形缝等处。

（3）搭接方法及宽度要求。

铺贴卷材采用搭接法，上下层及相邻两幅卷材的搭接缝应错开。平行于屋脊的搭接应顺流水方向；垂直于屋脊的搭接应顺主导风向。叠层铺设的各种卷材，在天沟与屋面的连接处，应采用叉接法搭接，搭接缝应错开，接缝宜留在屋面或天沟侧面，不宜留在沟底。各种卷材搭接宽度应符合表6.5的要求。

表 6.5　卷材搭接宽度　　　　　　　　　　　mm

铺贴方法 卷材种类		短边搭接		长边搭接	
		满黏法	空铺、点黏、条黏法	满黏法	空铺、点黏、条黏法
沥青防水卷材		100	150	70	100
高聚物改性沥青卷材		80	100	80	100
合成 高分子 卷材	胶黏剂	80	100	80	100
	胶黏带	50	60	50	60
	单焊缝	60,有效焊接宽度不小于 25			
	双焊缝	80,有效焊接宽度 10×2＋空腔宽			

（4）铺贴方法。

沥青卷材的铺贴方法有烧油法、刷油法、刮油法及撒油法等 4 种。浇油法是将沥青胶浇到基层上，然后推着卷材向前滚动使卷材与基层粘贴紧密；刷油法是用毛刷将沥青胶刷于基层，刷油长度以 300～500 mm 为宜，出油边不应大于 50 mm，然后快速铺压卷材；刮油法是将沥青胶浇到基层上后，用 5～10 mm 宽的胶皮刮板刮开沥青胶铺贴；撒油法是在铺第一层卷材时，先在卷材周边涂满沥青，中间用蛇形花撒的方法撒油铺贴，其余各层则仍按浇油、刷油、刮油方法进行铺贴，此法多用于基层不太干燥需做排气屋面的情况。待各层卷材铺贴完后，在其面层上浇一层 2～4 mm 厚的沥青胶，趁热撒上一层粒径为 3～5 mm 的小豆石（绿豆砂），并加以压实，使豆石和沥青胶黏结牢固，未黏结的豆石随即清扫干净。

施工中通常采用浇油法或刷油法，在干燥的基层上满涂沥青胶，应随浇涂随铺油毡。铺贴时，油毡要展平压实，使之与下层紧密粘贴，卷材的接缝，应与沥青胶赶平封严。对容易渗漏水的薄弱部位（如天沟、檐口、泛水、水落口处），均应加铺 1～2 层卷材附加层。

（5）屋面特殊部位的铺贴要求。

①天沟、檐口、泛水、水落口、变形缝和伸出屋面管道的防水构造，必须符合设计要求。天沟、檐口、檐沟、泛水和立面卷材收头的端部应裁齐塞入预留凹槽内，用金属压条，钉压固定，最大钉距不得大于 900 mm，并用密封材料嵌填封严，凹槽距屋面找平层不小于 250 mm，凹槽上部墙体应做防水处理。

②水落口杯应牢固地固定在承重结构上，如系铸铁制品，所有零件均应除锈，并刷防锈漆；天沟、檐沟铺贴卷材应从沟底开始。如沟底过宽，卷材纵向搭接时搭接缝必须用密封材料封口，密封材料嵌填必须落实、连续、饱满，黏结牢固，无气泡，不开裂脱落。沟内卷材附加层在与屋面交接处宜空铺，其空铺宽度不小于 200 mm，其卷材防水层应由沟底翻上至沟外檐顶部，卷材收头应用水泥钉固定并用密封材料封严，铺贴檐口 800 mm 范围内的卷材应采取满黏法。

③铺贴泛水处的卷材应采取满黏法，防水层贴入水落口杯内不小于 50 mm，水落口周围直径 500 mm 范围内的坡度不小于 5%，并用密封材料封严。

④变形缝处的泛水高度不小于 250 mm，伸出屋面管道的周围与找平层或细石混凝土防水层之间应预留 20 mm×20 mm 的凹槽，并用密封材料嵌填严密，在管道根部直径 500 mm 范围内，找平层应抹出高度不小于 30 mm 的圆台。管道根部四周应增设附加层，宽度和高度均不小于 300 mm。管道上的防水层收头应用金属箍紧固，并用密封材料封严。

（6）排汽屋面的施工。

卷材应铺设在干燥的基层上。当屋面保温层或找平层干燥有困难又急需铺设屋面卷材时，则应采用排汽屋面。排汽屋面是整体连续的，在屋面与垂直面连接的地方，隔气层应延伸到保温层的顶部，并高出 150 mm，以便与防水层相连，要防止房间内的水蒸气进入保温层，造成保温层起鼓破坏，保温层的含水率必须符合设计要求。在铺贴第一层卷材时,采用条黏、点黏、空铺等方法使卷材与基层之间留有纵横相互贯通的空隙作排汽道(图6.2),排汽道的宽度为 30～40 mm,深度一直到结构层。对于有保温层的屋面,也可在保温层上的找平层留槽作排汽道,并在屋面或屋脊上设置一定的排气孔(每36 m左右一个)与大气相通,这样就能使潮湿基层中的水分蒸发排出,防止油毡起鼓。

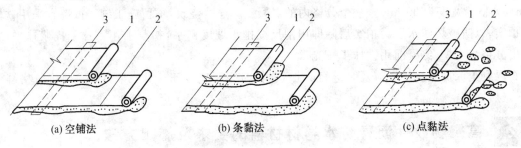

(a) 空铺法   (b) 条黏法   (c) 点黏法

图6.2 排汽屋面卷材铺法
1—卷材;2—沥青胶;3—附加卷材条

(7)保护层施工。

卷材铺设完毕,经检查合格后,应立即进行保护层的施工,及时保护防水层免受伤害,从而延长卷材防水层的使用年限。常用的保护层做法有以下几种:

①涂料保护层。

保护层涂料一般在现场配制,常用的有铝基沥青悬浮液、丙烯酸浅色涂料或在涂料中掺入铝粉的反射涂料。施工前防水层表面应干净无杂物。涂刷方法与用量按涂料使用说明书进行操作。

②绿豆砂保护层。

在沥青卷材非上人屋面中使用较多。在卷材表面涂刷最后一道沥青胶后,趁热撒铺一层粒径为3～5 mm的绿豆砂(或人工砂),绿豆砂应撒铺均匀,全部嵌入沥青胶内。为了嵌入牢固,绿豆砂须经干燥并加热至100 ℃左右干燥后使用。边撒砂边扫铺均匀,并用软辊轻轻压实。

③细砂、云母或蛭石保护层。

主要用于非上人屋面的涂膜防水层保护层,应筛去粉料,砂可采用天然砂。当涂刷最后一道涂料时,应边刷涂边撒布细砂(或云母、蛭石),同时用软胶辊反复轻轻滚压,使保护层牢固地黏结在涂层上。

④混凝土预制板保护层。

混凝土预制板保护层的结合层可采用砂或水泥砂浆。混凝土板的铺砌必须平整,并满足排水要求。在砂结合层上铺砌块体时,砂层应洒水压实、刮平;板块对接铺砌,缝隙应一致,缝宽10 mm左右,砌完洒水轻拍压实。板缝先填砂一半高度,再用1:2水泥砂浆勾成凹缝。为防止砂子流失,在保护层四周500 mm范围内,应先改用低强度等级水泥砂浆作结合层。采用水泥砂浆作结合层时,应先在防水层上作隔离层,隔离层可采用热砂、干铺油毡、铺纸筋灰或麻刀灰、黏土砂浆、白灰砂浆等多种施工方法。预制块体应先浸水湿润并阴干。摆铺完后应立即挤压密实、平整,使之结合牢固。预留板缝(10 mm)用1:2水泥砂浆勾成凹缝。上人屋面的预制块体保护层,块体材料应按照地面工程质量要求选用,结合层应选用1:2水泥砂浆。

⑤水泥砂浆保护层。

水泥砂浆保护层与防水层之间应设置隔离层。保护层用的水泥砂浆配合比(体积比)一般为1:(2.5～3),保护层施工前,应根据结构情况每隔4～6 m用木模设置纵横分格缝。铺设水泥砂浆时应先随铺随拍实,并用刮尺刮平。排水坡度应符合设计要求。

立面水泥砂浆保护层施工时，为使砂浆与防水层黏结牢固，可事先在防水层表面粘上砂砾或小豆石，然后再做保护层。

⑥细石混凝土保护层。

施工前应在防水层上铺设隔离层，并按设计要求支设好分格缝木模，设计无要求时，每格面积不大于 36 m²，分格缝宽度为 20 mm。一个分格内的混凝土应连续浇筑，不留施工缝。振捣宜采用铁辊滚压或人工拍实，以防破坏防水层。拍实后随即用刮尺按排水坡度刮平，初凝前用木抹子提浆抹平，初凝后及时取出分格缝木模，终凝前用铁抹子压光。

细石混凝土保护层浇筑后应及时进行养护，养护时间不应少于 7 d。养护期满即将分格缝清理干净，待干燥后嵌填密封材料。

6.1.2 高聚物改性沥青防水卷材材料的要求及施工方法

高聚物改性沥青防水卷材，是指对石油沥青进行改性，改善防水卷材使用性能，延长防水层寿命而生产的一类沥青防水卷材。对沥青的改性，主要是通过添加高分子聚合物实现，其分类品种包括：塑性体沥青防水卷材、弹性体沥青防水卷材、自黏结油毡、聚乙烯膜沥青防水卷材等。使用较为普遍的是 SBS 改性沥青卷材、APP 改性沥青卷材、PVC 改性沥青卷材和再生胶改性沥青卷材等。其施工工艺流程与普通沥青卷材防水层相同。

1.高聚物改性沥青防水卷材材料要求

高聚物改性沥青防水卷材主要有 SBS、APP、丁苯橡胶改性沥青卷材；胶粉改性沥青卷材、再生胶卷材、PVC 改性煤焦油沥青卷材等。

2.高聚物改性沥青卷材防水施工

依据高聚物改性沥青防水卷材的特性，其施工方法有冷黏法（施工要求与合成高分子防水卷材相同）、热熔法和自黏法（施工要求与合成高分子防水卷材相同）之分。在立面或大坡面铺贴高聚物改性沥青防水卷材时，应采用满黏法，并宜减少短边搭接。热熔法施工是指利用火焰加热器熔化热熔型防水卷材底层的热熔胶进行粘贴的方法。施工时，在卷材表面热熔后（以卷材表面熔融至光亮黑色为度）应立即滚铺卷材，使之平展，并碾压粘贴牢固。搭接缝处必须以溢出热熔的改性沥青胶为度，并应随即刮封接口。加热卷材时应均匀，不得过分加热或烧穿卷材。对厚度小于 3 mm 的高聚物改性沥青防水卷材严禁采用热熔法施工。

保护层施工同沥青卷材保护层施工。

技 术 点 睛

采用冷黏法施工时，对于排水口、管子根部、烟囱底部等容易发生渗漏的薄弱部位应加整体增强层。在薄弱部位中心 200 mm 范围内，均匀涂刷一层胶黏剂，厚度为 1 mm 左右，随即粘贴一层聚酯纤维无纺布，无纺布上面再涂一层 1 mm 厚的胶黏剂，干燥后形成无接缝的弹性整体增强层。

6.2 涂膜防水屋面施工

6.2.1 涂膜的防水原理与材料要求

1. 涂膜防水原理

涂膜防水是在自身有一定防水能力的结构层表面涂刷一定厚度的防水涂料,经常温胶联固化后,形成一层具有一定坚韧性的防水涂膜的防水方法。涂膜防水屋面构造如图6.3所示。

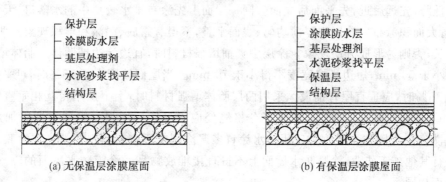

图6.3 涂膜防水屋面构造图

涂膜防水由于防水效果好,施工简单、方便、无污染、冷操作、无接缝,特别适合于表面形状复杂的结构防水施工,因而得到广泛的应用。适用于防水等级为Ⅲ级、Ⅳ级的屋面防水,也可以为Ⅰ级、Ⅱ级屋面多道防水设防中的一道防水层。

2. 材料要求

根据防水涂料成膜物质的主要成分,适用涂膜防水层的涂料可分为高聚物改性沥青防水涂料和合成高分子防水涂料两类。根据防水涂料的形成液态的方式,可分为溶剂型、反应型和水乳型3类(表6.6)。

表6.6 主要防水涂料的分类

类别		材料名称
高聚物改性沥青防水涂料	溶剂型	再生橡胶沥青涂料、氯丁橡胶沥青涂料等
	乳液型	丁苯胶乳沥青涂料、氯丁橡胶沥青涂料、PVC煤焦油涂料等
合成高分子防水涂料	乳液型	硅橡胶涂料、丙烯酸酯涂料、AAS煤焦油涂料等
	反应型	聚氨酯防水涂料、环氧树脂防水涂料等

6.2.2 涂膜防水基层施工、防水层施工及保护层施工

1. 基层施工

涂膜防水层要求基层的刚度大,空心板安装牢固,找平层有一定强度,表面平整、密实,不应有起砂、起壳、龟裂、爆皮等现象。表面平整度应用2 m直尺检查,基层与直尺的最大间隙不超过5 mm,间隙仅允许平缓变化。基层与凸出屋面结构连接处及基层转角处应做成圆弧形或钝角。按设计要求做好排水坡度,不得有积水现象。施工前应将分格缝清理干净,不得有异物和浮灰。对屋面的板缝处理应遵守有关规定。等基层干燥后方可进行涂膜施工。

2.涂膜防水层施工

(1)涂膜防水施工的一般工艺流程。

基层表面清理、修理→喷涂基层处理剂→特殊部位附加增强处理→涂布防水涂料及铺贴胎体增强材料→清理与检查修理→保护层施工。

(2)涂膜防水层施工注意事项。

基层处理剂常用涂膜防水材料稀释后使用,其配合比应根据不同防水材料按要求配置。涂膜防水必须由两层以上涂层组成,每层应刷2~3遍,且应根据防水涂料的品种,分层分遍涂布,不能一次涂成,并待先涂的涂层干燥成膜后,方可涂后一遍涂料,其总厚度必须达到设计要求。

(3)涂布顺序。

先高跨后低跨,先远后近,先平面后立面。同一屋面上先涂布排水较集中的水落口、天沟、檐口等节点部位,再进行大面积涂布。涂层应厚薄均匀、表面平整,不得有露底、漏涂和堆积现象。两涂层施工间隔时间不宜过长,否则易形成分层现象。涂层中夹铺增强材料时,宜边涂边铺胎体。胎体增强材料长边搭接宽度不得小于50 mm,短边搭接宽度不得小于70 mm。当屋面坡度小于15%时,可平行屋脊铺设。屋面坡度大于15%时,应垂直屋脊铺设。采用两层胎体增强材料时,上下层不得互相垂直铺设,搭接缝应错开,其间距不应小于幅宽的1/3。找平层分格缝处应增设胎体增强材料的空铺附加层,其宽度以200~300 mm为宜。涂膜防水层收头应用防水涂料多遍涂刷或用密封材料封严。在涂膜未干前,不得在防水层上进行其他施工作业,涂膜防水屋面上不得直接堆放物品。涂膜防水屋面的隔气层设置原则与卷材防水屋面相同。

3.保护层施工

涂膜防水屋面应设置保护层。保护层材料可采用细砂、云母、蛭石、浅色涂料、水泥砂浆或块材等。采用水泥砂浆或块材时,应在涂膜与保护层之间设置隔离层。当用细砂、云母、蛭石时,应在最后一遍涂料涂刷后随即撒上,并用扫帚轻扫均匀、轻拍粘牢。当用浅色涂料作保护层时,应在涂膜固化后进行。

6.3 刚性防水屋面施工
(补偿收缩混凝土防水屋面)

6.3.1 刚性防水屋面的概念及材料要求

1.刚性防水屋面的概念

刚性防水屋面是指利用刚性防水材料作防水层的屋面。一般构造形式如图6.4所示。

刚性防水层面主要有普通细石混凝土防水屋面、补偿收缩混凝土防水屋面、块体刚性防水屋面、预应力混凝土防水屋面等。与卷材及涂膜防水屋面相比,刚性防水屋面所用材料易得,价格便宜,耐久性好,维修方便。但刚性防水层材料的表观密度大,抗拉强度低,极限拉应力变小,易受混凝土或砂浆的干湿变形、温度变形和结构变位而产生裂缝。主要适用于防水等级为Ⅲ级的屋面防水,也可用作Ⅰ、Ⅱ级屋面多道防水设防中的一道防水层,不适用于设有松散材料保温层的屋面以及受较

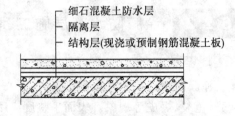

图6.4 细石混凝土防水屋面构造

大振动或冲击和坡度大于 15% 的建筑屋面。

2. 材料要求

防水层的细石混凝土宜用普通硅酸盐水泥或硅酸盐水泥,用矿渣硅酸盐水泥时应采取减少泌水性措施。水泥强度等级不宜低于 32.5 级。不得使用火山灰质水泥。防水层的细石混凝土和砂浆中,粗骨料的最大粒径不宜超过 15 mm,含泥量不应大于 1%;细骨料应采用中砂或粗砂,含泥量不应大于 2%;拌和用水应采用不含有害物质的洁净水。混凝土水灰比不应大于 0.55,每立方米混凝土水泥最小用量不应小于 330 kg,含砂率宜为 35%～40%,灰砂比应为 1:(2～2.5),并宜掺入外加剂;混凝土强度不得低于 C20。普通细石混凝土、补偿收缩混凝土的自由膨胀率应为 0.05%～0.1%。块体刚性防水层使用的块体应无裂纹、无石灰颗粒、无灰浆泥面、无缺棱掉角,质地密实,表面平整。

6.3.2　刚性防水屋面基层施工

刚性防水屋面的结构层宜为整体现浇的钢筋混凝土。当屋面结构层采用装配式钢筋混凝土板时,应用强度等级不小于 C20 的细石混凝土灌缝,灌缝的细石混凝土宜掺膨胀剂。当屋面板板缝宽度大于40 mm 或上窄下宽时,板缝内必须设置构造钢筋,板端缝应进行密封处理。

6.3.3　离层施工、防水层施工及分格缝的设置

1. 隔离层施工

在结构层与防水层之间宜增加一层低强度等级砂浆、卷材、塑料薄膜等材料的隔离层,使结构层和防水层变形互不受约束,以减少混凝土产生拉应力而导致混凝土防水层开裂。

(1)黏土砂浆(或石灰砂浆)隔离层施工。

预制板缝填嵌细石混凝土后板面应清扫干净,洒水湿润,但不得积水,将按石灰膏、砂与黏土的质量比为 1:2.4:3.6(或石灰膏与砂的质量比为 1:4)配制的砂浆拌和均匀,砂浆以干稠为宜,铺抹的厚度为 10～20 mm,要求表面平整、压实、抹光,待砂浆基本干燥后,方可进行下道工序施工。

(2)卷材隔离层施工。

用 1:3 水泥砂浆将结构层找平,并压实抹光养护,再在干燥的找平层上铺一层 3～8 mm 干细砂滑动层,在其上铺一层卷材,搭接缝用热沥青胶胶结。也可以在找平层上直接铺一层塑料薄膜。做好隔离层继续施工时,要注意对隔离层加强防护。混凝土运输不能直接在隔离层表面进行,应采取垫板等措施;绑扎钢筋时不得扎破表面,浇捣混凝土时更不能振酥隔离层。

2. 防水层施工

(1)普通细石混凝土防水层施工。

混凝土浇筑应按先远后近、先高后低的原则进行,一个分格缝内的混凝土必须一次浇筑完毕,不得留施工缝。细石混凝土防水层厚度不小于 40 mm,应配双向钢筋网片,间距 100～200 mm,但在分隔缝处应打开,钢筋网片应放置在混凝土的中上部,其保护层厚度不小于 10 mm。混凝土的质量要严格保证,加入外加剂时,应准确计量,投料顺序得当,搅拌均匀。混凝土搅拌应采用机械搅拌,搅拌时间不少于 2 min,混凝土运输过程中应防止漏浆和离析。混凝土浇筑时,先用平板振动器振实,再用滚筒滚压至表面平整、泛浆,然后用铁抹子压实抹平,并确保防水层的设计厚度和排水坡度。抹压时严禁在表面洒水、加水泥浆或撒干水泥。待混凝土初凝收水后,应进行二次表面压光,或在终凝前三次压光成活,以提高其抗渗性。混凝土浇筑 12～24 h 后进行养护,养护时间不少于 14 d。养护初期屋面不得上人。施工时的气温宜在 5～35 ℃,以保证防水层的施工质量。

（2）补偿收缩混凝土防水层施工。

补偿收缩混凝土防水层是在细石混凝土中掺入膨胀剂拌制而成，硬化时混凝土产生膨胀，以补偿普通混凝土的收缩，它在配筋情况下，由于钢筋限制其膨胀，从而使混凝土产生自应力，起到致密混凝土，提高混凝土抗裂性和抗渗性作用。其施工要求与普通细石混凝土防水层大致相同。当用膨胀剂拌制补偿收缩混凝土时，应按配合比准确称量，搅拌投料时膨胀剂应与水泥同时加入。混凝土连续搅拌时间不应小于 3 min。

3. 分格缝的设置

为防止大面积的刚性防水层因温差、混凝土收缩等影响而产生裂缝，应按设计要求设置分格缝。其位置一般应设在结构应力变化较突出的部位，分格缝的纵横间距一般不大于 6 m。在施工刚性防水层前，先在隔离层上定好分格缝位置，再安放分格条，然后按分隔板块浇筑混凝土，待混凝土初凝后，将分格条取出即可。分格缝处可采用嵌填密封材料并加贴防水卷材的办法进行处理，以增加防水的可靠性。

技 术 点 睛

分隔缝留设是为了减少因温差、混凝土干缩、徐变、荷载和振动、地基沉陷等变形造成的刚性防水层开裂，一般设置在结构层屋面板的支撑端、屋面转折处、防水层与突出屋面结构的交接处，并应与板缝对齐。

6.3.4 补偿收缩混凝土防水层施工

补偿收缩混凝土防水层是在细石混凝土中掺入膨胀剂拌制而成，硬化时混凝土产生膨胀，以补偿普通混凝土的收缩，它在配筋情况下，由于钢筋限制其膨胀，从而使混凝土产生自应力，起到致密混凝土，提高混凝土抗裂性和抗渗性作用。其施工要求与普通细石混凝土防水层大致相同。当用膨胀剂拌制补偿收缩混凝土时，应按配合比准确称量，搅拌投料时膨胀剂应与水泥同时加入。混凝土连续搅拌时间不应小于 3 min。

6.4　常见屋面渗漏防治技术

6.4.1 屋面渗漏原因分析

造成屋面渗漏的原因是多方面的，包括设计、施工、材料质量、维修管理等。要提高屋面防水工程的质量，应以材料为基础，以设计为前提，以施工为关键，并加强维护，对屋面工程进行综合治理。

山墙、女儿墙和突出屋面的烟囱等墙体与防水层相交部渗漏雨水原因：节点做法过于简单，垂直面卷材与屋面卷材没有很好的分层搭接；卷材收口处开裂，在冬季不断冻结，夏天炎热熔化，使开口增大，并延伸至屋面基层；卷材转角处为做成圆弧形、钝角或角太小；女儿墙压顶砂浆等级低，滴水线未做或没有做好。

天沟漏水原因：天沟长度大、纵向坡度小；雨水口少；雨水斗四周卷材粘贴不严，排水不畅。

屋面变形缝（伸缩缝、沉降缝）处漏水原因：变形缝处理不当，如薄钢板凸棱安反，薄钢板安装不牢，泛水坡度不当等。

挑檐、檐口处漏水原因：檐口砂浆未压住卷材，封口处卷材张口；檐口砂浆开裂，下口滴水线未做好而造成漏水。

雨水口处漏水原因:雨水口处水斗安装过高,泛水坡度不够,使雨水沿雨水斗外侧流入室内,造成渗漏。

厕所的通气管根部处漏水原因:防水层未盖严;包管高度不够;在油毡上口未缠麻丝或钢丝;油毡没有做压毡保护层,使雨水沿出气管进入室内造成渗漏。

大面积漏水原因:屋面防水层找坡不够,表面凹凸不平,造成屋面积水而渗漏。

6.4.2 屋面渗漏的预防及治理办法

山墙、女儿墙和突出屋面的烟囱等墙体与防水层相交部位渗漏雨水:可铲除开裂压顶的砂浆,重抹1:(2~2.5)水泥砂浆,并做好滴水线,可换成预制钢筋混凝土压顶板。突出屋面的烟囱、山墙、管根等与屋面交接处、转角处做成钝角。垂直面与屋面的卷材应分层搭接。对已漏水的部位,可将转角渗漏处的卷材割开,并分层将旧卷材烤干剥离,清除原有沥青胶。

天沟漏水:纵坡不能过小,沟底水落差小于等于 200 mm,落水口离天沟分水线小于等于 20 m;附加层在交接处宜空铺(大于等于 200 mm),防水层卷材由沟底翻上至沟外檐顶部;卷材收头用水泥钉固定,并用密封材料封严。

屋面变形缝(伸缩缝、沉降缝)处漏水:要求泛水高度大于等于 250 mm,防水层铺贴到变形缝两侧砌体的上部;缝内应填充聚苯乙烯泡沫塑料,上部填放衬垫材料,并用卷材封盖;顶部加扣混凝土或金属盖板,混凝土盖板的接缝用密封材料嵌填。

挑檐、檐口处漏水:将檐口处旧卷材掀起,用 24 号镀锌薄钢板将其钉于檐口;将新卷材贴于薄钢板上。

雨水口处漏水:将雨水斗四周卷材铲除,检查短管是否紧贴基层板面或铁水盘;如短管浮搁在找平层上,则将找平层凿掉,清除后安装好短管,再用搭槎法重做三毡四油防水层,然后进行雨水斗附近卷材的收口和包贴。如用铸铁弯头代替雨水斗时,则需将弯头凿开取出,清理干净后安装弯头,再铺油毡(或卷材)一层,其伸入弯头内应大于 50 mm,然后做防水层至弯头内与弯头端部搭接顺畅、压压密实。

厕所的通气管根部处漏水:治理方法是管根处做成钝角,并建议设计单位加做防雨罩,使油毡在防雨罩下收头。

大面积漏水:方法一是将原豆石保护层清扫一遍,去掉松动的浮石,抹 20 mm 厚水泥砂浆找平层,然后做一布三油乳化沥青(或氯丁胶沥青)防水层和黄砂(或粗砂)保护层;方法二是按上述方法将基层处理好后,将一布三油改为二毡三油防水层,再做豆石保护层。第一层油毡应干铺于找平层上,只在四周女儿墙和通风道处卷起,与基层粘贴。

6.5 地下防水工程

6.5.1 地下工程防水等级标准及方案

地下防水工程是防止地下水对地下构筑物或建筑物基础的长期浸透,保证地下构筑物或地下室使用功能正常发挥的一项重要工程。由于地下工程常年受到地表水、潜水、上层滞水、毛细管水等的作用,所以对地下工程防水的处理比屋面防水工程要求更高,防水技术难度更大。而如何正确选择合理有效的防水方案就成为地下防水工程中的首要问题。

地下工程的防水等级分 4 级,各级标准应符合表 6.7 的规定。

表 6.7　地下工程防水等级标准

防水等级	标准
1级	不允许渗水,结构表面无湿渍
2级	不允许漏水,结构表面可有少量湿渍; 工业与民用建筑:湿渍总面积不大于总防水面积的 0.1%,单个湿渍面积不大于 0.1 m²,任意 100 m²防水面积不超过 1 处; 其他地下工程:m²,总面积不大于总防水面积的 0.6%,单个湿渍面积不大于 0.2 m²,任意 100 m² 防水面积不超过 4 处
3级	有少量漏水点,不得有线流和漏泥沙; 单个湿渍面积不大于 0.3 m²,单个漏水点的漏水量不大于 2.5 L/d,任意 100 m² 防水面积不超过 7 处
4级	有漏水点,不得有线流和漏泥沙; 整个工程平均漏水量不大于 2 L/d,任意 100 m² 防水面积的平均漏水量不大于 4L/(m²·d)

1. 防水方案

地下工程的防水方案,应遵循"防、排、截、堵结合、刚柔相济、因地制宜、综合治理"的原则,根据使用要求、自然环境条件及结构形式等因素确定。常用的防水方案有 3 类,即结构自防水、设防水层及渗排水防水。

2. 防水措施

地下工程的钢筋混凝土结构,应采用防水混凝土,并根据防水等级的要求采用防水措施。

6.5.2　结构主体防水的施工

1. 防水混凝土施工

防水混凝土是指以本身的密实性而具有一定防水能力的整体式混凝土或钢筋混凝土结构。它具有承重、维护和抗渗的功能,还可满足一定的耐冻融及耐腐蚀要求。

(1)防水混凝土的种类。

防水混凝土一般分为普通防水混凝土、外加剂防水混凝土和膨胀水泥防水混凝土 3 种。

(2)防水混凝土施工。

防水混凝土结构工程质量的优劣,除取决于合理的设计、材料的性质及配合成分以外,还取决于施工质量的好坏。因此,对施工中的各主要环节,如混凝土搅拌、运输、浇筑、振捣、养护等,均应严格遵循施工及验收规范和操作规程的各项规定进行施工。

(3)钢筋不得用钢丝或铁钉固定在模板上,必须采用同配合比细石混凝土或砂浆作垫块,并确保钢筋保护层厚度符合规定,不得有负误差。如结构内设置的钢筋确需用铁丝绑扎时,均不得接触模板。

(4)防水混凝土的配合比应通过试验选定。选定配合比时,应按设计要求抗渗标号提高 0.2 MPa。

(5)防水混凝土应连续浇筑,尽量不留或少留施工缝。必须留施工缝时,宜留在下列部位:墙体水平施工缝不应留在剪力与弯矩最大处或底板与侧墙的交接处,应留在高出底板表面不小于 200 mm 的墙体上;拱(板)墙结合的水平施工缝,宜留在拱(板)墙接缝线以下 150～300 mm 处;墙体有预留孔洞时,施工缝距孔洞边缘不小于 300 mm;垂直施工缝应避开地下水和裂缝水较多的地段,并宜与变形缝相结合。施工缝防水的构造形式如图 6.5 所示。

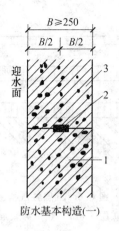
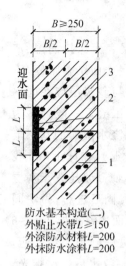
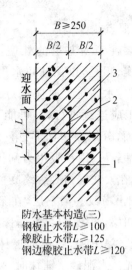

防水基本构造(一)

防水基本构造(二)
外贴止水带L≥150
外涂防水材料L=200
外抹防水涂料L=200

防水基本构造(三)
钢板止水带L≥100
橡胶止水带L≥125
钢边橡胶止水带L≥120

图6.5 施工缝防水构造
1—先浇混凝土;2—雨水膨胀止水条;3—后浇混凝土

(6)施工缝浇灌混凝土前,应将其表面浮浆和杂物清除干净,先铺净浆,再铺30~50 mm厚的1:1水泥砂或涂刷混凝土界面处理剂,并及时浇灌混凝土,垂直施工缝可不铺水泥砂浆,选用的遇水膨胀止水条,应牢固地安装在缝表面或预留槽内。

(7)防水混凝土终凝后(一般浇后4~6 h),即应开始覆盖浇水养护,养护时间应在14 d以上,冬季施工混凝土入模温度不应低于5 ℃,宜采用综合蓄热法、蓄热法、暖棚法等养护方法,并应保持混凝土表面湿润,防止混凝土早期脱水。不宜采用蒸汽养护和电热养护,地下构筑物应及时回填分层夯实,以避免由于干缩和温差产生裂缝。防水混凝土结构在混凝土强度达到设计强度40%以上时方可拆模。拆模时,混凝土表面温度与环境温度之差,不得超过15 ℃,以防混凝土表面出现裂缝。

(8)防水混凝土浇筑后严禁打洞,因此,所有的预留孔和预埋件在混凝土浇筑前必须埋设准确。对防水混凝土结构内的预埋铁件、穿墙管道等防水薄弱之处,应采取措施,仔细施工。

(9)拌制防水混凝土所用材料的品种、规格和用量,每工作班检查不应少于两次;混凝土在浇筑地点的坍落度,每工作班至少检查两次;防水混凝土抗渗性能,应采用标准条件下养护混凝土抗渗试件的试验结果评定,试件应在浇筑地点制作。

(10)防水混凝土的施工质量检验,应按混凝土外露面积每100 m²抽查1处,每处10 m²,且不得少于3处,细部构造应全数检查。

(11)防水混凝土的抗压强度和抗渗压力必须符合设计要求,其变形缝、施工缝、后浇带、穿墙管道、埋设件等设置和构造均要符合设计要求,严禁有渗漏。防水混凝土结构表面的裂缝宽度不应大于0.2 mm,并不得贯通,其结构厚度不应小于250 mm,迎水面钢筋保护层厚度不应小于50 mm。

2.水泥砂浆防水层施工

根据防水砂浆材料组成及防水层构造不同可分为两种,即掺外加剂的水泥砂浆防水层与刚性多层抹面防水层。

(1)水泥砂浆防水层材料的组成。

水泥砂浆防水层所采用的水泥强度等级不应低于32.5级,宜采用中砂,其粒径在3 mm以下,外加剂的技术性能应符合国家或行业标准一等品及以上的质量要求。

(2)刚性多层抹面防水层通常采用四层或五层抹面做法。

一般在防水工程的迎水面采用五层抹面做法(图6.6),在背水面采用四层抹面做法(少一道水泥浆)。

（3）施工要点。

施工前要注意对基层的处理，使基层表面保持润湿、清洁、平整、坚实、粗糙，以保证防水层与基层表面结合牢固，不空鼓、密实不透水。施工时应注意素灰层与砂浆层应在同一天完成。施工应连续进行，尽可能不留施工缝。一般顺序为先平面后立面，分层做法如下：第一层，在浇水湿润的基层上先抹 1 mm 厚素灰（用铁板用力刮抹 5~6 遍），在抹 1 mm 找平。第二层，在素灰层初凝后终凝前进行，使砂浆压入素灰层 0.5 mm 并扫出横纹。第三层，在第二层凝固后进行，做法同第一层。第四层，同第二层做法，抹后在表面用铁板抹压 5~6 遍，最后压光。第五层，在第四层抹压两遍后刷水泥浆一遍，随第四层压光。水泥砂浆铺抹时，采用砂浆收水后二次抹光，使表面坚固密实。防水层的厚度应满足设计要求，一般为 18~20 mm 厚，聚合物水泥砂浆防水层厚度要视施工层数而定。施工时应注意素灰层与砂浆层应在同一天完成，防水层各层之间应结合牢固，不空鼓。每层宜连续施工尽可能不留施工缝，必须留施工缝时，应采用阶梯坡形槎，但离开阴阳角处，不小于 200 mm，防水层的阴阳角应做成圆弧形。水泥砂浆防水层不宜在雨天及 5 级以上大风中施工，冬季施工不应低于 5 ℃，夏季施工不应再 35 ℃以上或烈日照射下施工。如采用普通水泥砂浆作防水层，铺抹的面层终凝后应及时进行养护，且养护时间不得少于 14 d。对聚合物水泥砂浆防水层未达硬化状态时，不得浇水养护或受雨水冲刷，硬化后应采用干湿交替的养护方法。

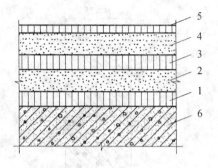

图 6.6 五层做法构造
1、3—素灰层 2 mm；2、4—砂浆层 4~5 mm；
5—水泥浆 1 mm；6—结构层刚性抹面防水

3.卷材防水层施工

卷材防水层是用沥青胶结材料粘贴卷材而成的一种防水层，属于柔性防水层。具有良好的韧性和延伸性，能适应一定的结构振动和微小变形，对酸、碱、盐溶液具有良好的耐腐蚀性，是地下防水工程常用的施工方法，采用改性沥青防水卷材和高分子防水卷材，抗拉强度高，延伸率大，耐久性好，施工方便。但由于沥青防水卷材吸水率大，耐久性差，机械强度低，直接影响防水层质量，而且材料成本高，施工工序多，操作条件差，工期较长，发生渗漏后修补困难。

（1）铺贴方案。

地下防水工程一般把卷材防水层设置在建筑结构的外侧迎水面上称为外防水，这种防水层的铺贴法可以借助土压力压紧，并与结构一起抵抗有压地下水的渗透和侵蚀作用，防水效果良好，采用比较广泛。

注意事项：①卷材防水层用于建筑物地下室，应铺设在结构主体底板垫层至墙体顶端的基面上，在外围形成封闭的防水层，卷材防水层为 1~2 层，防水卷材厚度应满足规定；②阴阳角处应做成圆弧或 135°折角，其尺寸视卷材品质而定，在转角处，阴阳角等特殊部位，应增贴 1~2 层相同的卷材，宽度不宜小于 500 mm。

（2）外防水的卷材防水层铺贴方法，按其与地下防水结构施工的先后顺序分为外贴法和内贴法两种。

外贴法是在地下建筑墙体做好后，直接将卷材防水层铺贴在墙上，然后砌筑保护墙。（构造如图6.7所示）

内贴法是在地下建筑墙体施工前先砌筑保护墙，然后将卷材防水层铺贴在保护墙上，最后施工并浇筑地下建筑墙体。其构造如图6.8所示。

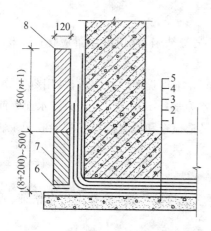

图 6.7 外贴法
1—垫层;2—找平层;3—卷材防水层;4—保护层;
5—构筑物;6—油毡;7—永久保护墙;8—临时性保护墙

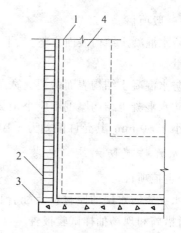

图 6.8 内贴法
1—卷材防水层;2—永久保护墙;
3—垫层;4—尚未施工的构筑物

外贴法施工程序:首先浇筑需做防水结构的底面混凝土垫层;并在垫层上砌筑永久性保护墙,墙下干铺油毡一层,墙高不小于结构底板厚度(B+200)～500 mm;在永久性保护墙上用石灰砂浆砌临时保护墙,墙高为 150 mm×(油毡层数+1);在永久性保护墙上和垫层上抹 1:3。水泥砂浆找平层,临时保护墙上用石灰砂浆找平;待找平层基本干燥后,即在其上满涂冷底子油,然后分层铺贴立面和平面卷材防水层,并将顶端临时固定。在铺贴好的卷材表面做好保护层后,再进行需防水结构的底板和墙体施工。在防水结构施工完成后,将临时固定的接槎部位的各层卷材揭开并清理干净,再在此区段的外墙外表面上补抹水泥砂浆找平层,找平层上满涂冷底子油,将卷材分层错槎搭接向上铺贴在结构墙上。卷材接槎的搭接长度,高聚物改性沥青卷材为 150 mm,合成高分子卷材为 100 mm,当使用两层卷材时,卷材应错槎接缝,上层卷材应盖过下层卷材;应及时做好防水层的保护结构。

内贴法施工程序:先在垫层上砌筑永久保护墙,然后在垫层及保护墙上抹 1:3 水泥砂浆找平层,待其基本干燥后满涂冷底子油,沿保护墙与垫层铺设防水层。卷材防水层铺贴完成后,在立面防水层上涂刷最后一层沥青胶时,趁热粘上干净的热砂或散麻丝,待冷却后,随即抹一层 10～20 mm 厚 1:3 水泥砂浆保护层。在平面上可铺设一层 30～50 mm 厚 1:3 水泥砂浆或细石混凝土保护层。最后进行需防水结构的施工。

6.6 防水工程质量验收与安全技术

6.6.1 施工质量验收标准及检验方法

1. 防水混凝土质量验收

(1)主控项目。

①防水混凝土的原材料、配合比及坍落度必须符合设计要求。检验方法:检查出厂合格证、质量检验报告、计量措施和现场抽样试验报告。

②混凝土的抗压强度和抗渗压力必须符合设计要求。检验方法:检查混凝土抗压、抗渗试验报告。

③防水混凝土的变形缝、施工缝、后浇带、穿管道、埋设件等设置和构造,均须符合设计要求,严禁有渗漏。检验方法:观察检查和检查隐蔽工程验收记录。

(2)一般项目。

①防水混凝土结构表面应坚实、平整,不得有露筋、蜂窝等缺陷;埋设件位置应正确。检查方法:观察和尺量检查。

②防水混凝土结构表面的裂缝宽度不应大于 0.2 mm,并不得贯通。检查方法:用刻度放大镜检查。

③防水混凝土结构厚度不应小于 250 mm,其允许偏差为 +15 mm,−10 mm;迎水面钢筋保护层厚度不应小于 50 mm,其允许偏差为 +10 mm。检查方法:尺量检查和检查隐蔽工程验收记录。

2.水泥砂浆防水质量验收

(1)主控项目。

①水泥浆防水层的原材料及配合比必须符合设计要求。检验方法:检查出厂合格证、质量检验报告、计量措施和现场抽样试验报告。

②水泥砂浆防水层各层之间必须结合牢固,无空鼓现象。检验方法:观察和用小锤轻击检查。

(2)一般项目。

①水泥砂浆防水层表面应密实、平整,不得有裂纹、起砂、麻面等缺陷;阴阳角处应做成圆弧形。检验方法:观察检查。

②水泥砂浆防水层施工缝留槎位置应正确,接槎应按层次顺序操作,层层搭接紧密。检验方法:观察检查和检查隐蔽工程验收记录。

③水泥砂浆防水层的平均厚度应符合设计要求,最小厚度不得小于设计值的 85%。检验方法:观察和尺量检查。

3.卷材防水质量验收

(1)主控项目。

①卷材防水层所用卷材及主要配套材料必须符合设计要求。检验方法:检查出厂合格证、质量检验报告和现场抽样试验报告。

②卷材防水层应采用高聚物改性沥青防水卷材和合成高分子防水卷材。

③卷材防水层及其转角处、变形缝、穿墙管道等细部做法均须符合设计要求。检验方法:观察检查和检查隐蔽工程验收记录。

(2)一般项目。

①卷材防水层的基层应牢固,基面应洁净、平整,不得有空鼓、松动、起砂和脱皮现象;基层阴阳角处应做成圆弧形。检验方法:观察检查和检查隐蔽工程验收记录。

②卷材防水层的搭接缝应黏(焊)结牢固,密封严密,不得有皱折、翘边和鼓泡等缺陷。检验方法:观察检查。

③侧墙卷材防水层的保护层与防水层应黏结牢固,结合紧密、厚度均匀一致。检验方法:观察检查。

④卷材搭接宽度的允许偏差为 −10 mm。检验方法:观察和尺量检查。

4.涂料防水质量验收

(1)主控项目。

①涂料防水层所用材料及配合比必须符合设计要求。检验方法:检查出厂合格证、质量检验报告、计量措施和现场抽样试验报告。

②涂料防水层及其转角处、变形缝、穿墙管道等细部做法均须符合设计要求。检验方法:观察检查和检查隐蔽工程验收记录。

（2）一般项目。

①涂料防水层的基层应牢固，基面应洁净、平整，不得有空鼓、松动、起砂和脱皮现象；基层阴阳角处应做成圆弧形。检验方法：观察检查和检查隐蔽工程验收记录。

②涂料防水层应与基层黏结牢固，表面平整、涂刷均匀，不得有流淌、皱折、鼓泡、露胎体和翘边等缺陷。检验方法：观察检查。

③涂料防水层的平均厚度应符合设计要求，最小厚度不得小于设计厚度的 80%。检验方法：针测法或割取 20 mm×20 mm 实样用卡尺测量。

④侧墙涂料防水层的保护层与防水层黏结牢固，结合紧密，厚度均匀一致。检验方法：观察检查。

5. 细部构造质量验收

（1）主控项目

①细部构造所用止水带、遇水膨胀橡胶泥子止水条和接缝密封材料必须符合设计要求。

检验方法：检查出厂合格证、质量检验报告和进场抽样试验报告。

②变形缝、施工缝、后浇带、穿墙管道、埋设件等细部构造做法，均须符合设计要求。

检验方法：观察检查和检查隐蔽工程验收记录。

（2）一般项目

①中埋式止水带中心线应与变形缝中心线重合，止水带应固定牢靠、平直，不得有扭曲现象。

检验方法：观察检查和检查隐蔽工程验收记录。

②穿墙管止水环与主管或翼环与套管应连续满焊，并做防腐处理。检验方法：观察检查和检查隐蔽工程验收记录。

③接缝处混凝土表面应密实、洁净、干燥；密封材料应嵌填严密、黏结牢固，不得有开裂、鼓泡现象。检验方法：观察检查。

6.6.2 安全技术

（1）作业人员应经过安全技术培训、考核，持证上岗。

（2）必须按规定佩戴防护用品。

（3）上下沟槽、构筑物必须走马道或安全梯。

（4）高处作业时必须支搭平台。

（5）使用喷灯作业时，应符合下列要求：在有带电体的场所使用喷灯时，喷灯火焰与带电部分的距离应符合下列要求：10 kV 及以下电压不得小于 1.5 m，10 kV 以上电压不得小于 3 m。喷灯内油面不得高于容器的高度的 3/4。加油孔的螺栓应拧紧。喷灯不得有漏油现象。严禁在有易燃易爆物质的场所使用喷灯。喷灯加油、放油及拆卸喷嘴和其他零件作业，必须熄灭火焰并待冷却后进行。喷灯用完后应卸压。使用煤油或酒精的喷灯内严禁加入汽油。

（6）在构筑物内部作业时应保持空气流通，必要时采取强制通风措施。

（7）临边作业必须采取防坠落的措施。

（8）作业现场严禁烟火。使用可燃性材料时必须按消防部门的规定配备消防器材。

（9）运输和储存燃气罐瓶时应直立放置，并加以固定。搬运时不得碰撞。使用时必须先点火后开气。使用后关闭全部阀门。

（10）加热熔化沥青材料的地点与建筑物的距离不得小于 10 m，并远离易燃易爆物。严禁使用敞口锅熬制沥青，加热设备应有烟尘处理装置，沥青锅盖应用钢质材料。

(11)运送热沥青时,应使用带盖的提桶,桶盖必须严密,装油量不得超过桶容积的3/4。两人抬运热沥青时,应协调一致。

(12)沥青刷手柄长度不宜小于50 cm。

(13)严格遵守施工现场各项安全规章制度和劳动纪律,严禁酒后操作,禁止穿拖鞋,不违章指挥、违章操作、违反劳动纪律。

(14)靠近屋面低矮女儿墙施工时,必须侧身站立,严禁面向女儿墙,并挂好安全带。

(15)患有心脏病、高血压、深度近视以及不适应高处作业人员不得安排高处作业。

(16)吊装区域必须用安全警戒旗(红白带)分割施工区域和非施工区域,同时设置吊装监护人,禁止非吊装人员进入吊装区域。

(17)起重臂下以及回转半径内严禁站人,吊运作业时严禁作业人员在吊物下方穿行或停留。

(18)铺设卷材现场必须按规定配备有效的消防灭火器等消防器材。

(19)动火必须办理动火证才可以施工,必须有防火监护人,施工完毕监护人必须检查现场,确保无火险隐患方可离开。

(20)使用的移动式开关箱必须安装在坚固、稳定的支架上。必须有有效的漏电保护器。连接线采用完好的铜芯绝缘导线。

(21)手持电动工具外壳、手柄、电源线完好,严禁使用护套线代用。

【案例实解】

1. 工程概况

某影剧院工程,一层地下室为停车库,采用自防水钢筋混凝土。该结构用作承重和防水。当主体封顶后,地下室积水深度达300 mm,抽水排干后,发现多处渗漏水从底板根部和止水带下部流入。后经过补漏处理,还是有渗漏。

2. 原因分析

(1)施工日志记载表明施工前没有做技术交底。工人对变形缝的作用都不甚了解,更不懂得止水带的作用,操作马虎。止水带的接头没有进行密封黏结。

(2)底板部位和转角处的止水带下面,钢筋过密,振捣不实,形成空隙。

(3)使用泵送混凝土时,施工现场发生多起泵送混凝土堵塞管道现象,临时加大用水量,水灰比过大,导致混凝土收缩加剧,出现开裂。

(4)变形缝的填缝材料不当,没有采用高弹性密封膏嵌填。封缝也没有采用抗拉强度高、延伸率高的高分子卷材。

(5)在处理漏水时,使用的聚合物水泥砂浆抗拉强度低,不能适应结构变形的需要。

基础同步

一、填空题

1.防水屋面的常用种类有_____、_____和_____等。

2.卷材的铺设方向应根据_____和屋面是否有_____来确定。当屋面坡度小于3%时,卷材宜_____于屋脊铺贴。

3.沥青卷材的铺贴方法有_____、_____、_____、_____等4种。

4.外防水的卷材防水层铺贴方法,按其与地下防水结构施工的先后顺序分为_____和_____两种。

二、选择题

1.防水混凝土的施工质量检验,应按混凝土外露面积每100 m² 抽查1处,每处10 m²,且不得少于( )。

A.1 处 B.2 处 C.3 处 D.4 处

2.细石混凝土保护层浇筑后应及时进行养护,养护时间不应少于( )。

A.3 d B.5 d C.7 d D.14 d

3.多层抹面水泥砂浆防水层在背水面采用( )。

A.两层做法 B.三层做法 C.四层做法 D.五层做法

4.涂膜防水层施工的涂布顺序表述准确的是( )。

A.先高跨后低跨 B.先远后近 C.先平面后立面 D.都准确

三、判断题

1.卷材防水基层施工时,为防止由于温差及混凝土构件收缩而使防水屋面开裂,找平层应留分隔缝,缝宽一般为40 mm。 ( )

2.内贴法是在地下建筑墙体做好后,直接将卷材防水层铺贴在墙上,然后砌筑保护墙。 ( )

3.普通细石混凝土防水层施工时,混凝土浇筑应按先近后远、先低后高的原则进行。 ( )

4.防水混凝土终凝后(一般浇后4～6 h),即应开始覆盖浇水养护,养护时间应在14 d以上,冬季施工混凝土入模温度不应低于0 ℃。 ( )

四、简答题

1.简述沥青卷材防水施工工艺流程。

2.怎样做屋面防水绿豆砂保护层?

3.简述刚性防水屋面的适用范围。

4.简述厕所的通气管根部处漏水原因。

实训提升

采用热熔法为屋面铺贴SBS防水卷材。所用材料和工具:小平铲、滚动刷、SBS防水卷材、喷灯、手提式微型燃烧器等。

项目 **7** 预应力混凝土工程

项目目标 »»»»»

【知识目标】

1. 了解预应力混凝土的概念及特点；

2. 理解先张法施工张拉程序、张拉应力控制和放张方法；

3. 理解后张法的施工工艺，了解锚具的类型及张拉设备；

4. 了解预应力筋的制作、张拉方法、张拉程序及张拉应力的控制；

5. 了解无黏结预应力筋的施工工艺；

6. 熟悉预应力工程质量检验和质量控制的主要方法。

【技能目标】

能进行常规预应力钢筋混凝土工程的质量检验。

【课时建议】

8 课时

7.1 先 张 法

预应力混凝土是在外荷载作用前,预先建立有内应力的混凝土,一般是在混凝土结构或构件受拉区域,通过对预应力筋进行张拉、锚固、放松,借助钢筋的弹性回缩,使受拉区混凝土事先获得预压应力。预压应力的大小和分布能减少或抵消外荷载所产生的拉应力。

预应力混凝土与普通钢筋混凝土相比较,可以更有效地利用高强钢材,提高使用荷载下结构的抗裂度和刚度,减小结构构件的截面尺寸,自重轻、质量好、材料省、耐久性好。虽然预应力混凝土施工要增添专用设备,技术含量高、操作要求严,相应的工程成本高,但在跨度较大的结构中,或在一定范围内代替钢结构使用时,其综合经济效益较好。

预应力混凝土按预应力的大小可分为:全预应力混凝土和部分预应力混凝土。按施加应力方式可分为:先张法预应力混凝土、后张法预应力混凝土和自应力混凝土。按预应力筋的黏结状态可分为有黏结预应力混凝土和无黏结预应力混凝土。按施工方法又可分为预制预应力混凝土、现浇预应力混凝土和叠合预应力混凝土等。

7.1.1 先张法的概念

先张法是在浇筑混凝土前铺设、张拉预应力筋,并将张拉后的预应力筋临时锚固在台座或钢模上,然后浇筑混凝土,待混凝土养护达到不低于 75% 设计强度后,保证预应力筋与混凝土有足够的黏结时,放松预应力筋,借助混凝土与预应力筋的黏结,对混凝土施加预应力的施工工艺(图 7.1)。

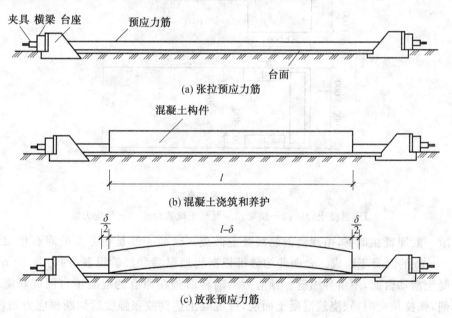

图 7.1 先张法构件生产示意图

先张法一般仅适用于生产中小型预制构件,如房屋建筑中的空心板、多孔板、槽形板、双 T 板、V 形折板、托梁、檩条、槽瓦、屋面梁等;道路桥梁工程中的轨枕、桥面空心板、简支梁等,在基础工程中应用的预应力方桩及管桩等。先张法多在固定的预制厂生产,也可在施工现场生产。

7.1.2 先张法台座

先张法生产构件有长线台座法和短线台模法两种。用台座法生产时,各道施工工序都在台座上进行,台座长度为 100～150 m,预应力筋的张拉力由台座承受。台模法主要在工厂流水线上使用,它是将制作构件的模板作为预应力钢筋锚固支座的一种台座,模板具有相当的刚度,作为固定预应力筋的承力架,可将预应力钢筋放在模板上进行张拉。台座法不需要复杂的机械设备,能适宜多种产品生产,故应用较广。

台座是先张法施工中主要的设备之一,由台面、横梁和承力结构组成,是张拉预应力筋和临时固定预应力筋的支撑结构,承受全部预应力筋的拉力,它必须有足够的强度、刚度和稳定性,以免因台座的变形、倾覆和滑移而引起预应力值的损失。台座按构造形式不同可分为墩式台座和槽式台座等。

1.墩式台座

墩式台座由承力台墩、台面与横梁 3 部分组成,其长度宜为 100～50 m(图 7.2)。张拉一次可生产多根构件,可减少张拉及临时固定工作,又可以减少因钢丝滑动或台座横梁变形引起的预应力损失。目前常用的是台墩与台面共同受力的墩式台座。台座的宽度主要取决于构件的布筋宽度、张拉与浇筑混凝土是否方便,一般为 2～4 m。在台座的端部应留出张拉操作用地和通道,两侧要有构件运输和堆放的场地。

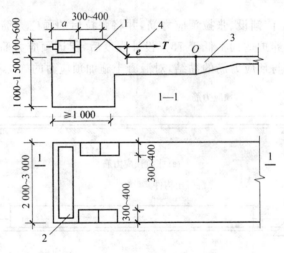

图 7.2 墩式台座
1—混凝土台墩;2—横梁;3—混凝土墩式台面;4—预应力筋

承力台墩一般埋置在地下,由现浇钢筋混凝土做成。台面一般是在夯实的碎石垫层上浇筑一层厚度为 60～100 mm 的混凝土而成。台面伸缩缝可根据当地温差和经验设置,约为每 10 m 一道,也可采用预应力混凝土滑动台面,不留伸缩缝。预应力滑动台面是在原有的混凝土台面或新浇筑的混凝土基层上刷隔离剂,张拉预应力筋、浇筑混凝土面层,待混凝土达到放张强度后切断预应力筋,台面就发生滑动,这种台面使用效果良好。

2.槽式台座

槽式台座由钢筋混凝土压杆、上下横梁及台面组成(图 7.3)。台座的长度一般不大于 76 m,宽度随构件外形及制作方式而定,一般不小于 1 m,承载力可达 1 000 kN 以上。为便于混凝土浇筑和蒸汽养护,槽式台座多低于地面。在施工现场还可利用已预制好的柱、桩等构件装配成简易槽式台座。槽式台座适用于张拉吨位较大的大型构件,如吊车梁、屋架等。

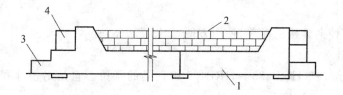
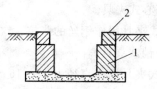

图 7.3   槽式台座

1—压杆;2—砖墙;3—下横梁;4—上横梁

7.1.3   先张法夹具的选择及张拉设备的选择

夹具是先张法构件施工时保持预应力筋拉力,并将其固定在张拉台座(或设备)上的临时性锚固装置。夹具除工作可靠、构造简单、使用方便、成本低,并能多次重复使用以外,还要求夹具的静载锚固性能满足 $\eta_g \geqslant 0.95$。按其工作用途不同分为锚固夹具和张拉夹具。

1. 锚固夹具

锚固夹具是把预应力筋临时固定在台座横梁上的夹具,常用的锚固夹具有圆锥齿板式夹具及圆锥形槽式夹具、圆套筒二片式夹具、圆套筒三片式夹具、镦头夹具等。

(1)圆锥齿板式夹具及圆锥形槽式夹具。

圆锥齿板式夹具及圆锥形槽式夹具是常用的两种单根钢丝夹具,适用于锚固直径 3～5 mm 的冷拔低碳钢丝,也适用于锚固直径 5 mm 的碳素(刻痕)钢丝,如图 7.4 所示。

(2)圆套筒二片式夹具。

圆套筒二片式夹具适用夹持直径为 12～16 mm 的单根冷拉 HRB335～HRB400 级钢筋,由圆形套筒和圆锥形夹片组成,如图 7.5 所示。

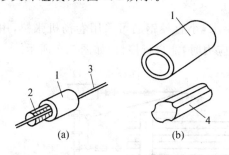

图 7.4   圆锥齿板式夹具及圆锥形槽式夹具

1—套筒;2—齿板;3—钢丝;4—锥塞

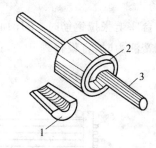

图 7.5   圆套筒二片式夹具

1—夹片;2—套筒;3—钢筋

(3)圆套筒三片式夹具。

圆套筒三片式夹具适用夹持直径为 12～14 mm 的单根冷拉 HRB335,RRB400 级钢筋,其构造基本与圆套筒二片式夹具构造相同,只不过夹片由 3 个组成。

(4)镦头夹具。

镦头夹具适用于预应力钢丝固定端的锚固,镦头夹具属于自制的钳具,镦头强度不低于材料强度的98%。钢丝的镦头是采用液压冷镦机进行的,钢筋直径小于 22 mm 采用热镦方法,钢筋直径等于或大于 22 mm 采用热锻成型方法。

2. 张拉夹具

张拉夹具是将预应力筋与张拉机械连接起来,进行预应力张拉的工具。常用的张拉夹具有偏心式夹具和压销式夹具两种。

（1）偏心式夹具。

偏心式夹具用作钢丝的张拉。这种夹具构造简单、使用方便，如图7.6(a)所示。

（2）压销式夹具。

压销式夹具用作直径为12～16 mm的HRB235～HRB400级钢筋的张拉。它是由销片和楔形压销组成，如图7.6(b)所示。

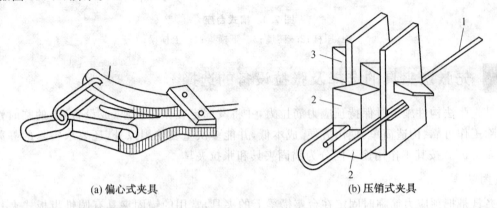

(a) 偏心式夹具　　　　　　　　　(b) 压销式夹具

图 7.6　张拉夹具

1—钢筋；2—销片；3—楔形压销

3. 张拉设备

先张法生产的构件中，常采用的预应力筋有钢丝和钢筋两种。张拉预应力钢丝时，一般直接采用卷扬机或电动螺杆张拉机。张拉预应力钢筋时，槽式台座中常采用四横梁式成组张拉装置，用千斤顶张拉。

（1）卷扬机。

在长线台座上张拉钢筋时，千斤顶行程不能满足要求，小直径钢筋可采用卷扬机张拉，用杠杆或弹簧测力。弹簧测力时，宜设行程开关，在张拉到规定的应力时，能自行停机，如图7.7所示。

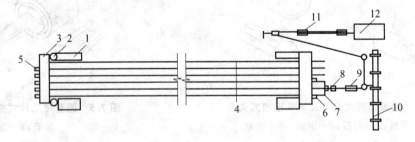

图 7.7　用卷扬机张拉预应力筋

1—台座；2—放松装置；3—横梁；4—钢筋；5—镦头；6—垫块；
7—销片夹具；8—张拉夹具；9—弹簧测力计；10—固定梁；11—滑动组；12—卷扬机

（2）电动螺杆张拉机。

电动螺杆张拉机由螺杆、电动机、变速箱、测力计及顶杆等组成。可单根张拉预应力钢丝或钢筋。张拉时，顶杆支于台座横梁上，用张拉夹具夹紧钢筋后，升动电动机，由皮带、齿轮传动系统使螺杆做直线运动，从而张拉钢筋。这种张拉的特点是运行稳定，螺杆有自锁性能，故张拉机恒载性能好，速度快，张拉行程大，如图7.8所示。

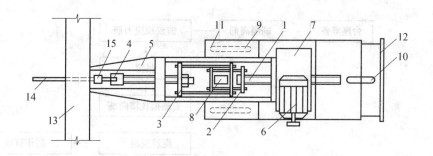

图 7.8　电动螺杆张拉机

1—螺杆；2,3—拉力架；4—张拉夹具；5—顶杆；6—电动机；7—齿轮减速箱；

8—测力计；9,10—车轮；11—底盘；12—手把；13—横梁；14—钢筋；15—锚固夹具

（3）油压千斤顶。

油压千斤顶可张拉单根或多根成组的预应力筋，张拉过程可以直接从油压表读取张拉力值。图 7.9 为 YC-60 型穿心式千斤顶张拉工作过程及构造示意；图 7.10 所示为油压千斤顶成组张拉装置。

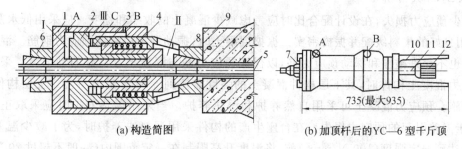

(a) 构造简图　　　　　　　(b) 加顶杆后的 YC—6 型千斤顶

图 7.9　YC-60 型穿心式千斤顶张拉工作过程及构造示意

1—张拉油缸；2—张拉活塞；3—顶压活塞；4—弹簧；5—预应力筋；

6—工具式锚具；7—螺帽；8—工作锚具；9—混凝土构件；10—顶杆；11—拉杆；12—连接器；

Ⅰ—张拉工作油室；Ⅱ—顶压工作油室；Ⅲ—张拉回程油室；A—张拉缸油嘴；B—顶压缸油嘴；C—油孔

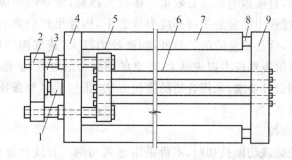

图 7.10　油压千斤顶成组张拉装置

1—油压千斤顶；2—拉力架横梁；3—大螺纹杆；

4—前横梁；5,7—台座；6—预应力筋；8—放张装置；9—后横梁

7.1.4　先张法施工工艺

1.先张法施工工艺

用先张法在台座上生产预应力混凝土构件时，其工艺流程一般如图 7.11 所示。

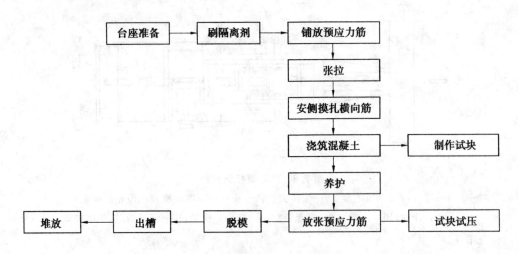

图 7.11　先张法施工工艺流程图

2.混凝土浇筑与养护

为了减少预应力损失,在设计配合比时应考虑减少混凝土的收缩和徐变。应采用低水灰比,控制水泥用量,采用良好的集料级配并振捣密实。振捣混凝土时,振动器不得碰撞预应力钢筋。混凝土未达到一定强度前也不允许碰撞和踩动预应力筋,以保证预应力筋与混凝土有良好的黏结力。采用平卧叠浇法制作预应力混凝土构件时,其下层构件混凝土的强度需达到 5 MPa 后方可浇筑上层构件混凝土,并应有隔离措施。预应力混凝土可采用自然养护和湿热养护。当采用湿热养护时应采取正确的养护制度,减少由于温差引起的预应力损失。在台座生产的构件采用湿热法养护时,为了减少温差应力损失,应使混凝土达到一定强度(100 N/mm^2)前,将温度升高限制在一定范围内(一般不超过 20 ℃)。用机组流水法钢模制作预应力构件,因湿热养护时钢模与预应力筋同样伸缩,所以不存在由温差引起的预应力损失。

3.预应力筋的张拉

预应力筋的张拉力大小,直接影响预应力效果。张拉力越高,建立的预应力值越大,构件的抗裂性也越好;但预应力筋在使用过程中经常处于过高应力状态下,构件出现裂缝的荷载与破坏荷载接近,往往在破坏前没有明显的征兆,这是很危险的。另外,如张拉力过大,造成构件反拱过大或预拉区出现裂缝,也是不利的。反之,张拉阶段预应力损失越大,建立的预应力值越低,也是不利的。

预应力筋的张拉应根据设计要求,采用合适的张拉方法、张拉顺序和张拉程序进行,并应有可靠的质量保证措施和安全技术措施。

(1)预应力筋的铺设与张拉。

①预应力筋应采用砂轮锯或切断机切断,不得采用电弧切割。长线台座(或台模)在预应力筋铺设前先做好台面的隔离层,应选用非油类模板隔离剂且不得使预应力筋受污染。如果预应力筋受污染,应使用适宜的溶剂清洗干净。预应力钢丝宜用牵引车铺设。如遇钢丝需要接长时,可借助于钢丝拼接器用 20~22 号铁丝密排绑扎。

技术点睛 ▰▰▰▰▰▰▰▰▰▰▰▰▰▰▰▰▰▰▰▰

钢丝绑扎长度:对于冷拔低碳钢丝不得小于 $40d$,对冷拔低合金钢丝不得小于 $50d$,对刻痕钢丝不得小于 $80d$。钢丝搭接长度应比绑扎长度大 $10d$(d 为钢丝直径)。

②预应力筋张拉应力的确定。

预应力筋的张拉控制应力,应符合设计要求。施工如采用超张拉,可比设计要求提高 5%,但其最大张拉控制应力不得超过表 7.1 的规定。

表 7.1　张拉控制应力

钢种	张拉方法	
	先张法	后张法
消除应力钢丝、钢绞线	$0.8f_{ptk}$	$0.8f_{ptk}$
热处理钢筋	$0.75f_{ptk}$	$0.7f_{ptk}$

注：f_{ptk} 为预应力筋极限抗拉强度标准值

③预应力筋张拉力的计算。

预应力筋张拉力 P(kN)按下式计算：

$$P=(1+m)\sigma_{con}\cdot A_p \tag{7.1}$$

式中　m——超张拉百分率，%；

　　　σ_{con}——张拉控制应力；

　　　A_p——预应力筋截面面积。

④张拉程序。

预应力筋的张拉程序可按下列程序之一进行：

$0\to1.03\sigma_{con}$ 或 $0\to1.05\sigma_{con}$（持荷 2 min）$\to\sigma_{con}$。

超张拉 3% 是为了弥补预应力筋的松弛损失，超张拉 5% 并持荷 2 min，其目的是为了减少预应力筋的松弛损失。钢筋松弛的数值与控制应力、延续时间有关，控制应力越高，松弛也就越大。同时还随着时间的延续不断增加，但在第一分钟内完成损失总值的 50% 左右，24 h 内则完成 80%。上述程序中，超张拉 5% 持荷 2 min 可以减少 50% 以上的松弛损失。

⑤预应力筋伸长值与应力的测定。

预应力筋张拉后，一般应校核预应力筋的伸长值。如实际伸长值与计算伸长值的偏差超过 10% 或小于计算伸长值时，应暂停张拉，查明原因并采取措施予以调整后，方可继续张拉。预应力筋的伸长值 Δl 按下式计算：

$$\Delta l=\frac{F_p l}{A_p E_s} \tag{7.2}$$

式中　F_p——预应力筋张拉力；

　　　l——预应力筋长度；

　　　A_p——预应力筋截面面积；

　　　E_s——预应力筋的弹性模量。

预应力筋的实际伸长值，宜在初应力约为 $10\%\sigma_{con}$ 时开始测量，但必须加上初应力以下的推算伸长值。顶应力筋对设计位置的偏差不得大于 5 mm，也不得大于构件截面最短边长的 4%。

采用钢丝作为预应力筋时，不做伸长值校核，但应在钢丝锚固后，用钢丝测力计或半导体频率记数测力计测定其钢丝应力。其偏差不得大于或小于按一个构件全部钢丝预应力总值的 5%。多根钢丝同时张拉时，必须事先调整初应力使其相互间的应力一致。断丝和滑脱钢丝的数量不得大于钢丝总数的 3%，一束钢丝中只允许断丝一根。构件在浇筑混凝土前发生断丝或滑脱的预应力钢丝必须予以更换。

⑥张拉注意事项。

a. 张拉时，张拉机具与预应力筋应在一条直线上，同时在台面上每隔一定距离放一根圆钢筋头或相当于保护层厚度的其他垫块，以防止预应力筋因自重而下垂，破坏隔离剂、玷污预应力筋。

b. 顶紧锚塞时，用力不要过猛，以防钢丝折断；在拧紧螺母时，应注意压力表读数始终保持所需的张拉力。

c.台座两端应有防护设施。张拉时沿台座长度方向每隔 4～5 m 放一个防护架,两端严禁站人,也不允许进入台座。冬期张拉预应力筋时,其温度不宜低于－15 ℃,且应考虑预应力筋容易脆断的危险。

4.预应力筋的放张

预应力筋的放张过程是预应力值的建立过程,是先张法构件能否获得良好质量的重要环节,应根据放张要求,确定适宜的放张顺序、放张方法及相应的技术措施。

(1)放张要求。

放张预应力筋时,混凝土应达到设计要求的强度,如设计无要求时,应不得低于设计混凝土强度等级的 75%。放张预应力筋前应拆除构件的侧模使放张时构件能自由压缩,以免模板损坏或造成构件开裂。对有横肋的构件(如大型屋面板),其横肋断面应有适宜的斜度,也可以采用活动模板以免放张时构件端肋开裂。

(2)放张方法。

配筋不多的中小型构件,钢丝可用砂轮锯或切断机等方法放张。配筋多的钢筋混凝土构件,钢丝应同时放张,如逐根放张,最后几根钢丝将由于承受过大的拉力而突然断裂,使得构件端部容易开裂。对钢丝、热处理钢筋不得用电弧切割,宜用砂轮或切断机切断。预应力钢筋数量较多时,可用千斤顶、砂箱、楔块等装置同时放张。

(3)放张顺序。

预应力筋的放张顺序,应满足设计要求,如设计无要求时应满足下列规定:

①对轴心受预压构件(如压杆、桩等)所有预应力筋应同时放张。

②对偏心受预压构件(如梁等)先同时放张预压力较小区域的预应力筋,再同时放张预压力较大区域的预应力筋。

③如不能按上述规定放张时,应分阶段、对称、相互交错的放张,以防止在放张过程中构件发生翘曲、裂纹及预应力筋断裂等现象。放张后预应力筋的切断顺序,宜由放张端开始,逐次切向另一端。

7.2　后　张　法

7.2.1　后张法的概念

后张法是先制作构件,预留孔道,待构件混凝土强度达到设计规定的数值后,在孔道内穿入预应力筋进行张拉,并用锚具在构件端部将预应力筋锚固,最后进行孔道灌浆。预应力筋的张拉力主要是靠构件端部的锚具传递给混凝土,使混凝土产生预压应力。后张法预应力的传递主要依靠预应力筋两端的锚具,锚具作为预应力筋的组成部分,永远留在构件上,不能重复使用。图 7.12 为预应力后张法构件生产示意图。

后张法的特点是直接在构件上张拉预应力筋,构件在张拉预应力筋的过程中,完成混凝土的弹性压缩。因此,混凝土的弹性压缩不直接影响预应力筋有效应力值的建立。预应力后张法构件的生产分为两个阶段:第一阶段为构件的生产;第二阶段为预加应力阶段,包括锚具与预应力筋的制作,预应力筋的张拉与孔道灌浆等工艺。锚具是后张法施工在结构或构件中建立预应力值和确保结构安全的关键装置,要求锚具的尺寸形状准确、工作可靠、构造简单、施工方便,有足够的强度和刚度,受力后变形小,锚固可靠,不致产生预应力筋的滑移和断裂现象。后张法预应力施工,不需要台座设备,灵活性大,广泛用于施工现场生产大型预制预应力混凝土构件和现场浇筑预应力混凝土结构。由于锚具作为预应力筋的

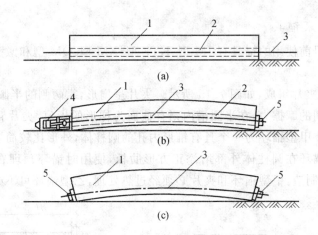

图 7.12　预应力后张法构件生产示意图

1—混凝土构件；2—预留孔道；3—预应力筋；4—千斤顶；5—锚具

组成部分，永远留置在构件上，不能重复使用，因此，后张法预应力施工需要耗用的钢材较多，锚具加工要求高，费用昂贵。另外，后张法工艺本身要预留孔道、穿筋、张拉、灌浆等，故施工工艺比较复杂，整体成本也比较高。后张法预应力施工，又可以分为有黏结预应力施工和无黏结预应力施工两类。

7.2.2　后张法锚具的选择

锚具的种类很多，不同类型的预应力筋所配用的锚具不同。后张法施工常用的预应力筋有单根钢筋、钢筋束、钢绞线束等。常用的锚具有以下几种。

1. 单根粗钢筋锚具

（1）螺丝端杆锚具。

螺丝端杆锚具由螺丝端杆、垫板和螺母组成，如图 7.13 所示，适用于锚固直径不大于 36 mm 的热处理钢筋。螺丝端杆可用同类热处理钢筋或热处理 45 号钢制作。制作时，先粗加工至接近设计尺寸，再进行热处理，然后精加工至设计尺寸。热处理后不能有裂纹和伤痕。螺母可用 3 号钢制作。螺丝端杆锚具与预应力筋对焊锚固，应在预应力钢筋冷拉前进行。焊接后与张拉机械相连进行应力筋的张拉，然后用螺母拧紧锚固。

（2）帮条锚具。

帮条锚具由衬板与帮条组成。衬板采用普通低碳钢板，帮条采用与预应力筋同类型的钢筋。帮条安装时，三根帮条与衬板相接触的截面应在一个垂直平面上，以免受力时产生扭曲。帮条锚具一般用在单根粗钢筋作预应力筋的固定端，如图 7.14 所示。

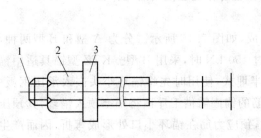

图 7.13　螺丝端杆锚具

1—螺丝端杆；2—螺母；3—垫板

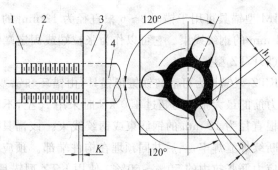

图 7.14　帮条锚具

1—帮条；2—施焊方向；3—衬板；4—主筋

2. 钢筋束、钢绞线束锚具

钢筋束和钢绞线束目前使用的锚具有 JM 型、KTZ 型、XM 型、QM 型和镦头锚具等。

(1)JM 型锚具。

JM 型锚具由锚环与夹片组成,如图 7.15 所示。夹片呈扇形,靠两侧的半圆槽锚固预应力钢筋。为增加夹片与预应力筋之间的摩擦力,在半圆槽内刻有截面为梯形的齿痕,夹片背面的坡度与锚环一致。锚环分甲型和乙型两种。甲型锚环为一个具有锥形内孔的圆柱体,外形比较简单,使用时直接放置在构件端部的垫板上。乙型锚环在圆柱体外部增添正方形肋板,使用时锚环预埋在构件端部不另设垫板。锚环和夹片均用 45 号钢制造,甲型锚环和夹片必须经过热处理,乙型锚环可不必进行热处理。

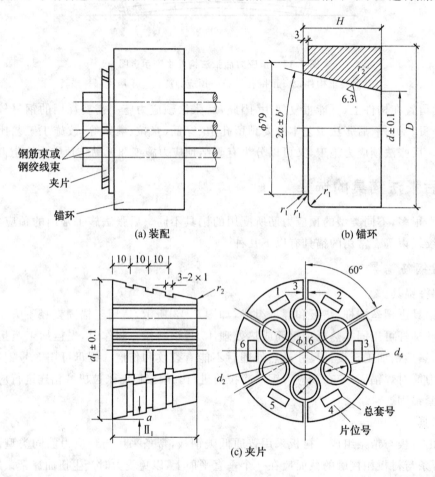

(a) 装配　　　　　　　　(b) 锚环

(c) 夹片

图 7.15　JM 型锚具

JM 型锚具可用于锚固 3～6 根直径为 12 mm 的光圆或螺纹钢筋束,也可以用于锚固 5～6 根直径为 12 mm 的钢绞线束。它可以作为张拉端或固定端锚具,也可作反复使用的工作锚。

(2)KTZ 型锚具。

KTZ 型锚具为可锻铸铁锥形锚具,由锚环和锚塞组成,如图 7.16 所示。分为 A 型和 B 型两种,当预应力筋的最大张拉力超过 450 kN 时采用 A 型,不超过 450 kN 时,采用 B 型。KTZ 型锚具适用锚固 3～6 根直径为 12 mm 的钢筋束或钢绞线束。该锚具为半埋式,使用时先将锚环小头嵌入承压钢板中,并用断续焊缝焊牢,然后共同预埋在构件端部。预应力筋的锚固需借千斤顶将锚塞顶入锚环,其预压力为预应力筋张拉力的 50%～60%。使用 KTZ 型锚具时,预应力筋在锚环小口处形成弯折,因而产生摩擦损失。

（3）XM 型锚具。

XM 型锚具属新型大吨位群锚体系锚具。它由钳环和夹片组成。3 个夹片为一组,夹持一根预应力筋形成一个锚固单元。由一个锚固单元组成的锚具称单孔锚具,由两个或两个以上的锚固单元组成的锚具称为多孔锚具,如图 7.17 所示。

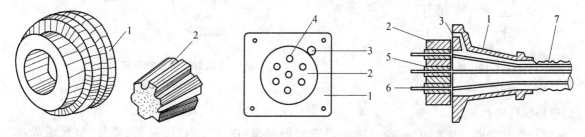

图 7.16   KT－Z 型锚具   图 7.17   XM 型锚具
1—锚环;2—锚塞图   1—喇叭管;2—锚环;3—灌浆孔;4—圆锥孔;5—夹片;6—钢铰线;7—波纹管

XM 型锚具的夹片为斜开缝,以确保夹片能夹紧钢绞线或钢丝束中每根外围钢丝,形成可靠的锚固。夹片开缝宽度一般平均为 1.5 mm。XM 型锚具既可作为工作锚,又可兼作工具锚。

（4）QM 型锚具。

QM 型锚具与 XM 型锚具相似,它也是由锚板和夹片组成。但钻孔是直的,锚板顶面是平的,夹片垂直开缝。此外,备有配套喇叭形铸铁垫板与弹簧圈等。

这种锚具适用于锚固 4～31 根 φ12 和 3～9 根 φ15 钢绞线束,如图 7.18 所示。

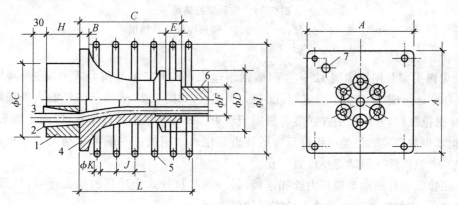

图 7.18   QM 型锚具

（5）镦头锚具。

镦头锚用于固定端,如图 7.19 所示,由锚固板和带镦头的预应力筋组成。

3.钢丝束锚具

目前国内常用的钢丝束锚具有钢质锥形锚具、锥形螺杆锚具、钢丝束镦头锚具、XM 型锚具和 QM 型锚具。

（1）钢质锥形锚具。

钢质锥形锚具由锚环和锚塞组成,如图 7.20 所示。

用于锚固以锥锚式双作用千斤顶张拉的钢丝束。钢丝分布于锚环锥孔内侧,由锚塞塞紧锚固。锚环内孔的锥度应与锚塞的锥度一致,锚塞上刻有细齿槽,夹紧钢丝防止滑移。

锥形锚具的缺点是当钢丝直径误差较大时,易产生单根滑丝现象,且很难补救。如用加大顶锚力的办法来防止滑丝,又易使钢丝被咬伤。此外,钢丝锚固时呈辐射状态,弯折处受力较大。目前在国外已很少采用。

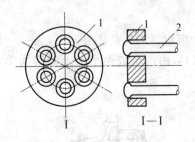

图 7.19　镦头锚具

1—锚固板；2—预应力筋

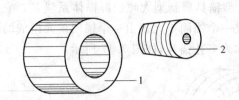

图 7.20　钢质锥形锚具

1—锚环；2—锚塞

（2）锥形螺杆锚具。

锥形螺杆锚具适用于锚固 14～28 根 φ5 组成的钢丝束，由锥形螺杆、套筒、螺母、垫板组成，如图 7.21 所示。

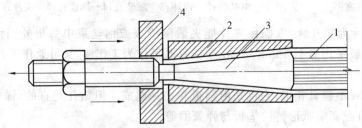

图 7.21　锥形螺杆锚具

1—钢丝；2—套筒；3—锥形螺杆；4—垫板

（3）钢丝束镦头锚具。

$\varphi^{s}5$ 钢丝束镦头锚具用于锚固 12～54 根碳素钢丝束，分 DM5A 型和 DM5B 型两种。A 型用于张拉端，由锚环和螺母组成，B 型仅用于固定端，仅有一块锚板，如图 7.22 所示。锚环的内外壁均有丝扣，内丝扣用于连接张拉螺杆，外丝扣用拧紧螺母锚固钢丝束。锚环和锚板四周钻孔，以固定额头的钢丝。孔数和间距由钢丝根数确定。钢丝可用液压冷镦器进行镦头。钢丝束一端可在制束时将头镦好，另一端则待穿束后镦头，但构件孔道端部要设置扩孔。

张拉时，张拉螺丝杆一端与锚环内丝扣连接，另一端与拉杆式千斤顶的拉头连接，当张拉到控制应力时，锚环被拉出，则拧紧锚环外丝扣上的螺母加以锚固。

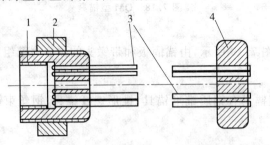

图 7.22　DM5A 型和 DM5B 型锚具

1—锚环；2—螺母；3—钢丝束；4—锚板

7.2.3　张拉设备的选择

后张法主要张拉设备有千斤顶和高压油泵。

1. 拉杆式千斤顶（YL 型）

拉杆式千斤顶主要用于张拉带有螺丝端杆锚具的粗钢筋，锥形螺杆锚具钢丝束及镦头锚具钢丝束。拉杆式千斤顶构造如图 7.23 所示，由主缸 1、主缸活塞 2、副缸 4、副缸活塞 5、连接器 7、顶杆 8 和拉杆 9 等组成。张拉预应力筋时，首先使连接器 7 与顶应力筋 11 的螺丝端杆 14 连接，并使顶杆 8 支撑在构件端部的预埋钢板 13 上。当高压油泵将油液从主缸油嘴 3 进入主缸时，推动主缸活塞向左移动，带动拉杆 9 和连接在拉杆末端的螺丝端杆，预应力筋即被拉伸，当达到张拉力后，拧紧预应力筋端部的螺母 10，使预应力筋锚固在构件端部。锚固完毕后，改用副油嘴 6 进油，推动副缸活塞和拉杆向右移动，回到开始张拉时的位置，与此同时，主缸 1 的高压油也回到油泵中。目前工地上常用的为 600 kN 拉杆式千斤顶。

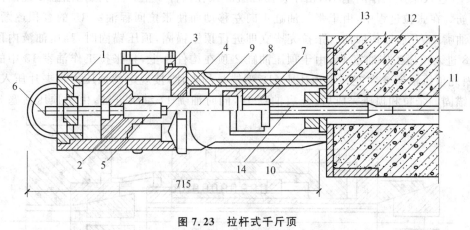

图 7.23　拉杆式千斤顶

1—主缸；2—主缸活塞；3—主缸油嘴；4—副缸；5—副缸活塞；6—副油嘴；7—连接器；
8—顶杆；9—拉杆；10—螺母；11—预应力筋；12—混凝土构件；13—预制钢板；14—螺丝端杆

2. 锥锚式千斤顶（YZ 型）

锥锚式千斤顶主要用于张拉 KTZ 型锚具锚固的钢筋束或钢绞线束和使用锥形锚具的预应力钢丝束。其张拉油缸用以张拉预应力筋，顶压油缸用以顶压锥塞，因此又称双作用千斤顶，如图 7.24 所示。

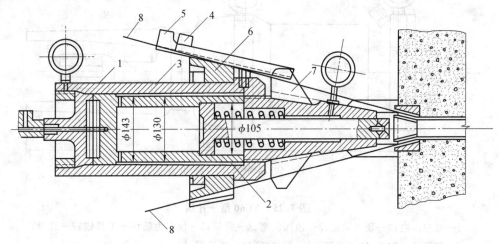

图 7.24　锥锚式千斤顶

1—主缸；2—副缸；3—退楔缸；4—楔块（张拉时位置）；
5—楔块（退出时位置）；6—锥形卡环；7—退楔翼片；8—预应力筋

张拉预应力筋时,主缸进油,主缸被压移,使固定在其上的钢筋被张拉。钢筋张拉后,改由副缸进油,随即由副缸活塞将锚塞顶入锚圈中。主、副缸的回油则是借助设置在主缸和副缸中弹簧作用来进行的。

3.穿心式千斤顶(YC型)

穿心式千斤顶适用性很强,它适用于张拉采用 JM12 型、QM 型、XM 型的顶应力钢丝束、钢筋束和钢绞线束。配置撑脚和拉杆等附件后,又可作为拉杆式千斤顶使用。在千斤顶前端装上分束顶压器,并在千斤顶与撑套之间用钢管接长后可作为 YZ 型千斤顶使用,张拉钢质锥形锚具。穿心式千斤顶的特点是千斤顶中心有穿通的孔道,以便预应力筋或拉杆穿过后用工具锚临时固定在千斤顶的顶部进行张拉。根据张拉力和构造不同,分为 YC60,YC20D,YCD120,YCD200 和无顶压机构的 YCQ 型千斤顶。

现以 YC60 型千斤顶为例,说明其工作原理,如图 7.25 所示。张拉时,先把装好锚具的预应力筋穿入千斤顶的中心孔道,并从张拉油缸 1 的端部用工具锚 6 加以锚固。张拉时,用高压油泵将高压油液从张拉缸油嘴 16 进入张拉工作油室 13,由于顶压油缸 2 顶在构件 9 上,因而张拉油缸 1 逐渐向左移动而张拉预应力筋。在张拉过程中,由于张拉油缸 1 向左移动而使张拉回程油室 15 的容积逐渐减小,所以须将顶压缸油嘴 17 开启以便回油。张拉完毕立即进行顶压锚固,顶压锚固时,高压油液内顶压缸油嘴 17 经油孔 18 进入顶压工作油室 14,由于顶压油缸 2 顶在构件 9 上,且张拉工作油室 13 中的高压油液尚未回油,因此顶压活塞 3 向左移动顶压 JM12 型锚具的夹片,按规定的顶压力将夹片压入锚环 8 内,将预应力筋锚固。张拉和顶压完成后,开启油嘴 16,同时油嘴 17 继续进油,由于顶压活塞 3 仍顶住夹

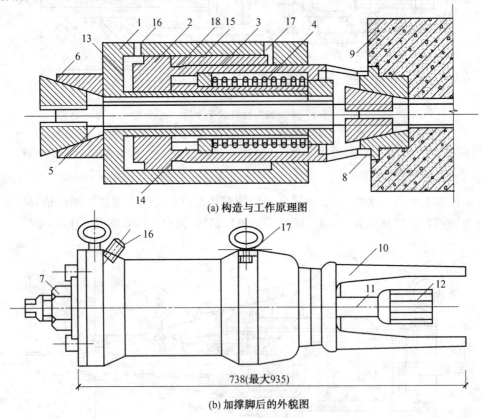

(a) 构造与工作原理图

738(最大935)

(b) 加撑脚后的外貌图

图 7.25 YC60 型千斤顶

1—张拉油缸;2—顶压油缸;3—顶压活塞;4—弹簧;5—预应力筋;6—工具锚;7—螺母;
8—锚环;9—构件;10—撑脚;11—张拉杆;12—连接器;13—张拉工作油室;
14—顶压工作油室;15—张拉回程油室;16—张拉缸油嘴;17—顶压缸油嘴;18—油孔

片,油室 14 的容积不变,进入的高压油液全部进入油室 15。因而张拉油缸 1 逐渐向左移动进行复位,然后油泵停止工作。开启油嘴门,利用弹簧 4 使顶压活塞 3 复位,并使油室 14、15 回油卸载。

高压油泵主要与各类千斤顶配套使用,提供高压的油液。高压油泵的类型比较多,性能不一。如 ZB4500 型电动油泵,该油泵是通用的预应力油泵,主要与额定压力不大于 50 N/mm² 的中等吨位的顶应力千斤顶配套使用,也可供对流量无特殊要求的大吨位千斤顶和对油泵自重无特殊要求的小吨位千斤顶使用,还可供液压镦头用。

张拉设备标定:用千斤顶张拉预应力筋时,预应力的张拉力是通过油泵上的油压表的读数来控制的。压力表的读数表示千斤顶张拉油缸活塞单位面积的油压力。理论上如已知张拉力 N、活塞面积 A,则可求出张拉时油表的相应该数 P。但是由于活塞与油缸间存在摩擦力,因此,实际张拉力往往比理论计算值小(压力表上读数为张拉力除以活塞面积)。为保证预应力筋张拉应力的准确性,必须采用标定方法直接测定千斤顶的实际张拉力与压力表读数之间的关系,绘制 $N-P$ 关系曲线,供施工时使用。预应力筋张拉机具设备及仪表应定期维护和校验,张拉设备应配套标定,并配套使用。标定张拉设备用的试验机或测力计算精度,不得低于 ±2%,压力表的精度不宜低于 1.5 级,最大量程不宜小于设备额定张拉力的 1.3 倍。标定时,千斤顶活塞的运行方向应与实际张拉工作状态一致。张拉设备的标定期限不应超过半年。

7.2.4　预应力钢筋的计算及制作

1. 单根粗钢筋

单根粗钢筋预应力筋的制作包括配料、对焊、冷拉等工序。预应力筋的下料长度应计算确定。应考虑预应力筋钢材品种、锚具形式、焊接接头、钢筋冷拉伸长率、弹性回缩率、张拉伸长值、构件孔道长度、张拉设备与施工方法等因素。

单根粗钢筋预应力筋下料长度 L 按下式计算:

$$L=\frac{L_0}{1+r-\delta}+nl_0 \tag{7.3}$$

式中　L_0——预应力筋钢筋部分的成品长度;

　　　l_0——每个对焊接头的压缩长度,一般 $10=d$(d 为预应力钢筋直径);

　　　n——对焊接头数量(钢筋与钢筋、钢筋与锚具的对焊接头总数);

　　　r——钢筋冷拉伸长率(由试验确定);

　　　δ——钢筋冷拉弹性回缩率(由试验确定)。

2. 钢筋束(钢绞线束)

钢筋束由直径为 12 mm 的细钢筋编束而成。钢绞线束由直径 12 mm 或 15 mm 的钢绞线编束而成,每束 3~6 根,一般不需对焊接长。预应力筋的制作工序一般包括开盘、冷拉、下料及编束。下料是在钢筋冷拉后进行,下料时宜采用切断机或砂轮锯切机,不得采用电弧切割。钢绞线下料前需在切割口两侧各 50 mm 处用铁丝绑扎,切割后对切割口应立即焊牢,以免松散。

为保证穿筋和张拉时不发生扭线结,应对预应力筋进行编束,编束时一般将钢筋理顺后,用 18~22 号铁丝,每隔 1 m 左右绑扎一道,使形成束状。钢筋束或钢绞线束的下料长度与构件的长度、所选用的锚具和张拉机械有关。

钢绞线下料长度如图 7.26 所示,按下式计算。

两端张拉:

$$L=l+2(l_1+l_2+l_3+100) \tag{7.4}$$

一端张拉:

$$L=l+2(l_1+100)+l_2+l_3 \tag{7.5}$$

式中　l——构件的孔道长度,mm;

　　　l_1——工作锚厚度,mm;

　　　l_2——穿心式千斤顶长度,mm;

　　　l_3——夹片式工作锚厚度,mm。

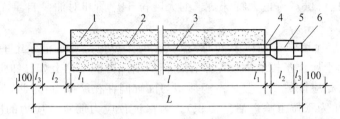

图 7.26　采用钢质锥形锚具时钢丝束钢丝下料长度计算简图

1—混凝土构件;2—孔道;3—钢丝束;4—夹片式工作锚;

5—穿心式千斤顶;6—夹片式工具锚

3. 钢丝束

钢丝束的制作随锚具的形式不同而异,一般包括调直、下料、编束和安装锚具等工序。当采用钢丝束做预应力筋时,为保证张拉时钢丝束中每根钢丝应力值的均匀性,钢丝束制作时必须等长下料,同束钢丝中下料长度的相对误差应控制在 $L/5\,000$ 以内,且不得大于 5 mm(L 为钢丝长度)。为此,要求钢丝在应力状态下切断下料,切断的控制应力为 300 N/mm^2。

7.2.5　后张法施工工艺

后张法施工工艺流程如图 7.27 所示。

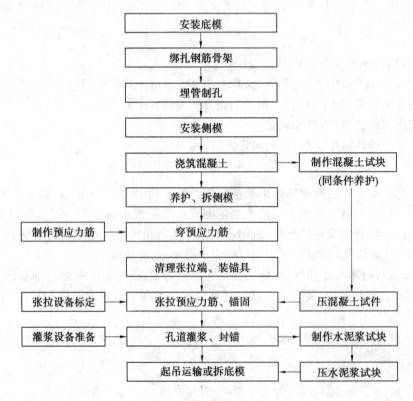

图 7.27　后张法施工工艺

1. 孔道留设

孔道留设是后张法有黏结预应力施工中的关键工作之一。预留孔道的规格、数量、位置和形状应符合设计要求；预留孔道的定位应牢固，浇筑混凝土时不应出现位移和变形；孔道应平顺，端部的预埋锚垫板应垂直于孔道中心线。

技术点睛 ::::::::::

对粗钢筋，孔道的直径应比预应力筋直径、钢筋对焊接头处外径或需穿过孔道的锚具或连接器外径大 10～15 mm。对钢丝或钢绞线，孔道的直径应比预应力束外径或锚具大 5～10 mm，且孔道面积应大于预应力筋面积的两倍。

::::::::::

(1) 预埋波纹管留孔。

预埋波纹管成孔时，波纹管直接埋在构件或结构中不再取出，这种方法特别适用于留设曲线孔道。按材料不同，波纹管分为金属波纹管和塑料波纹管。金属波纹管又称螺旋管，是用冷轧钢带或镀锌钢带在卷管机上压波后螺旋咬合而成。按照截面形状不同可分为圆形和扁形两种；按照钢带表面状况可分为镀锌和不镀锌两种。预应力混凝土用金属波纹管应满足径向刚度、抗渗漏、外观等要求。

金属波纹管的连接，采用大一号的同型波纹管。接头管的长度为 200～300 mm，其两端用密封胶带或塑料热塑管封口。

波纹管的安装，应事先按设计图中预应力筋的曲线坐标在箍筋上定出曲线位置。波纹管的固定应采用钢筋支托，支托钢筋间距为 0.8～1.2 m。支托钢筋应焊在箍筋上，箍筋底部应垫实。波纹管固定后，必须用铁丝扎牢，以防止浇筑混凝土时波纹管上浮而引起严重的质量事故。

塑料波纹管用于预应力筋孔道，具有以下优点：提高预应力筋的防腐保护，可防止氯离子侵入而产生的电腐蚀；不导电，可防止杂散电流腐蚀；密封性好，保护预应力筋不生锈；强度高，刚度大，不怕踩压，不易被振动棒凿破；减小张拉过程中的孔道摩擦损失；提高了预应力筋的耐疲劳能力。

安装时，塑料波纹管的钢筋支托间距不大于 1.0 m。塑料波纹管接长采用熔焊法或高密度聚乙烯塑料套管。塑料波纹管与锚垫板连接，采用高密度聚乙烯套管。

(2) 钢管抽芯法。

制作后张法预应力混凝土构件时，在预应力筋位置预先埋设钢管，待混凝土初凝后再将钢管旋转抽出的留孔方法。为防止在浇筑混凝土时钢管产生位移，每隔 1.0 m 用钢筋井字架固定牢靠。钢管接头处可用长度为 300～400 mm 的铁皮套管连接。在混凝土浇筑后，每隔一定时间慢慢同向转动钢管，使之不与混凝土黏结；待混凝土初凝后、终凝前抽出钢管，即形成孔道。钢管抽芯法仅适用于留设直线孔道。

(3) 胶管抽芯法。

制作后张法预应力混凝土构件时，在预应力筋的位置处预先埋设胶管，待混凝土结硬后再将胶管抽出的留孔方法。采用 5～7 层帆布胶管。为防止在浇筑混凝土时胶管产生位移，直线段每隔 600 mm 用钢筋井字架固定牢靠，曲线段应适当加密。胶管两端应有密封装置。在浇筑混凝土前，胶管内充入压力为 0.6～0.8 MPa 的压缩空气或压力水，管径增大约 3 mm，待浇筑的混凝土初凝后，放出压缩空气或压力水，管径缩小，混凝土脱开，随即拔出胶管。胶管抽芯法适用于留设直线与曲线孔道。

在预应力筋孔道两端，应设置灌浆孔和排气孔。灌浆孔可设置在锚垫板上或利用灌浆管引至构件外，对抽芯成型孔道其间距不宜大于 12 m，孔径应能保证浆液畅通，一般不宜小于 20 mm，曲线孔道的曲线波峰部位应设置排气兼泌水管，必要时可在最低点设置排水孔。

技 术 点 睛

胶管密封的方法：将胶管端的外表面削去1～3层胶皮帆布，然后将表面带有粗丝扣的钢管（钢管一端用铁板密封焊牢）插入胶管端头孔内，再用20号铅丝与胶管外表面密缠牢固，将铅丝头用锡焊牢。

灌浆孔的做法，对一般预制构件，可采用木塞留孔。木塞应抵紧钢管、胶管或螺旋管，并应固定，严防混凝土振捣时脱开。现浇预应力结构金属螺旋管留孔做法：是在螺旋管上开口，用带嘴的塑料弧形压板与海绵垫片覆盖并用铁丝扎牢，再接增强塑料管（外径为20 mm，内径为16 mm）。为保证留孔质量，金属螺旋管上可先不开孔，在外接塑料管内插一根钢筋，待孔道灌浆前，再用钢筋打穿螺旋管。预应力筋穿入孔道，简称穿筋。根据穿筋与浇筑混凝土之间的先后关系，可分为先穿筋和后穿筋两种。

先穿筋法即在浇筑混凝土之前穿筋。此法穿筋省力，但穿筋占用工期，预应力筋的自重引起的波纹管摆动会增大摩擦损失，预应力筋端部保护不当易生锈。

后穿筋法即在浇筑混凝土之后穿筋。此法可在混凝土养护期内进行，不影响工期，便于用通孔器或高压水通孔，穿筋后即行张拉，易于防锈，但穿筋较为费力。

根据一次穿入数量，穿筋可分为整束穿和单根穿。钢丝束应整束穿；钢绞线宜采用整束穿，也可用单根穿。穿筋工作可由人工、卷扬机和穿筋机进行。

人工穿筋可利用人工或起重设备将预应力筋吊起，工人站在脚手架上逐步穿入孔内。预应力筋的前端应扎紧并裹胶布，以便顺利通过孔道。对多波曲线预应力筋，宜采用特制的牵引头，工人在前头牵引，后头报送，用对讲机保持前后两端同时出现。对长度不大于60 m的曲线预应力筋，人工穿筋方便。

预应力筋长为60～80 m时，也可采用人工先穿筋，但在梁的中部留设约3 m长的穿筋助力段。助力段的波纹管应加大一号，在穿筋前套接在原波纹管上留出穿筋空间，待钢绞线穿入后再将助力段波纹管旋出接通，该范围内的箍筋暂缓绑扎。

对长度大于80 m的预应力筋，宜采用卷扬机穿筋。钢绞线与钢丝绳间用特制的牵引头连接。每次牵引2～3根钢绞线，穿筋速度快。

用穿筋机穿筋适用于大型桥梁与构筑物单根穿钢绞线的情况。穿筋机有两种类型：一是由油泵驱动链板夹持钢绞线传送，速度可任意调节，穿筋可进可退，使用方便；二是由电动机经减速箱减速后由两对滚轮夹持钢绞线传送，进退由电动机正反转控制。穿筋时，钢绞线前头应套上一个子弹头形壳帽。

2．预应力筋张拉

（1）准备工作。

①混凝土强度检验。

预应力筋张拉时，混凝土强度应符合设计要求；当设计无具体要求时，不低于设计混凝土强度等级的75%。

②构件端头清理。

构件端部预埋钢板与锚具接触处的焊渣、毛刺、混凝土残渣等应清除干净。

③张拉操作台搭设。

高空张拉预应力筋时，应搭设可靠的操作平台并装有防护栏杆。

④锚具与张拉设备安装。

锚具进场后应经过检验合格，方可使用；张拉设备应事先配套校验。对钢绞线束夹片锚固体系，安装锚具时应注意工作锚板或锚环对中，夹片均匀打紧并外露一致；千斤顶上的工具锚孔与构件端部工作锚的孔位排列要一致，以防钢绞线在千斤顶穿心孔内交叉。对钢丝束锥形锚固体系，安装钢质锥形锚具时必须严格对中，钢丝在锚环周边应分布均匀。对钢丝束镦头锚固体系，对于穿筋关系，其中一端锚具要后安装并进行镦头。安装张拉设备时,对直线预应力筋,应使张拉力作用线与孔道中心线重合;对曲线预应力筋,应使张拉力作用线与孔道中心线末端的切线重合。

（2）预应力筋张拉方式。

根据预应力混凝土结构特点、预应力筋形状与长度以及方法的不同,预应力筋张拉方式有以下几种:

①一端张拉方式。

张拉设备放置在顶应力筋的一端进行张拉。适用于长度小于等于 30 m 的直线预应力筋与锚固损失影响长度 $L_f \geqslant 1/2 L$（L 为预应力筋长度）的曲线预应力筋。如设计人员认可,同意放宽上述限制条件,也可采用一端张拉,但张拉端宜分别设置在构件的两端。

②两端张拉方式。

张拉设备放置在预应力筋两端进行张拉。适用于长度大于 30 m 的直线预应力筋与 $L_f < 1/2L$ 的曲线预应力筋。

③分批张拉方式。

对配有多束预应力筋的构件或结构分批进行张拉。后批预应力筋张拉所产生的混凝土弹性压缩对先批张拉的预应力筋造成预应力损失,所以先批张拉的预应力筋张拉应加上该弹性压缩损失值,使分批张拉后,每根预应力筋的张拉力基本相等。

另外,对较长的多跨连续梁可采用分段张拉方式;在后张传力梁等结构中,为了平衡各阶段的荷载,可采用分阶段张拉方式;为达到较好的预应力效果,也可采用在早期预应力损失基本完成后再进行张拉的补偿张拉方式等。

（3）预应力筋张拉顺序。

预应力筋的张拉顺序,应使混凝土不产生超应力、构件不扭转与侧弯、结构不变位等,因此,张拉宜对称进行。同时还应考虑到尽量减少张拉设备的移动次数。

预应力混凝土屋架下弦杆钢丝束的张拉顺序如图 7.28 所示。钢丝束的长度不大于 30 mm,采用一端张拉方式。图 7.28（a）是预应力筋为 2 束,用两台千斤顶分别设置在构件两端,对称张拉,一次完成。

图 7.28（b）是预应力筋为 4 束,需要分两批张拉,用两台千斤顶分别张拉对角线上的 2 束,然后张拉另外 2 束。图 7.28 中 1,2 为预应力筋分批张拉顺序;4 束钢绞线分为两批张拉,两台千斤顶分别设置在梁的两端,按左右对称各张拉 1 束,待两批 4 束均进行一端张拉后,再分批在另端补张拉。这种张拉顺序,还可减少先批张拉预应力筋的弹性压缩损失。

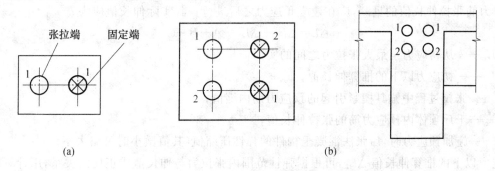

图 7.28　后张法预应力筋的放张顺序图

后张法预应力混凝土屋架等构件一般在施工现场平卧重叠制作,重叠层数为 3～4 层,其张拉顺序宜先上后下逐层进行。为了减少上下层之间因摩擦引起的预应力损失,可逐层加大张拉力。根据试验研究和大量工程实践,得出不同隔离层的平卧重叠构件逐层增加的张拉力值。

(4)张拉程序。

预应力筋的张拉操作程序,主要根据构件类型、张拉锚固体系、松弛损失等因素确定。

①采用低松弛钢丝和钢绞线时,张拉操作程序为:$0 \rightarrow P_j$ 锚固。

$$P_j = \sigma_{con} A_p$$

式中 P_j——预应力筋的张拉力;

A_p——预应力筋的截面面积。

②采用普通松弛预应力筋时,按超张拉程序进行:

对镦头锚具等可卸载锚具 $0 \rightarrow 1.05\ P_j$(持荷 2 min)$\rightarrow P_j$ 锚固。

对夹片锚具等不可卸载锚具 $0 \rightarrow 1.03\ P_j$ 锚固。

超张拉并持荷 2 min 的目的是加快预应力筋松弛损失的早期发展。以上各种张拉操作程序,均可分级加载。对曲线预应力束,一般以 $(0.2\sim0.25)P_j$ 为测量伸长值的起点,分三级加载 $(0.2P_j, 0.6\ P_j$ 及 $1.0\ P_j)$ 或四级加载 $(0.25\ P_j, 0.50\ P_j, 0.75\ P_j, 1.0\ P_j)$。

(5)张拉伸长值校核。

预应力筋张拉时,通过伸长值的校核,可以综合反映张拉力是否足够,孔道摩阻损失是否偏大,以及预应力筋是否有异常现象等。因此,对张拉伸长值的校核,要引起重视。当采用应力控制方法张拉时,应校核预应力筋的伸长值。实际伸长值与设计计算理论伸长值的相对允许偏差为 $\pm6\%$。

①伸长值 ΔL 的计算。

直线预应力筋,不考虑孔道摩擦影响时,有

$$\Delta L = \frac{\sigma_{con}}{E_s} L \tag{7.6}$$

式中 $\bar{\sigma}_{con}$——施工中实际张拉控制应力;

直线预应力筋,考虑孔道摩擦影响,一端张拉时,有

$$\Delta L = \frac{\bar{\sigma}_{con}}{E_s} L \tag{7.7}$$

式中 $\bar{\sigma}_{con}$——预应力筋的平均张拉应力,取张拉端与固定端应力的平均值,即为跨中应力值;

式(7.6)和式(7.7)的差别在于是否考虑孔道摩擦对预应力筋伸长值的影响,当长度在 24 m 以内、一端张拉时,两公式计算结果相差不大,可采用式(7.6)计算。

②伸长值的测定。

预应力筋张拉伸长值的量测,应在建立预应力之后进行。其实际伸长值应为

$$\Delta L = \Delta L_1 + \Delta L_2 - A - B - C \tag{7.8}$$

式中 ΔL_1——从初应力至最大张拉力之间的实测伸长值;

ΔL_2——初应力以下的推算伸长值;

A——张拉过程中锚具楔紧引起的预应力筋内缩值;

B——千斤顶体内预应力筋的张拉伸长值;

C——施加预应力时,后张法混凝土构件的弹性压缩值(其值微小时可略去不计)。

初应力以下的推算伸长值 ΔL_2,可根据弹性范围内张拉力与伸长值成正比的关系,用计算法或图解法确定。

(6)张拉安全注意事项。

在预应力作业中,必须特别注意安全,因为预应力持有很大的能量,万一预应力被拉断或锚具与张拉千斤顶失效,巨大能量急剧释放,有可能造成很大危险,因此,在任何情况下作业人员不得站在预应力筋的两端,同时在张拉千斤顶的后面应设立防护装置。

3.孔道灌浆

预应力筋张拉后,利用灌浆泵将水泥浆压灌到预应力筋孔道中去,保护预应力筋,防止锈蚀并使预应力筋与构件混凝土能有效地黏结,以控制超载时裂缝的间距与宽度并减轻梁端锚具的负荷状况。

预应力筋张拉后,应尽早进行孔道灌浆。对孔道灌浆的质量,必须重视。孔道内水泥浆应饱满、密实,应采用强度等级不低于 32.5 级的普通硅酸盐水泥配制水泥浆,其水灰比不应大于 0.45;搅拌后 3 h 泌水率不宜大于 2%,且不应大于 3%。泌水应能在 24 h 内全部重新被水泥浆吸收。为改善水泥浆性能,可掺缓凝减水剂。水泥浆应采用机械搅拌,以确保拌和均匀。搅拌好的水泥浆必须过滤(网眼不大于 5 mm)置于贮浆桶内,并不断搅拌以防水沉淀。

灌浆设备包括:砂浆搅拌机、消浆泵、贮浆桶、过滤网、橡胶管和喷浆嘴等。灌浆泵应根据灌浆高度、长度、形态等选用,并配备计量校检合格的压力表。灌浆前应全面检查构件孔道及灌浆孔、泌水孔、排气孔是否畅通。对抽拔管成孔,可采用压力水冲洗孔道;对预埋波纹管成孔,必要时可采用压缩空气清孔。宜先灌下层孔道,后灌上层孔道。灌浆工作应缓慢均匀地进行,不得中断,并应排气通顺,在出浆口出浓浆并封闭排气孔后,宜再继续加压至 0.5~0.7 N/mm²,稳压 2 min,再封闭灌浆孔。当孔道直径较大且水泥浆不掺微膨胀剂或减水剂进行灌浆时,可采取二次压浆法或重力补浆法。超长孔道、大曲率孔道、扁管孔道、腐蚀环境的孔道等可采用真空辅助灌浆。灌浆用水泥浆的配合比应通过试验确定,施工中不得任意更改。灌浆试块标准养护 28 d 的抗压强度不应低于 30 N/mm²。移动构件或拆除底模时,水泥浆试块强度不应低于 15 N/mm²。孔道灌浆后,应检查孔道上凸部位灌浆密实性,如有空隙,应采取人工补浆措施。对孔道阻塞或孔道灌浆密实情况有疑问时,可局部凿开或钻孔检查,但以不损坏结构为前提,否则应采取加固措施。

7.3　无黏结预应力混凝土

7.3.1　无黏结预应力的概念

后张无黏结预应力混凝土施工方法是将无黏结预应力筋像普通布筋一样先铺设在支好的模板内,然后浇筑混凝土,待混凝土达到设计规定强度后进行张拉锚固的施工方法。无黏结预应力筋施工无需预留孔道与灌浆,施工简便,预应力筋易弯成所需的曲线形状。主要用于现浇混凝土结构,如双向连续平板、密肋板和多跨连续梁等,也可用于暴露或腐蚀环境中的体外索、拉索等。

无黏结预应力筋是由预应力钢丝束或钢绞线束、涂料层和护套层组成,如图 7.29 所示。无黏结筋的涂料层的作用是使无黏结筋与混凝土隔离、减少张拉时的摩擦损失、防止无黏结筋腐蚀等。因此要求涂料层应具有良好的化学稳定性,对周围材料无侵蚀作用;不透水、不吸湿,抗腐蚀性能强,润滑性能好,摩擦阻力小,低温不变脆,并有一定韧性。目前常用的涂料层有防腐蚀沥青和防腐油脂等。护套层的材料要求具有足够的韧性、抗磨

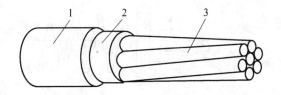

图 7.29　无黏结预应力筋
1—塑料护套;2—油脂;3—钢绞线或钢丝束

及抗冲击性,对周围材料无侵蚀作用;在规定温度范围内,低温不脆化,高温化学稳定性好。常用高密度聚乙烯或聚丙烯材料制作。

无黏结预应力筋的制作采用挤压涂层工艺。挤压涂层工艺制作无黏结预应力筋的生产线如图7.30

所示,钢绞线(或钢丝束)通过涂油装置涂油后,通过塑料挤出机的机头出口处,塑料熔融物被挤成管状包覆在钢绞线上,经冷却水槽塑料套管硬化,即形成无黏结预应力筋;牵引机继续将钢绞线牵引至收线装置,自排列成盘卷。这种工艺涂包质量好,生产效率高,设备性能稳定。

无黏结预应力筋制作的质量,除预应力筋的力学性能应满足要求外,涂料层油脂应饱满均匀,护套应圆整光滑,松紧恰当;护套厚度在正常环境下不小于0.8 mm,腐蚀环境下不小于1.2 mm。无黏结预应力筋制作后,对不同规格的无黏结预应力应做出标记。当无黏结预应力筋带有镦头锚固时,

应用塑料袋包裹,堆放在通风干燥处。露天堆放应搁置在架上,并加以覆盖。

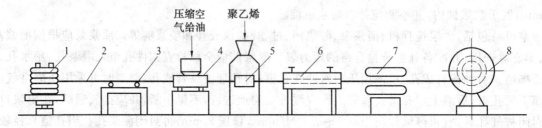

图 7.30　挤塑涂层生产线

1—放线机;2—钢绞线;3—滚动支架;4—给油装置;5—塑料挤出机;
6—水冷装置;7—牵引机;8—收线装置

7.3.2　无黏结预应力施工工艺

无黏结预应力混凝土的施工顺序如下:安装结构模板→绑扎非预应力筋、铺设无黏结预应力筋及定位固定→浇筑混凝土→养护、拆模→张拉无黏结预应力筋及锚固→锚头端部处理。下面主要介绍无黏结预应力筋的制作及主要施工工艺。

1.无黏结预应力筋的制作

无黏结预应力筋用防腐润滑油脂涂敷在预应力钢材(高强钢丝或钢绞线)表面上,并外包塑料护套制成。涂料层的作用是使预应力筋与混凝土隔离,减少张拉时的摩擦损失,防止预应力筋腐蚀等。防腐润滑油脂应具有良好的化学稳定性,对周围材料无侵蚀作用;不透水、不吸湿;抗腐蚀性能强;润滑性能好;在规定温度范围内高温不流淌、低温不变脆,并有一定韧性。成型后的整盘无黏结预应力筋可按工程所需长度、锚固形式下料,进行组装。挤压锚具及其成型如图7.31所示。无黏结预应力筋如图7.32所示。

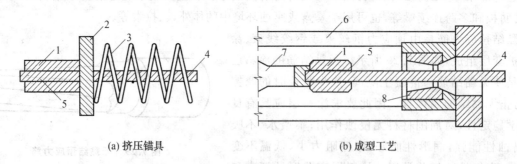

|(a) 挤压锚具|(b) 成型工艺|

图 7.31　挤压锚具及其成型

1—挤压套筒;2—边板;3—螺旋筋;4—钢绞线;5—硬钢丝衬圈;6—挤压机机架;7—活塞杆;8—挤压模

无黏结预应力筋的包装、运输、保管应符合下列要求：

(1)对不同规格的无黏结预应力筋应有明确标记。

(2)当无黏结预应力筋带有镦头锚具时,应用塑料袋包裹。

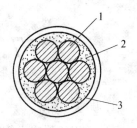

(3)无黏结预应力筋应堆放在通风干燥处,露天堆放应搁置在板架上,并加以覆盖,以免烈日曝晒造成涂料流淌。

图 7.32 无黏结预应力筋
1—钢绞线或钢丝;
2—油脂;3—塑料护套

2.无黏结预应力筋的铺设

在单向板中,无黏结预应力筋的铺设比较简单,与非预应力筋铺设基本相同。在双向板中,无黏结预应力筋需要配置成两个方向的悬垂曲线,要相互穿插,施工操作较为困难,必须事先编出无黏结筋的铺设顺序。其方法是将各向无黏结筋各搭接点的标高标出,对各搭接点相应的两个标高分别进行比较,若一个方向某一无黏结筋的各点标高均分别低于与其相交的各筋相应点标高时,则此筋可先放置。按此规律编出全部无黏结筋的铺设顺序。

无黏结预应力筋的铺设,通常是在底部钢筋铺设后进行。水电管线一般宜在无黏结筋铺设后进行,且不得将无黏结筋的竖向位置抬高或压低。支座处负弯矩钢筋通常是在最后铺设。

无黏结预应力筋应严格按设计要求的曲线形状就位并固定牢靠。无黏结筋竖向位置,宜用支撑钢筋或钢筋马凳控制,其间距为 1~2 m。应保证无黏结筋的曲线顺直。在双向连续平板中,各无黏结筋曲线高度的控制点用铁马凳垫好并扎牢。在支座部位,无黏结筋可直接绑扎在梁或墙的顶部钢筋上;在跨中部位,可直接绑扎在板的底部钢筋上。

3.无黏结预应力筋张拉

无黏结预应力混凝土楼盖结构宜先张拉楼板,后张拉楼面梁。板中的无黏结筋依次张拉,梁中的无黏结筋宜对称张拉。

板中的无黏结筋一般采用前卡式千斤顶单根张拉,并用单孔夹片锚具锚固。

无黏结曲线预应力筋的长度超过 35 m 时,宜采取两端张拉。当筋长超过 70 m 时,宜采取分段张拉。如遇到摩擦损失较大时,宜先松动一次再张拉。

在梁板顶面或墙壁侧面的斜槽内张拉无黏结预应力筋时,宜采用变角张拉装置。

无黏结预应力筋张拉伸长值校核与有黏结预应力筋相同;对超长无黏结筋,由于张拉初期的阻力大,初拉力以下的伸长值比常规推算伸长值小,应通过试验修正。

无黏结预应力筋的锚固区,必须有严格的密封防护措施,严防水汽进入,锈蚀预应力筋。无黏结预应力筋锚固后的外露长度不小于 30 mm,多余部分宜用手提砂轮锯切割,但不得采用电弧切割。在锚具与锚垫板表面涂以防水涂料。为了使无黏结筋端头全封闭,在锚具端头涂防腐润滑油脂后,罩上封端塑料盖帽(图 7.33)。对凹入式锚固区,锚具表面经上述处理后,再用微胀混凝土或低收

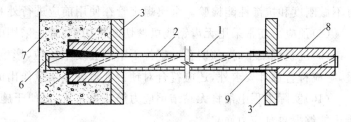

图 7.33 无黏结预应力筋全密封构造
1—护套;2—钢绞线;3—承压钢板;4—锚环;5—夹片;
6—塑料帽;7—封头混凝土;8—挤压锚具;9—塑料套管或橡胶带

缩防水砂浆密封。对凸出式锚固区,可采用外包钢筋混凝土圈梁封闭。对留有后浇带的锚固区,可采取二次浇筑混凝土的方法封锚。

7.4　质量标准与安全技术

1.质量要求

(1)常用的预应力筋有钢丝、钢绞线、热处理钢筋等,其质量应符合相应的现行国家标准《预应力混凝土用钢丝》(GB/T 5223—2014,替代 GB/T 5223—2002,2015 年 4 月 1 日正式实施)、《预应力混凝土用钢绞线》(GB/T 5224—2014,替代 GB/T 5224—2003,2015 年 4 月 1 日正式实施)、《预应力混凝土用钢棒》(GB/T 5223.3—2005)等的要求。预应力筋是预应力分项工程中最重要的原材料,进场时应根据进场批次和产品的抽样检验方案确定检验批,进行进场复验。由于各厂家提供的预应力筋产品合格证内容与格式不尽相同,为统一及明确有关内容,要求厂家除了提供产品合格证外,还应提供反映预应力筋主要性能的出厂检验报告,两者也可合并提供。进场复验可仅做主要的力学性能试验。

(2)无黏结预应力筋的涂包质量对保证预应力筋防腐及准确地建立预应力非常重要。涂包质量的检验内容主要有涂包层油脂用量、护套厚度及外观。当有工程经验,并经观察确认质量有保证时,可仅做外观检查。

(3)目前国内锚具生产厂家较多,各自形成配套产品,产品结构尺寸及构造也不尽相同。为确保实现设计意图,要求锚具、夹具和连接器按设计规定采用,其性能和应用应分别符合国家现行标准《预应力筋用锚具、夹具和连接器》(GB/T 14370—2007)和《预应力筋用锚具、夹具和连接器应用技术规程》(JGJ 85—2010)的规定。锚具、夹具和连接器的进场检验主要做锚具(夹具、连接器)的静载试验,材质、加工尺寸等只需按出厂检验报告中所列指标进行核对。

(4)孔道灌浆一般采用素水泥浆。应采用普通硅酸盐水泥配制水泥浆;水泥和外加剂中均不能含有对预应力筋有害的化学成分。孔道灌浆所采用水泥和外加剂数量较少的一般工程,如果由使用单位提供近期采用的相同品牌和型号的水泥及外加剂的检验报告,也可不做水泥和外加剂性能的进场复验。

(5)预应力筋使用前应进行外观质量检查。对有黏结预应力筋,可按各相关标准进行检查。对无黏结预应力筋,若出现护套破损应根据不同情况进行处理。

(6)锚具、夹具及连接器在使用前应重新对其外观进行检查。

(7)当使用单位能提供近期采用的相同品牌和型号金属螺旋管的检验报告或有可靠工程经验时,也可不做刚度和抗渗性能检验。金属螺旋管在使用前应进行外观质量检查。

(8)预应力筋常采用无齿锯或机械切断机切割,禁止采用电弧切割。

(9)浇筑混凝土时,预留孔道定位不牢固会发生移位,影响建立预应力的效果。为确保孔道成型质量,除应符合设计要求外,还应符合对预留孔道安装质量作出的相应规定。

(10)实际工程中常将无黏结预应力筋成束布置,以便于施工控制,但其数量及排列形状应能保证混凝土能够握裹预应力筋。

(11)后张法施工中,当浇筑混凝土前将预应力筋穿入孔道时,应根据工程具体情况采取必要的防锈措施。

(12)预应力筋张拉后应尽早进行孔道灌浆。要求灌浆水泥浆饱满、密实,完全裹住预应力筋。灌浆质量的检验应着重于现场观察检查,必要时采用无损检查或凿孔检查。

(13)水泥浆灌浆水灰比应符合规定的限值。应按规定控制泌水率。如果有可靠的工程经验,也可以提供以往工程中相同配合比的水泥浆性能试验报告。

(14)对灌浆质量,首先应强调其密实性,因为密实的水泥浆能为预应力筋提供可靠的防腐保护。同时,水泥浆与预应力筋之间的黏结力也是预应力筋与混凝土共同工作的前提。参考国外的有关规定并考虑目前预应力筋的实际应用强度,规定了标准尺寸水泥浆试件的抗压强度不应小于 30 MPa。

2.安全技术

(1)在预应力作业中,必须特别注意安全。因为预应力筋具有很大的能量,万一预应力筋被拉断或锚具与千斤顶失效,巨大能量急剧释放,有可能造成很大危害。因此,在任何情况下作业人员不得站在预应力筋的两端,同时,在张拉千斤顶的后面应设立防护装置。预应力筋若遇电火花损伤,容易在张拉阶段脆断,故应避免。施工时应避免将预应力筋作为电焊的一极。受电火花损伤的预应力筋应予以更换。

(2)预应力筋张拉机具设备及仪表,应定期维护和校验。张拉设备应配套标定,并配套使用。张拉设备的标定期限不应超过半年。当在使用过程中出现反常现象时或在千斤顶检修后,应重新标定。

(3)操作千斤顶和测量伸长值的人员,应站在千斤顶侧面操作,严格遵守操作规程。油泵开动过程中,不得擅自离开岗位。如需离开,必须把油阀门全部松开或切断电源。

(4)严禁在带负荷时拆换油管或压力表。接电源时,机壳必须接地,经检查绝缘可靠后才可试运行。

3.检测技术

(1)预应力筋、锚具、波纹管、水泥、外加剂等主要材料的分批出厂合格证检测报告、预应力筋、锚具的见证取样检测报告等。

(2)张拉设备、固定端制作设备等主要设备的进场验收。

(3)预应力筋制作交底文件及制作记录文件。

(4)孔道定位点标高是否符合设计要求。

(5)孔道是否顺直、过渡平滑、连接部位是否封闭。

(6)孔道是否有破损、是否封闭。

(7)孔道固定是否牢固,连接配件是否到位。

(8)张拉端、固定端安装是否正确,固定可靠。

(9)自检、隐检记录是否完整。

(10)是否派专人监督混凝土浇筑过程。

(11)张拉端、固定端处混凝土是否密实。

(12)是否能保证管道线形不变,保证管不被损伤。

(13)混凝土浇筑完成后是否派专人用清孔器检查孔。

(14)张拉设备是否良好。

(15)张拉力值是否准确。

(16)伸长值是否在规定范围内。

(17)张拉记录是否完整、清楚。

(18)设备是否正常运转。

(19)水泥浆配合比是否准确。

(20)记录是否完整。

(21)试块是否按班组制作。

【案例实解】

1.工程概况

某厂房屋架为预应力折线型屋架,跨度 24 m,采用后张法预应力生产工艺,下弦配置两束 4φ12 的 44Mn₂Si 冷拉螺纹钢筋,用两台 60 t 千斤顶分别在两端张拉。第一批生产屋架 13 榀,采取卧式浇筑、重叠四层的方法制作。屋架两束预应力筋由两台千斤顶同时张拉,屋架张拉后,发现屋架产生平面外弯曲,下弦中点外鼓 10~15 mm。

2.原因分析

(1)张拉油压表未认真校验。事故后对张拉设备重新校验,发现有一台油压表的表盘读数偏低,即实际张拉力大于表盘指示值。这样,当按油压表指示张拉倒设计张拉值259.7 kN时,实际的拉力已达297.5 kN,比规定值高出14.6％。由于两束钢筋的实际张拉力不等,导致下弦杆件偏心受压,引起屋架平面外弯曲。

(2)由于张拉承力架的宽度与屋架下弦宽度相同,而承力架安装与屋架端部的尺寸形状常有误差,重叠生产时误差的累积,使得张拉上层屋架时承力架不能对中,偏心张拉加大了屋架的侧向弯曲。

(3)个别屋架由于孔道不直和孔位偏差,使预应力偏心,进一步加大了屋架的侧弯。

(4)为了弥补构件间因自重产生的摩阻力所造成的预应力损失,张拉过程还进行了超张拉,提高张拉应力3％,6％和9％。这样,读数偏低的油表进一步使得实际张拉应力值大大超过了冷拉应力设计值。

3.处理方法

处理方法是打掉锚头处混凝土(此时孔道尚未灌浆),放松预应力筋,并更换钢筋,重新张拉和锚固。

为了确定这批屋架修复后可否使用,在现场选择了一榀损坏最严重的屋架修复后作荷载试验。在1.48倍标准荷载下,只有屋脊节点处两根受拉腹杆出现裂缝,屋架下弦和两端头均未出现新的裂缝,原有的裂缝也无扩展现象。

根据实验数据可以推断该榀屋架的自锚头工作可靠,刚度和抗裂性均满足规定,承载力符合要求。实验结果表明,这些屋架经过上述处理后可以使用。

基础同步

一、填空题

1.预应力混凝土按施加应力方式可分为_____、_____和_____。

2.台座按构造形式不同可分为_____和_____等。

3.无黏结预应力混凝土楼盖结构宜先张拉_____,后张拉_____。

二、选择题

1.先张法施工时,放张是在混凝土强度至少达到设计强度标准值的(   )时。

A.50％　　　　　　B.75％　　　　　　C.85％　　　　　　D.100％

2.钢丝作预应力筋时,采用张拉程序是(   )。

A.$0 \rightarrow 1.05\sigma_{con}$

B.$0 \rightarrow 1.03\sigma_{con}$锚固

C.$0 \rightarrow 1.03 \rightarrow 1.05\sigma_{con}$锚固

D.$0 \rightarrow 1.05\sigma_{con} \rightarrow \sigma_{con}$锚固

3.对钢丝或钢绞线,孔道的直径应比预应力束外径或锚具外径大(   )。

A.1～5 mm　　　B.5～10 mm　　　C.10～15 mm　　　D.15～20 mm

三、判断题

1.后张法中,检验应力损失最方便的方法是在预应力筋张拉30 h以后进行。

2.预应力筋的张拉顺序,应使混凝土不产生超应力、构件不扭转与侧弯、结构不变位等,因此,张拉宜对称进行。

3.无黏结预应力筋应严格按设计要求的曲线形状就位并固定牢靠。无黏结筋竖向位置,宜用支撑钢筋或钢筋马凳控制,其间距为2～3 m。

四、简答题

1. 简述预应力混凝土的概念及特点。

2. 试述先张法预应力混凝土的主要施工工艺过程。

3. 简述胶管密封的方法。

实训提升

利用钢丝或细铁丝简易制作预应力混凝土构件。所用材料和工具：台座、钢丝、细铁丝、张拉夹具、张拉工具、混凝土、布料、铲等。

项目 8 装饰工程

项目 目标 >>>>>>

【知识目标】

1.熟悉一般抹灰的各层构造与材料要求及一般抹灰工程的分类和组成,掌握一般抹灰的施工工艺;

2.熟悉饰面工程的分类,掌握花岗石板安装施工工艺;

3.掌握圆柱体不锈钢板包面焊接施工工艺和圆柱体不锈钢板镶包饰面施工工艺;

4.熟悉玻璃幕墙的分类、玻璃幕墙材料要求及玻璃幕墙安装施工工艺;

5.熟悉楼地面的组成与分类,掌握各类楼地面的施工工艺;

6.熟悉吊顶的分类和构造、吊顶工程施工工艺及隔墙工程施工工艺;

7.掌握涂料工程施工工艺及刷浆工程施工工艺,熟悉刷浆材料要求;

8.熟悉门窗的种类、形式,掌握各类门窗安装的施工工艺。

【技能目标】

1.具备一般抹灰工程、花岗石饰面、板金属饰面板和玻璃幕墙的施工管理、质量检验和安全管理的能力;

2.具备各类楼地面的施工管理、质量检验和管理控制的能力;

3.具备吊顶及饰面板安装施工管理、质量检验和安全管理的能力;具备隔墙工程施工的质量检验和安全管理的能力;

4.具备涂料工程施工的质量检验和安全管理的能力,具备刷浆工程施工的质量检验和安全管理的能力;

5.具备各类门窗的施工管理、质量检验和安全管理的能力。

【课时建议】
8~10 课时

8.1　一般抹灰工程

抹灰是将各种砂浆、装饰性石屑浆、石子浆涂抹在建筑物的墙面、顶棚、地面等表面上,除了保护建筑物外,还可以作为饰面层起到装饰作用。

抹灰工程按使用材料和装饰效果分为一般抹灰和装饰抹灰。一般抹灰和装饰抹灰的底层和中层做法基本相同,主要区别在于面层不同。

抹灰工程按照抹灰施工的部位不同,分为室外抹灰和室内抹灰。

抹灰一般分 3 层,即底层、中层和面层(或罩面),如图 8.1 所示。抹灰工程施工一般分层进行,以利于抹灰牢固、抹面平整和保证质量。

各层的主要作用:

(1)底层。

主要起与基层黏结的作用,厚度一般为 5～9 mm,要求砂浆有较好的保水性,其稠度较中层和面层大,砂浆的组成材料要根据基层的种类不同而选用相应的配合比。底层砂浆的强度不能高于基层强度,以免抹灰砂浆在凝结过程中产生较强的收缩应力,破坏强度较低的基层,从而产生空鼓、裂缝、脱落等质量问题。

(2)中层。

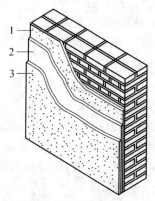

图 8.1　一般抹灰
1—底层;2—中层;3—面层

中层起找平的作用,砂浆的种类基本与底层相同,只是稠度稍小,中层抹灰较厚时应分层,每层厚度应控制在 5～9 mm。

(3)面层(罩面)。

面层主要起装饰作用,所用材料根据设计要求的装饰效果而定,要求涂抹光滑、洁净。

各层砂浆的强度要求应为:底层>中层>面层,并不得将水泥砂浆抹在石灰砂浆或混合砂浆上,也不得把罩面石膏灰抹在水泥砂浆层上。

抹灰层的平均总厚度,不得大于下列规定:

①顶棚:板条、空心砖、现浇混凝土 15 mm,预制混凝土 18 mm,金属网 20 mm。

②内墙:普通抹灰 18～20 mm,高级抹灰 25 mm。

③外墙:20 mm,勒脚及突出墙面部分 25 mm。

④石墙:35 mm。

⑤当抹灰厚度小于等于 35 mm 时,应采取加强措施。

涂抹水泥砂浆每遍厚度宜为 5～7 mm;涂抹石灰砂浆和水泥混合砂浆每遍厚度宜为 7～9 mm。

抹灰层与基层之间及各抹灰层之间必须黏结牢固,抹灰层应无脱层、空鼓,面层应无爆灰和裂缝。

8.1.1　材料准备

(1)抹灰前准备材料时,石灰膏应用块状生石灰淋制,使用未经熟化的生石灰或过火石灰,会发生爆灰和开裂,俗称"出天花""生石灰泡"的质量问题。因此,石灰浆应在储灰池中常温熟化不少于 15 d,罩面用的磨细石灰粉的熟化期不应少于 30 d。

(2)抹灰用的砂子应过筛,不得含有杂物。抹灰用砂一般用中砂,也可采用粗砂与中砂混合掺用,但对有抗渗性要求的砂浆,要求以颗粒坚硬、洁净的细砂为好。

(3)水泥的凝结时间和安定性复验应合格。砂浆的配合比应符合设计要求。

8.1.2 基层处理

1.墙面抹灰的基层处理

（1）抹灰前应对砖石、混凝土及木基层表面做处理，清除灰尘、污垢、油渍和碱膜等，并洒水湿润。表面凹凸明显的部位，应事先剔平或用1：3水泥砂浆补平，对于平整光滑的混凝土表面拆模时随即做凿毛处理，或用铁抹子满刮水灰比为0.37～0.4（内掺水重3%～5%的108胶）水泥浆一遍，或用混凝土界面处理剂处理。

（2）抹灰前应检查门、窗框位置是否正确，与墙连接是否牢固。连接处的缝隙应用水泥砂浆或水泥混合砂浆（加少量麻刀）分层嵌塞密实。

（3）凡室内管道穿越的墙洞和楼板洞，凿剔墙后安装的管道，墙面的脚手孔洞均应用1：3水泥砂浆填嵌密实。

（4）不同基层材料（如砖石与木、混凝土结构）相接处应铺钉金属网并绷紧牢固，金属网与各结构的搭接宽度从相接处起每边不少于100 mm。

（5）为控制抹灰层的厚度和墙面的平整度，在抹灰前应先检查基层表面的平整度，并用与抹灰层相同砂浆设置50 mm×50 mm的灰饼或宽约100 mm的标筋。

（6）抹灰工程施工前，对室内墙面、柱面和门洞的阳角，宜用1：2水泥砂浆做暗护角，其高度不低于2 m，每侧宽度不少于50 mm。对外墙窗台、窗楣、雨篷、阳台、压顶和突出腰线等，上面应做成流水坡度，下面应做滴水线或滴水槽，滴水槽的深度和宽度均不应小于10 mm，要求整齐一致。

2.顶棚抹灰的基层处理

钢模现浇混凝土顶棚拆模后，构件表面较为光滑、平整，并常黏附一层隔离剂。当隔离剂为滑石粉或其他粉状物时，应先用钢丝刷刷除，再用清水冲干净，当隔离剂为油脂类时，先用浓度为10%的碱溶液洗刷干净，再用清水冲洗干净。

8.1.3 一般抹灰施工

1.一般抹灰工程施工工艺

一般抹灰工程施工工艺的步骤为：

基层处理→设置标筋→做护角→抹灰层施工→面层（罩面）施工。

（1）基层处理（参见8.1.2节）。

（2）设置标筋。

为有效地控制墙面抹灰层的厚度与垂直度，使抹灰面平整，抹灰层涂抹前应设置标筋（又称冲筋）作为底、中层抹灰的依据。

在设置标筋时，先用托线板检查墙面的平整垂直程度，据以确定抹灰厚度，再在墙两边上角离阴角边100～200 mm处按抹灰厚度用砂浆做四方形边长约50 mm标准块，称为灰饼，然后根据这两个灰饼吊挂垂直线，做墙面下角的两个灰饼，随后以上角和下角两灰饼面为基准拉线，每隔1.2～1.5 m加做若干灰饼，如图8.2所示。在上、下灰饼之间用砂浆抹上一条宽100 mm左右的垂直灰埂，此即为标筋，以它作为抹底层及中层的厚度，控制和赶平的标准，如图8.3所示。

顶棚抹灰一般不做灰饼和标筋，而是在靠近顶棚四周的墙面上弹一条水平线以控制抹灰层厚度，并作为抹灰找平的依据。

（3）护角施工。

室内外墙面、柱面和门窗洞口的阳角容易受到碰撞而损坏，故该处应采用1：2的水泥砂浆做暗护角，其高度不应低于2 m，每侧宽度不应小于50 mm，待砂浆收水稍干后，用抿角器抹成小圆角，如图8.4所示。

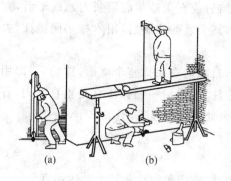

图 8.2　做灰饼图

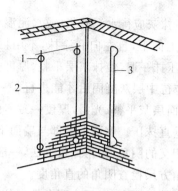

图 8.3　设标筋
1—灰饼；2—引线；3—冲筋

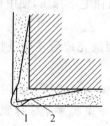

图 8.4　阳角护角
1—水泥砂浆护角；2—墙面砂浆；3—嵌缝砂浆；4—门框

（4）抹灰层施工。

当标筋稍干后，即可进行抹灰层的涂抹。涂抹应分层进行，以免一次涂抹厚度较厚，砂浆内外收缩不一致而导致开裂。一般在涂抹水泥砂浆时，每遍厚度以 5～7 mm 为宜；涂抹石灰砂浆和水泥混合砂浆时，每遍涂抹厚度以 7～8 mm 为宜。

在分层涂抹时，应防止涂抹后一层砂浆时破坏已抹砂浆的内部结构而影响与前一层的黏结，应避免几层湿砂浆合在一起造成收缩率过大，导致抹灰层开裂、空鼓。

砂浆稠度一般宜控制为：底层抹灰砂浆为 100～120 mm；中层抹灰砂浆为 70～80 mm。底层砂浆与中层砂浆的配合比应基本相同。中层砂浆强度不能高于底层，底层砂浆强度不能高于基体，故混凝土基体上不能直接抹石灰。

为使底层砂浆与基体黏结牢固，抹灰前基体一定要浇水湿润。砖基体一般宜浇水两遍，使砖面渗水深度达 8～10 mm。混凝土基体宜在抹灰前一天即浇水，使水渗入混凝土表面 2～3 mm。抹灰层除用手工涂抹外，还可利用机械喷涂。机械喷涂抹灰将砂浆的拌制、运输和喷涂三者有机地衔接起来。

（5）面层（罩面）施工。

室内抹灰采用水泥砂浆总厚度应控制在 25 mm 内，在罩面时应待底层灰五六成干后进行。如果底层灰过干，则应先浇水湿润。分纵横两遍涂抹，最后用钢抹子压光，不得留抹纹。

室外抹灰一般应设有分格缝，留槎位置应留在分格缝处。水泥砂浆罩面宜用木抹子抹成毛面，应用同一品种与规格的原材料，由专人配料，采用统一的配合比，底层浇水要匀，干燥程度要基本一致。

2. 一般抹灰施工要点

（1）墙面抹灰。

待标筋砂浆有七至八成干后，就可以进行底层砂浆抹灰。

抹底层灰一般应从上而下进行，在两标筋之间的墙面砂浆抹满后，即用长刮尺两头靠着标筋，从下向上进行刮灰，使抹上的底层灰与标筋面相平。再用木抹来回抹压，去高补低，最后再用铁抹压平一遍。

中层砂浆抹灰应待水泥砂浆(或水泥混合砂浆)底层凝结后或石灰砂浆底层灰七八成干后,方可进行,一般应从上向下,自左向右涂抹,不用再做标志及标筋,整个墙面抹满后,用木抹来回搓抹,去高补低,再用铁抹压抹一遍,使抹灰层平整、厚度一致。

面层灰应待中层灰凝固后才能进行。一般应从上向下,自左向右涂抹整个墙面,抹满后,即用铁抹分遍压抹,使面层灰平整、光滑,厚度一致。铁抹运行方向应注意:最后一遍抹压宜是垂直方向,各分遍之间应互相垂直抹压。墙面上半部与墙面下半部面层灰接头处应压抹理顺,不留抹印。

两墙面相交的阴角、阳角抹灰方法,一般按下述步骤进行:

①用阴角方尺检查阴角的直角度。

②将底层抹于阴角处,用木阴角器压住抹灰层并上下搓动,使阴角的抹灰基本上达到直角。

③将底层灰抹于阳角处,用木阳角器压住抹灰层并上下搓动、抹压,使阳角线垂直。

④在阴角、阳角处底层灰凝结后,分别用阴角抹、阳角抹上下抹压,使中层灰达到平整光滑。

(2)顶棚抹灰。

钢筋混凝土楼板下的顶棚抹灰,应待上层楼板地面面层完成后才能进行。板条、金属网顶棚抹灰,应待板条、金属网装钉完成,并经检查合格后,方可进行。

顶棚抹灰不用做标志、标筋,只要在顶棚周围的墙面弹出顶棚抹灰层的面层标高线,顶棚抹灰宜从房间里面开始,向门口进行,最后从门口退出。应搭设满堂里脚手架。抹底层灰前,应扫尽钢筋混凝土楼板底的浮灰、砂浆残渣,去除油污及隔离剂剩料,并喷水湿润楼板底。抹面层灰时,铁抹抹压方向宜平行于房间进光方向。面层灰应抹得平整、光滑,不见抹印。

顶棚抹灰应待前一层灰凝结后才能抹上后一层灰,不可紧接进行。

技术点睛

抹灰工程的施工顺序,一般应遵循"先室外后室内,先上面后下面,先顶棚后墙地"的原则。外墙由屋檐开始由上而下,先抹阳角线(包括门窗角、墙角)、台口线,后抹窗台和墙面。室内地面可与外墙抹灰同时进行或交叉进行。内墙和顶棚抹灰,应待屋面防水完工后进行,一般应先顶棚后墙面,再走廊、楼梯、门厅,最后是外墙裙、勒脚、明沟和散水坡等。

8.1.4 质量标准与安全技术

1.质量标准

一般抹灰工程的质量验收规定见表8.1。一般抹灰的允许偏差和检验方法见表8.2。

表8.1 一般抹灰工程的质量验收规定

序号	验收规定	检验方法
1	一般抹灰按质量要求分为普通抹灰和高级抹灰两个等级。 普通抹灰为一道底层和一道面层或一道底层、一道中层和一道面层。要求表面光滑、洁净,接槎平整,分格缝应清晰。 高级抹灰为一道底层、数层中层和一道面层。要求表面光滑、洁净,颜色均匀无抹纹,分格缝和灰线应清晰美观。 抹灰层与基层之间及各抹灰层之间必须黏结牢固,抹灰层应无脱层、空鼓,面层应无爆灰和裂缝	

续表8.1

序号	验收规定	检验方法
2	质量验收的检验批应按下列规定划分： (1)相同材料、工艺和施工条件的室外抹灰工程每500～1 000 m²应划为一个检验批，不足500 m²也应划为一个检验批。 (2)相同材料、工艺和施工条件的室内抹灰工程每50个自然间(大面积房间和走廊按抹灰面积30 m²为一间)应划分为一个检验批，不足50间也应划分为一个检验批	
3	检查数量应符合下列规定： (1)室内每个检验批应至少抽查10%，并不得少于3间；不足3间时应全数检查。 (2)室外每个检验批每100 m²应至少抽查一处，每处不得小于10 m²	
4	主控项目	(1)抹灰前基层表面的尘土、污垢、油渍等应清除干净，并应洒水润湿	检查施工记录
		(2)一般抹灰所用材料的品种和性能应符合设计要求。水泥的凝结时间和安定性复验应合格。砂浆的配合比应符合设计要求	检查产品合格证书、进场验收记录、复验报告和施工记录
		(3)抹灰工程应分层进行。当抹灰总厚度大于或等于35 mm时，应采取加强措施。不同材料基体交接处表面的抹灰，应采取防止开裂的加强措施，当采用加强网时，加强网与各基体的搭接宽度不应小于100 mm	检查隐蔽工程验收记录和施工记录
		(4)抹灰层与基层之间及各抹灰层之间必须黏结牢固，抹灰层应无脱层、空鼓，面层应无爆灰和裂缝	观察；用小锤轻击检查；检查施工记录
5	一般项目	(1)一般抹灰工程的表面质量应符合下列规定： 普通抹灰表面应光滑、洁净、接槎平整，分格缝应清晰。高级抹灰表面应光滑、洁净、颜色均匀、无抹纹，分格缝和灰线应清晰美观	观察；手摸检查
		(2)护角、孔洞、槽、盒周围的抹灰表面应整齐、光滑；管道后面的抹灰表面应平整	观察
		(3)抹灰层的总厚度应符合设计要求；水泥砂浆不得抹在石灰砂浆层上；罩面石膏灰不得抹在水泥砂浆层上	检查施工记录
		(4)抹灰分格缝的设置应符合设计要求，宽度和深度应均匀，表面应光滑，棱角应整齐	观察；尺量检查
		(5)有排水要求的部位应做滴水线(槽)。滴水线(槽)应整齐顺直，滴水线应内高外低，滴水槽宽度和深度均不应小于10 mm	观察；尺量检查
		(6)一般抹灰工程质量的允许偏差和检验方法应符合表8.2的规定	

表8.2　一般抹灰的允许偏差和检验方法

项次	项目	允许偏差/mm		检验方法
		普通抹灰	高级抹灰	
1	立面垂直度	4	3	用2 m垂直检测尺检查
2	表面平整度	4	3	用2 m靠尺和塞尺检查
3	阴阳角方正	4	3	用直角检测尺检查
4	分格条(缝)直线度	4	3	用5 m线，不足5 m拉通线，用钢直尺检查
5	墙裙、勒脚上口直线度	4	3	用5 m线，不足5 m拉通线，用钢直尺检查

注：1.普通抹灰，本表第3项阴角方正可不检查；

　　2.顶棚抹灰，本表第2项表面平整度可不检查，但应平顺

2.安全技术

(1)操作前应先检查脚手架是否稳固,确认合格,方可使用,操作中也应随时检查脚手架。

(2)外饰面工序上、下层同时操作时,脚手架与墙身的空隙部位应设遮隔措施。

(3)脚手架上的工具、材料要分散放稳,不得超过允许荷载。作业人员应戴安全帽,高处作业应系好安全带。

(4)外装饰必须设置可靠的安全防护隔离层;物品应堆放整齐、平稳,边用边运。安装时要稳拿稳放,待灌浆凝固稳定后,方可拆除临时支撑。废料、边角料严禁随意抛掷。

(5)脚手板不得搭设在门窗、暖气片、洗脸池等非承重的物器上。阳台通廊部位抹灰,外侧必须挂设安全网。严禁踩踏脚手架的护身栏杆和在阳台栏板上进行操作。

(6)室内抹灰使用的木凳、金属支架应搭设平稳牢固,宽度不得少于两块脚手板,跨度不得大于2 m,架上堆放材料不得过于集中,移动高凳时上面不得站人,同一跨度内作业人员最多不得超过两人。高度超过2 m时,应由架子工搭设脚手架。

(7)不准随意拆除、斩断脚手架拉结,不准随意拆除脚手架上的安全设施,如妨碍施工应经施工负责人批准后,方能拆除妨碍部位。

(8)夜间或阴暗处作业,应用36 V以下安全电压照明。

(9)遇有6级以上强风、大雨、大雾,应停止室外高处作业。

(10)严禁从窗口向外抛掷物品。

3.检测方法

抹灰工程作业前,应检查材料的质量证明文件保证材料合格。对完成的抹灰工程检测方法主要有:观察法、手摸检查、小锤锤击、尺量检查、角尺检查等,详见表8.1。

8.2 花岗石板安装施工

饰面工程是装饰装修工程立面装饰应用较为广泛的一种形式,利用块料材料镶贴(或安装)在墙柱表面以形成装饰层。块料面层材料的种类基本可分为饰面砖和饰面板两大类。饰面砖分为有釉和无釉两种,包括:釉面瓷砖、外墙面砖、陶瓷锦砖、玻璃锦砖、劈离砖及耐酸砖等;饰面板包括:天然石饰面板、人造石饰面板、金属饰面板、玻璃饰面板、木质饰面板、裱糊墙纸饰面等。近些年来,花岗石、大理石、金属饰面板在装饰中应用较广。

8.2.1 花岗石板小规格饰面板的安装

1.施工工艺

花岗岩小规格饰面板施工工艺如图8.5所示

图8.5 花岗岩小规格饰面板施工工艺

2.施工要点

小规格花岗石板,板材尺寸小于 300 mm×300 mm,板厚 8～12 mm,可采用水泥砂浆粘贴方法。

(1)进行基层处理和吊垂直、套方、找规矩,做法等同一般抹灰施工。

(2)在基层湿润的情况下,先刷胶界面剂素水泥浆一道,随刷随打底;底灰采用 1∶3 水泥砂浆,厚度约为 12 mm,分两遍操作,第一遍约为 5 mm,第二遍约为 7 mm,待底灰压实刮平后,将底子灰表面刮毛。

(3)石材表面处理。石材表面充分干燥(含水率应小于 8%)后,用石材防护剂进行石材六面体防护处理,此工序必须在无污染的环境下进行。

(4)待底子灰凝固后便可进行分块弹线,随即将已湿润的块材抹上厚度为 2～3 mm 的素水泥浆,内掺水重 20%的界面剂进行镶贴,用木锤轻敲,用靠尺找平找直,使其与基层黏结紧密。使相邻各块饰面板接缝齐平,高差不超过 0.5 mm,并将边口和挤出拼缝的水泥擦净。

8.2.2 花岗石板湿法铺贴工艺

1.施工工艺

湿法铺贴工艺适用于板材厚为 20～30 mm 的大理石、花岗石或预制水磨石板(图 8.6)。

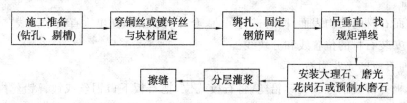

图 8.6 花岗岩石板湿法铺贴施工工艺

湿法铺贴工艺是传统的铺贴方法,即在竖向基体上预挂钢筋网(图 8.7),用铜丝或镀锌钢丝绑扎板材并灌水泥砂浆粘牢。这种方法的优点是牢固可靠;缺点是工序繁琐,卡箍多样,板材上钻孔易损坏,特别是灌注砂浆易污染板面和使板材移位。

采用湿法铺贴工艺,墙体应设置锚固体。砖墙体应在灰缝中预埋 $\phi 6$ 钢筋钩,钢筋钩中距为 500 mm 或按板材尺寸,当挂贴高度大于 3 m 时,钢筋钩改用 $\phi 10$ 钢筋,钢筋钩埋入墙体内深度应不小于 120 mm,伸出墙面 30 mm,混凝土墙体可射入 3.7×62 的射钉,中距也为 500 mm 或按板材尺寸,射钉打入墙体内 30 mm,伸出墙面 32 mm。

挂贴饰面板之前,将 $\phi 6$ 钢筋网焊接或绑扎于锚固件上。钢筋网双向中距为 500 mm 或按板材尺寸。

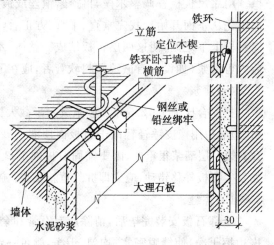

图 8.7 饰面板钢筋网片固定及安装方法

2.施工要点

(1)钻孔、剔槽。

安装前先将饰面板按照设计要求用台钻打眼,事先应钉木架使钻头直对板材上端面,在每块板的上、下两个面打眼,孔位打在距板宽的两端 1/4 处,每个面各打两个眼,孔径为 5 mm,深度为 15 mm,孔位距石板背面以 8 mm 为宜。如板材宽度较大时,可以增加孔数。钻孔后用云石机轻轻剔一道槽,深 5 mm 左右,连同孔眼形成象鼻眼,以备埋卧铜丝之用。

(2)穿铜丝或镀锌铅丝。

把备好的铜丝或镀锌铅丝剪成长 20 cm 左右,一端用木楔粘环氧树脂将铜丝或镀锌铅丝进孔内固定牢固,另一端将铜丝或镀锌铅丝顺孔槽弯曲并卧入槽内。

(3)绑扎钢筋。

首先剔出墙上的预埋筋,把墙面镶贴大理石的部位清扫干净。先绑扎一道竖向 ϕ 6 钢筋,并把绑好的竖筋用预埋筋弯压于墙面。横向钢筋为绑扎大理石或磨光花岗石板材所用。

(4)弹线。

首先将要贴大理石或磨光花岗石的墙面、柱面和门窗套用大线坠从上到下找出垂直线。应找出垂直后,在地面上顺墙弹出花岗石等外廓尺寸线。此线即为第一层花岗岩的安装基准线。编好号的大理石或花岗岩板等在弹好的基准线上画出就位线,每块留 1 mm 缝隙。

(5)石材表面处理。

石材表面充分干燥(含水率应小于 8%)后,用石材防护剂进行石材六面体防护处理,此工序必须在无污染的环境下进行。

(6)基层准备。

清理预做饰面石材的结构表面,同时进行吊直、套方、找规矩,弹出垂直线水平线。并根据设计图纸和实际需要弹出安装石材的位置线和分块线。

(7)安装大理石或磨光花岗石。

按部位取石板并舒直铜丝或镀锌铅丝,将石板就位,把石板下口铜丝或镀锌铅丝绑扎在横筋上,只要把铜丝或镀锌铅丝和横筋拴牢即可,再绑大理石或磨光花岗石板上口铜丝或镀锌铅丝,并用木楔子垫稳。用靠尺板检查调整木楔,再拴紧铜丝或镀锌铅丝,依次向另一方进行。柱面可按顺时针方向安装,一般先从正面开始。找完垂直、平直、方正后,用碗调制熟石膏,把调成粥状的石膏贴在大理石或磨光花岗石板上下之间,使这两层石板结成一整体,木楔处也可粘贴石膏,再用靠尺检查有无变形,等石膏硬化后方可灌浆(如设计有嵌缝塑料软管者,应在灌浆前塞放好)。

(8)灌浆。

把配合比为 1:2.5 水泥砂浆放入半截大桶加水调成粥状,用铁簸箕舀浆徐徐倒入,注意不要碰大理石,边灌边用橡皮锤轻轻敲击石板面使灌入砂浆排气。第一层浇灌高度为 15 cm,不能超过石板高度的 1/3;第一层灌浆很重要,因要锚固石板的下口铜丝又要固定饰面板,所以要轻轻操作,防止碰撞和猛灌。如发生石板外移错动,应立即拆除重新安装。施工缝应留在饰面板水平接缝以下 50~100 mm 处(图 8.6)。

(9)擦缝。

全部石板安装完毕后,清除所有石膏和余浆痕迹,用麻布擦洗干净,并按石板颜色调制色浆嵌缝,边嵌边擦干净,使缝隙密实、均匀、干净,颜色一致。

8.2.3 花岗石板干法铺贴工艺

干法铺贴工艺,通常称为干挂法施工,即在饰面板材上直接打孔或开槽,用各种形式的连接件与结构基体用膨胀螺栓或其他架设金属连接而不需要灌注砂浆或细石混凝土。饰面板与墙体之间留出 40~50 mm 的空腔。这种方法适用于 30 m 以下的钢筋混凝土结构基体上,不适用于砖墙和加气混凝土墙。

干法铺贴工艺的主要优点是:允许产生适量的变位,而不致出现裂缝和脱落;冬季照常施工,不受季节限制;没有湿作业的施工条件,既改善了施工环境,也避免了浅色板材透底污染的问题以及空鼓、脱落等问题的发生;可以采用大规格的饰面石材铺贴,从而提高了施工效率;可自上而下拆换、维修,无损于板材和连接件,使饰面工程拆改翻修方便;具有保温和隔热作用,节能效果显著。

干挂法分为有骨架干挂法和无骨架干挂法两种,无骨架干挂法是利用不锈钢连接件将石板材直接固定在结构表面上的,如图8.8所示,此法施工简单,但抗震性能差。有骨架挂法是先在结构表面安装竖向和横向型钢龙骨,要求横向龙骨安装要水平,然后利用不锈钢连接件将石板材固定在横向龙骨上,如图8.9所示。

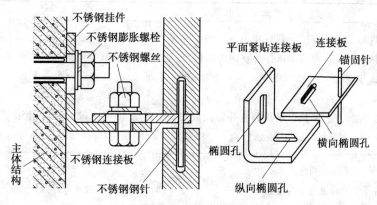

图 8.8　花岗石板材无骨架干挂法

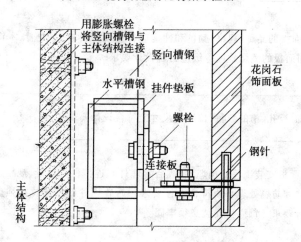

图 8.9　花岗石板材有骨架干挂法

当采用干挂法施工时,对板材先按设计要求进行钻孔,安装时先在板材的孔内注入石材结构胶,插入钢针连接件,利用螺栓将钢针连接件固定在墙上的挂件或横向型钢龙骨上。

安装板块的顺序是自下而上进行,在墙面最下一排板材安装位置的上下口拉两条水平控制线,板材从中间或墙面阳角开始就位安装。先安装好第一块作为基准,其平整度以事先设置的灰饼为依据,用线垂吊直,经校准后加以固定。一排板材安装完毕,再进行上一排扣件固定和安装。板材安装要求四角平整,纵横对缝。

为保证饰面板不出现渗漏,在板材背面涂刷一层丙烯酸防水涂料,在接缝处进行防水处理。嵌缝之前先在缝隙内嵌入衬底,以控制接缝的密封深度和加强密封胶的黏结力,板缝处理如图8.10所示。

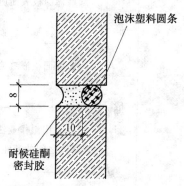

图 8.10　板缝嵌缝处理做法

8.2.4 质量标准与安全技术

1. 质量标准

花岗石饰面工程质量验收规定见表 8.3。饰面工程质量允许偏差见表 8.4。

表 8.3　花岗石饰面工程质量验收规定

序号	验收规定		检验方法
1	质量验收的检验批应按下列规定划分： (1)相同材料、工艺和施工条件的室内饰面板(砖)工程每 50 间(大面积房间和走廊按施工面积 30 m² 为一间)应划分为一个检验批,不足 50 间也应划分为一个检验批; (2)相同材料、工艺和施工条件的室外饰面板(砖)工程每 500～1 000 m² 应划分为一个检验批,不足 500 m² 也应划分为一个检验批		
2	检查数量应符合下列规定： (1)室内每个检验批应至少抽查 10%,并不得少于 3 间;不足 3 间时应全数检查; (2)室外每个检验批每 100 m² 应至少抽查一处,每处不得小于 10 m²		
3	主控项目	(1)饰面板的品种、规格、颜色和性能应符合设计要求,木龙骨、木饰面板和塑料饰面板的燃烧性能等级应符合设计要求	观察;检查产品合格证书、进场验收记录和性能检测报告
		(2)饰面板孔、槽的数量、位置和尺寸应符合设计要求	检查进场验收记录和施工记录
		(3)饰面板安装工程的预埋件(或后置埋件)、连接件的数量、规格、位置、连接方法和防腐处理必须符合设计要求。后置埋件的现场拉拔强度必须符合设计要求。饰面板安装必须牢固	手扳检查;检查进场验收记录、现场拉拔检测报告、隐蔽工程验收记录和施工记录
4	一般项目	(1)饰面板表面应平整、洁净、色泽一致,无裂痕和缺损。石材表面应无泛碱等污染	观察
		(2)饰面板嵌缝应密实、平直,宽度和深度应符合设计要求,嵌填材料色泽应一致	观察;尺量检查
		(3)采用湿作业法施工的饰面板工程,石材应进行碱背涂处理。饰面板与基体之间的灌注材料应饱满、密实	用小锤轻击检查;检查施工记录
		(4)饰面板上的孔洞应套割吻合,边缘应整齐	观察
		(5)饰面板安装的允许偏差和检验方法应符合表 8.4 的规定	

表 8.4　饰面工程质量允许偏差

项次	项目	允许偏差/mm								检查方法
		饰面板安装						饰面砖粘贴		
		天然石			瓷板	木材	塑料	金属	外墙面砖	内墙面砖	
		光面	剁斧石	蘑菇石							
1	立面垂直度	2	3	3	2	1.5	2	2	3	2	用 2 m 垂直检测尺检查
2	表面平整度	2	3	—	1.5	1	3	3	4	3	用 2 m 靠尺和塞尺检查
3	阴阳角方正	2	4	4	2	1.5	3	3	3	3	用直角检测尺检查
4	接缝直线度	2	4	4	2	1	1	1	3	2	拉 5 m 线,不足 5 m 拉通线,用钢尺检查
5	墙裙、勒脚上口直线度	2	3	3	2	2	2	2	—	—	拉 5 m 线,不足 5 m 拉通线,用钢尺检查
6	接缝高低差	0.5	3	—	0.5	0.5	1	1	1	0.5	用钢直尺和塞尺检查
7	接缝宽度	1	2	2	1	1	1	1	1	1	用钢直尺检查

2. 安全技术

(1)操作前必须按照操作规程搭设脚手架,注意脚手架工程要求的安全措施。

(2)在脚手架上操作的人不能集中,材料堆放要分散,使用工具要放平稳,脚手架严禁有探头板。

(3)操作中严禁向下甩物件和砂浆,防止坠物伤人。

(4)施工现场一切机电设备,没有上岗证者一律禁止乱动。

(5)多工种立体交叉作业应有防护设施,所有工作人员必须戴安全帽。

(6)射钉机或风动工具应由经过专门培训的工人负责操作。

(7)电动工具应安装漏电保护器。

(8)剔凿瓷砖或手折断瓷砖,应戴防护眼镜和手套。

3. 检测方法

花岗石饰面板工程安装施工作业前,应检查材料的质量证明文件保证材料合格。对完成的花岗石饰面板安装检测方法主要有:观察法、手扳检查、尺量检查、用小锤轻击检查、检查隐蔽工程验收记录和施工记录等(详见表 8.3、表 8.4)。

8.3　玻璃幕墙施工

8.3.1　玻璃幕墙的分类与材料要求

1. 玻璃幕墙的分类

(1)框支撑玻璃幕墙。

按照幕墙形式分类为:

①明框玻璃幕墙。其玻璃板镶嵌在铝框内,成为四边有铝框的幕墙构件,幕墙构件镶嵌在横梁上,形成横梁、主框均外露且铝框分格明显的立面。

②隐框玻璃幕墙。隐框玻璃幕墙是将玻璃用结构胶黏结在铝框上,大多数情况下不再加金属连接件。因此,铝框全部隐蔽在玻璃后面,形成大面积全玻璃镜面。隐框幕墙的节点大样如图 8.11 所示,玻璃与铝框之间完全靠结构胶黏结。

③半隐框玻璃幕墙。半隐框玻璃幕墙是将玻璃两对边嵌在铝框内,另两对边用结构胶黏在铝框上,形成半隐框玻璃幕墙。立柱外露,横梁隐蔽的称竖框横隐幕墙;横梁外露,立柱隐蔽的称为竖隐横框幕墙。

(2)全玻幕墙。

为游览观光需要,在建筑物底层,顶层及旋转餐厅的外墙,使用玻璃板,其支撑结构采用玻璃肋,称为全玻幕墙。

高度不超过 4.5 m 的全玻璃幕墙,可以用下部直接支撑的方式进行安装,超过 4.5 m 的全玻璃幕墙,宜用上部悬挂方式安装,玻璃肋通过结构硅酮胶与面玻璃粘合(图 8.12、图 8.13)。

(3)点支撑玻璃幕墙。

采用四爪式不锈钢挂件与立柱焊接,挂件的每个爪与一块玻璃的一个孔相连接,即一个挂件同时与 4 块玻璃相连接,如图 8.14 所示。

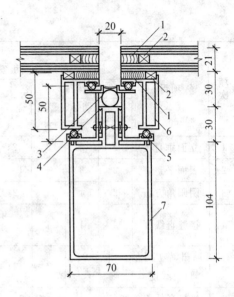

图 8.11 隐框幕墙节点大样示例

1—结构胶;2—垫块;3—耐候胶;
4—泡沫棒;5—胶条;6—铝框;7—立柱

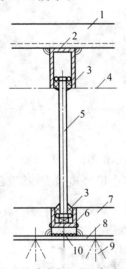
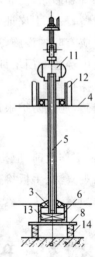

(a) 整块玻璃小于4.5 m高时用　　　(b) 整块玻璃大于4.5 m高时用(悬挂式)

图 8.12 玻璃幕墙构造

1—顶部角铁吊架;2—5 mm 厚钢顶框;3—硅胶嵌缝;4—吊顶面;
5—15 mm 厚玻璃;6—钢底框;7—地平面;8—铁板;9—M12 螺栓;
10—垫铁;11—夹紧装置;12—角钢;13—定位垫块;14—减震垫块

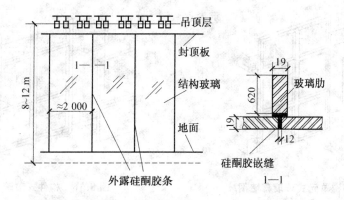

图 8.13　悬挂式全玻璃幕墙结构示意图

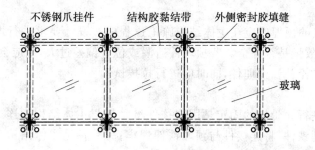

图 8.14　点支撑玻璃幕墙

2.玻璃幕墙材料要求

玻璃幕墙的主要材料包括玻璃、铝合金型材、钢材、五金件及配件、结构胶及密封材料、防火、保温材料等。因幕墙不但承受自重荷载,还要承受风荷载、地振荷载和温度变化作用的影响,因此幕墙必须安全可靠,使用的材料必须符合国家或行业标准规定的质量要求。

幕墙工程所用各种材料、五金配件、构件及组件的产品合格证书、性能检测报告、进场验收记录和复验报告;所用硅酮结构胶的认定证书和抽查合格证明;进口硅酮结构胶的商检证;国家指定检测机构出具的硅酮结构胶相容性和剥离黏结性试验报告;石材用密封胶的耐污染性试验报告;耐候嵌缝密封材料宜用氯丁胶或砖橡胶;玻璃与楼层隔墙处缝隙的硅酮结构密封胶必须在有效期内使用;填充料用不燃烧材料。

8.3.2　玻璃幕墙的安装要点

玻璃幕墙的施工方式除挂架式和无骨架式外,还分为单元式安装(工厂组装)和构件式安装(现场组装)两种。单元式玻璃幕墙的施工是将立柱、横梁和玻璃板材在工厂已拼装为一个安装单元(一般为一层楼高度),然后再在现场整体吊装就位,如图 8.15 所示;构件式玻璃幕墙的施工是将立柱、横梁和玻璃等材料分别运到工地现场,进行逐件安装就位,如图 8.16 所示。由于构件式安装不受层高和柱网尺寸的限制,是目前应用较多的安装方法,它适用于明框、隐框和半隐框幕墙。其主要工序如下。

(1)定位放线。

玻璃幕墙的测量放线应与主体结构测量放线相配合,其中心线和标高点由主体结构单位提供并校核准确。放线应沿楼板外沿弹出墨线或挂线定出幕墙平面基准线,从基准线测出一定距离为幕墙平面。以此线为基准确定立柱的前后位置,从而决定整片幕墙的位置。

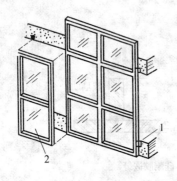

图 8.15 单元式玻璃幕墙图

1—楼板;2—玻璃幕墙板

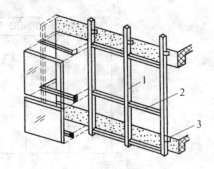

图 8.16 构件式玻璃幕墙

1—立柱;2—横梁;3—楼板

（2）预埋件检查。

幕墙与主体结构连接的预埋件应在主体结构施工过程中按设计要求进行埋设,在幕墙安装前检查各预埋件位置是否正确,数量是否齐全。若预埋件遗漏或位置偏差过大,则应会同设计单位采取补救措施。补救方法应采用植锚栓补设预埋件,同时应进行拉拔试验。

（3）骨架安装。

骨架安装在放线后进行。骨架的固定是用连接件将骨架与主体结构相连。固定方式一般有两种:一种是在主体结构上预埋铁件,将连接件与预埋铁件焊牢;另一种是主体结构上钻孔,然后用膨胀螺栓将连接件与主体结构相连。

连接件一般用型钢加工而成,其形状可因不同的结构类型、骨架形式及安装部位而有所不同,但无论何种形状的连接件,均应固定在牢固可靠的位置上,然后安装骨架。骨架一般是先安竖向杆件(立柱),待竖向杆件就位后,再安装横向杆件。

①立柱的安装。

立柱先连接好连接件,再将连接件(铁码)点焊在主体结构的预埋钢板上,然后调整位置,立柱的垂直度可用锤球控制,位置调整准确后,将支撑立柱的钢牛腿焊牢在预埋件上。立柱接头应有一定空隙,采用芯柱连接法,如图 8.17 所示。

②横梁的安装。

横向杆件的安装,宜在竖向杆件安装后进行。如果横竖杆件均是型钢一类的材料,可以采用焊接,也可以采用螺栓或其他办法连接。当采用焊接时,大面积骨架需焊接的部位较多,由于受热不均,容易引起骨架变形,故应注意焊接的顺序及操作。如有可能,应尽量减少现场的焊接工作量。螺栓连接是将横向杆件用螺栓固定在竖向杆件的铁码上。

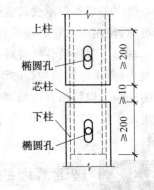

图 8.17 上下立柱的连接方法

（4）玻璃的安装。

在安装前,应清洁玻璃,四边的铝框也要清除污物,以保证嵌缝耐候胶可靠黏结。玻璃的镀膜面应朝室内方向。当玻璃在 3 m² 以内时,一般可采用人工安装。玻璃面积过大,质量很大时,应采用真空吸盘等机械安装。

（5）耐候胶嵌缝。

玻璃板材或金属板材安装后,板材之间的间隙,必须用耐候胶嵌缝,予以密封,防止气体渗透和雨水渗漏。打胶前,应使打胶面清洁、干燥。

（6）清洁维护。

玻璃安装完后,应从上往下用中性清洁剂对玻璃幕墙表面及外露构件进行清洁,清洁剂使用前应进行腐蚀性检验,证明对铝合金和玻璃无腐蚀作用后方可使用。

8.3.3 质量标准与安全技术

1.质量标准

玻璃幕墙的质量验收规定见表8.5。

表8.5 玻璃幕墙的质量验收规定

序号	验收规定		检验方法
1	玻璃幕墙用结构胶应复验硬度、标准条件拉伸黏结强度、相容性试验		
2	幕墙工程应对下列隐蔽工程项目进行验收: (1)预埋件(或后置埋件); (2)构件的连接节点; (3)变形缝及墙面转角处的构造节点; (4)幕墙防雷装置; (5)幕墙防火构造		
3	各分项工程的检验批应按下列规定划分: (1)相同设计、材料、工艺和施工条件的幕墙工程每500~1 000 m² 应划分为一个检验批,不足500 m² 也应划分为一个检验批; (2)同一单位工程的不连续的幕墙工程应单独划分检验批; (3)对于异型或有特殊要求的幕墙,检验批的划分应根据幕墙的结构、工艺特点及幕墙工程规模,由监理单位(或建设单位)和施工单位协商确定		
4	检查数量应符合下列规定: (1)每个检验批每100 m² 应至少抽查一处,每处不得小于10 m²; (2)对于异型或有特殊要求的幕墙工程,应根据幕墙的结构和工艺特点,由监理单位(或建设单位)和施工单位协商确定		
5	主控项目	(1)玻璃幕墙工程所使用的各种材料、构件和组件的质量,应符合设计要求及国家现行产品标准和工程技术规范的规定	检查材料、构件、组件的产品合格证书、进场验收记录、性能检测报告和材料的复验报告
		(2)玻璃幕墙的造型和立面分格应符合设计要求	观察;尺量检查
		(3)玻璃幕墙使用的玻璃应符合下列规定: ①幕墙应使用安全玻璃,玻璃的品种、规格、颜色、光学性能及安装方向应符合设计要求; ②幕墙玻璃的厚度不应小于6.0 mm。全玻璃幕墙肋玻璃的厚度不应小于12 mm; ③幕墙的中空玻璃应采用双道密封。明框幕墙的中空玻璃应采用聚硫密封胶及丁基密封胶;隐框和半隐框幕墙的中空玻璃应采用硅酮结构密封胶及丁基密封胶;镀膜面应在中空玻璃的第二或第三面上; ④幕墙的夹层玻璃应采用聚乙烯醇缩丁醛(PVB)胶片干法加工夹层玻璃。点支撑玻璃幕墙夹层胶片(PVB)厚度不应小于0.76 mm; ⑤钢化玻璃表面不得有损伤;8.0 mm 以下的钢化玻璃应进行引爆处理; ⑥所有幕墙玻璃均应进行边缘处理	观察;尺量检查;检查施工记录
		(4)玻璃幕墙与主体结构连接的各种预埋件、连接件、紧固件必须安装牢固,其数量、规格、位置、连接方法和防腐处理应符合设计要求	观察;检查隐蔽工程验收记录和施工记录

续表 8.5

序号	验收规定	检验方法
	(5)各种连接件、紧固件的螺栓应有防松动措施;焊接连接应符合设计要求和焊接规范的规定	观察;检查隐蔽工程验收记录和施工记录
	(6)隐框或半隐框玻璃幕墙,每块低于玻璃外表面 2 mm	观察;检查施工记录
	(7)明框玻璃幕墙的玻璃安装应符合下列规定: ①玻璃槽口与玻璃的配合尺寸应符合设计要求和技术标准的规定; ②玻璃与构件不得直接接触,玻璃四周与构件凹槽底部应保持一定的空隙,每块玻璃下部应至少放置两块宽度与槽口宽度相同、长度不小于 100 mm 的弹性定位垫块;玻璃两边嵌入量及空隙应符合设计要求; ③玻璃四周橡胶条的材质、型号应符合设计要求,镶嵌应平整,橡胶条长度应比边框内槽长 1.5%～2.0%,橡胶条在转角处应斜面断开,并应用黏结剂黏结牢固后嵌入槽内	观察;检查施工记录
	(8)高度超过 4 m 的全玻璃幕墙应吊挂在主体结构上,吊夹具应符合设计要求,玻璃与玻璃,玻璃与玻璃肋之间的缝隙,应采用硅酮结构密封胶填嵌严密	观察;检查隐蔽工程验收记录和施工记录
5	(9)点支撑玻璃幕墙应采用带万向头的活动不锈钢爪,其钢爪间的中心距离应大于 250 mm	观察;尺量检查
	(10)玻璃幕墙四周、玻璃幕墙内表面与主体结构之间的连接节点、各种变形缝、墙角的连接节点应符合设计要求和技术标准的规定	观察;检查隐蔽工程验收记录和施工记录
	(11)玻璃幕墙应无渗漏	在易渗漏部位进行淋水检查
	(12)玻璃幕墙结构胶和密封胶的打注应饱满、密实、连续、均匀、无气泡,宽度和厚度应符合设计要求和技术标准的规定	观察;尺量检查;检查施工记录
	(13)玻璃幕墙开启窗的配件应齐全,安装应牢固,安装位置和开启方向、角度应正确;开启应灵活,关闭应严密	观察;手扳检查;开启和关闭检查
	(14)玻璃幕墙的防雷装置必须与主体结构的防雷装置可靠连接	观察;检查隐蔽工程验收记录和施工记录
6	(1)玻璃幕墙表面应平整、洁净;整幅玻璃的色泽应均匀一致;不得有污染和镀膜损坏	观察
	(2)每平方米玻璃的表面质量和检验方法应符合规定	
	(3)一个分格铝合金型材的表面质量和检验方法应符合规定	
	(4)明框玻璃幕墙的外露框或压条应横平竖直,颜色、规格应符合设计要求,压条安装应牢固。单元玻璃幕墙的单元拼缝或隐框玻璃幕墙的分格玻璃拼缝应横平竖直、均匀一致	观察;手扳检查;检查进场验收记录
一般项目	(5)玻璃幕墙的密封胶缝应横平竖直、深浅一致、宽窄均匀、光滑顺直	观察;手摸检查
	(6)防火、保温材料填充应饱满、均匀,表面应密实、平整	检查隐蔽工程验收记录
	(7)玻璃幕墙隐蔽节点的遮封装修应牢固、整齐、美观	观察;手扳检查
	(8)明框玻璃幕墙安装的允许偏差和检验方法应符合规定	
	(9)隐框、半隐框玻璃幕墙安装的允许偏差和检验方法应符合规定	

2.安全技术

(1)高处施工方面的安全技术要求与抹灰工程和饰面工程一致。

(2)搬运玻璃应戴手套或用布、纸垫着玻璃,将手及身体裸露部分隔开。散装玻璃运输必须采用专门夹具(架)。玻璃应直立堆放,不得水平堆放。

(3)在高处安装玻璃,必须系安全带、穿软底鞋,应将玻璃放置平稳,垂直下方禁止通行。

(4)安装玻璃不得将梯子靠在门窗扇上或玻璃上。安装玻璃所用工具应放入工具袋内。

8.4 楼地面工程施工

楼地面是建筑物底层地面和楼层地面的总称。在室内的地面上,人们从事着各种活动,放置各种家具和设备,地面要经受各种侵蚀、摩擦、冲击并保证室内环境,因此要求地面要有足够的强度、防潮、防火和耐腐蚀性。其主要功能是创造良好的空间环境,保护结构层。

8.4.1 楼地面的组成与分类

1.楼地面的组成

楼地面是房屋建筑底层地坪与楼层地坪的总称。其主要构造层分为基层、垫层及面层。

(1)基层:即面层下的构造层。

(2)垫层:即介于基层与面层之间,主要起传递荷载、找平作用。

(3)面层:又称地面,直接承受各种物理和化学作用的建筑地面表面层,是人们经常接触的部分,同时也对室内起装饰作用。

2.楼地面的分类

(1)按面层材料分为:土、灰土、三合土、菱苦土、水泥砂浆混凝土、水磨石、陶瓷锦砖、木、砖和塑料地面等。

(2)按面层结构分为:整体面层(如灰土、菱苦土、三合土、水泥砂浆、混凝土、现浇水磨石、沥青砂浆和沥青混凝土等)、块料面层(如缸砖、塑料地板、拼花木地板、陶瓷锦砖、水泥花砖、预制水磨石块、大理石板材、花岗石板材等)和涂布地面等。

8.4.2 基层施工及垫层施工

1.基层施工

(1)抄平弹线,统一标高,将统一水平标高线弹在各房间四壁上,离地面 500 mm 处。

(2)楼面的基层是楼板,应做好楼板板缝灌浆、堵塞工作和板面清理工作。

(3)地面的基层多为土。地面下的填土应采用素土分层夯实。土块的粒径不得大于 50 mm,每层夯实后的干密度应符合设计要求。回填土的含水率应按照最佳含水率进行控制,然后再夯实。

淤泥、腐殖土、冻土、耕植土、膨胀土和有机含量大于 8% 的土,均不得用作地面下的填土。

地面下的基土,经夯实后的表面应平整,用 2 m 靠尺检查,要求其土表面凹凸不大于 15 mm,标高应符合设计要求,其偏差应控制在 −50~0 mm。

2. 垫层施工

(1)刚性垫层。

刚性垫层指用水泥混凝土、水泥碎砖混凝土、水泥炉渣混凝土和水泥石灰炉渣混凝土等各种低强度等级混凝土做的垫层。

混凝土垫层的厚度一般为 60～100 mm。混凝土强度等级不宜低于 C10,粗骨料粒径不应超过 50 mm,并不得超过垫层厚度的 2/3,混凝土配合比按普通混凝土配合比设计进行试配。其施工要点如下:

①清理基层,检测弹线。

②浇筑混凝土垫层前,基层应洒水湿润。

③浇筑大面积混凝土垫层时,应纵横每 6～10 m 设中间水平桩,以控制厚度。

④大面积浇筑宜采用分仓浇筑的方法,要根据变形缝位置、不同材料面层的连接部位或设备基础位置情况进行分仓,分仓距离一般为 3～4 m。

(2)柔性垫层。

柔性垫层包括用土、砂、石、炉渣等散状材料经压实的垫层。砂垫层厚度不小于 60 mm,应适当浇水并用平板振动器振实;砂石垫层的厚度不小于 100 mm,要求粗细颗粒混合摊铺均匀,浇水使砂石表面湿润,碾压或夯实不少于 3 遍至不松动为止。

根据需要可在垫层上做水泥砂浆、混凝土、沥青砂浆或沥青混凝土找平层。

8.4.3 整体面层施工

整体面层(地面面层无接缝)是按设计要求选用不同材质和相应配合比,经现场施工铺设而成的。整体面层由基层和面层组成。

1. 水泥砂浆面层

水泥砂浆地面面层的厚度应不小于 20 mm,一般用硅酸盐水泥、普通硅酸盐水泥,用中砂或粗砂配制,配合比(体积比)为(1∶2)～(1∶2.5)。

面层施工前,先按设计要求测定地平面层标高,校正门框,将垫层清扫干净洒水湿润,表面比较光滑的基层应进行凿毛,并用清水冲洗干净。铺抹砂浆前,应在四周墙上弹出一道水平基准线,作为确定水泥砂浆面层标高的依据。面积较大的房间,应根据水平基准线在四周墙角处每隔 1.5～2 m 用 1∶2 水泥砂浆抹标志块,以标志块的高度做出纵横方向通长的标筋来控制面层厚度。

面层铺抹前,先刷一道含 4%～5% 的 108 胶水泥浆,随即铺抹水泥砂浆,用刮尺赶平,并用木抹子压实,在砂浆初凝后终凝前,用铁抹子反复压光 3 遍。砂浆终凝后铺盖草袋、锯末等浇水养护。当施工大面积的水泥砂浆面层时,应按设计要求留分格缝,防止砂浆面层产生不规则裂缝。

水泥砂浆面层强度小于 5 MPa 之前,不准上人行走或进行其他作业。

2. 细石混凝土面层

细石混凝土面层可以克服水泥砂浆面层干缩较大的弱点。这种面层强度高,干缩值小。与水泥砂浆面层相比,它的耐久性更好,但厚度较大,一般为 30～40 mm。混凝土强度等级不低于 C20,所用粗骨料要求级配适当,粒径不大于 15 mm,且不大于面层厚度的 2/3,用中砂或粗砂配制。

细石混凝土面层施工的基层处理和找规矩的方法与水泥砂浆面层施工相同。铺细石混凝土时,应由里向门口方向进行铺设,按标志筋厚度刮平拍实后,稍待收水,即用钢抹子预压一遍,待进一步收水,即用铁滚筒交叉滚压 3～5 遍或用表面振动器振捣密实,直到表面泛浆为止,然后进行抹平压光。细石混凝土面层与水泥砂浆面层基本相同,必须在水泥初凝前完成抹平工作,终凝前完成压光工作,要求其表面色泽一致,光滑无抹子印迹。

　　钢筋混凝土现浇楼板或强度等级不低于 C15 的混凝土垫层兼面层时,可用随捣随抹的方法施工,在混凝土楼地面浇捣完毕,表面略有吸水后即进行抹平压光。

　　3.现制水磨石面层

　　现制水磨石构造层如图 8.18 所示。水磨石地面施工工艺流程如图 8.19 所示。

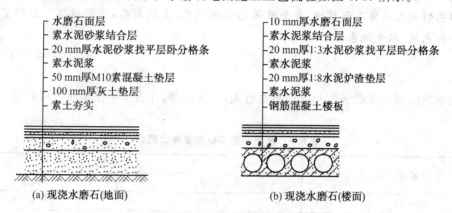

图 8.18　现制水磨石构造

图 8.19　水磨石地面施工工艺

　　水磨石地面面层施工,一般是在完成顶棚、墙面等抹灰后进行。也可以在水磨石楼、地面磨光两遍后再进行顶棚、墙面抹灰,但对水磨石面层应采取保护措施。

　　水磨石面层所用的石子应用质地密实、磨面光亮。如硬度不大的大理石、白云石、方解石或质地较硬的花岗岩、玄武岩、辉绿岩等。石子应洁净无杂质,石子粒径一般为 4～12 mm;白色或浅色的水磨石面层,应采用白色硅酸盐水泥,深色的水磨石面层应采用普通硅酸盐水泥或矿渣硅酸盐水泥,水泥中掺入的颜料应选用遮盖力强,耐光性、耐候性、耐水性和耐酸碱性好的矿物颜料。掺量一般为水泥用量的 3%～6%,也可由试验确定。

　　(1)嵌分格条。

　　在找平层上按设计要求的图案弹出墨线,然后按墨线固定分格条(铜条或玻璃条),如图 8.20 所示,嵌条宽度与水磨石面层厚度相同,分格条正确的黏嵌方法是纯水泥浆黏嵌玻璃条成八分角。分格条应平直、牢固,接头严密。

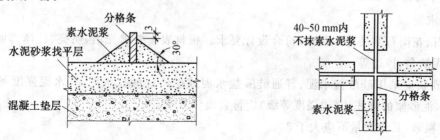

图 8.20　分格嵌条设置

（2）铺水泥石子浆。

分格条黏嵌养护3～5 d后，将找平层表面清理干净，刷水泥浆一道，随刷随铺面层水泥石子浆。水泥石子浆的虚铺厚度比分格条高3～5 mm，以防在滚压时压弯铜条或压碎玻璃条。铺好后，用滚筒滚压密实，待表面出浆后，再用抹子抹平。

技 术 点 睛

做多种颜色的彩色水磨石面层时，应先做深色后做浅色；先做大面，后做镶边。且待前一种色浆凝结后再做后一种色浆，以免混色。

（3）研磨。

水磨石的研磨时间与水泥强度和气温高低有关，应先试磨，在石子不松动时方可研磨。一般研磨时间见表8.6。

表8.6 水磨石面层研磨参考时间表

平均温度/℃	研磨时间/d	
	机磨	人工磨
20～30	2～3	1～2
10～20	3～4	1.5～2.5
5～10	5～6	2～3

水磨石面一般采用"二浆三磨"法，即整修研磨过程中磨光3遍，补浆2次。第一遍先用60～80号粗金刚石粗磨，磨石机走"8"字形，边磨边加水冲洗，要求磨匀磨平，随时用2 m靠尺板进行平整度检查。磨后把水泥浆冲洗干净，并用同色水泥浆涂抹，填补研磨过程中出现的小孔隙和凹痕，洒水养护2～3 d。第二遍用120～150号金刚石再平磨，方法同第一遍，磨光后再补一次浆。第三遍用180～240号油石精磨，要求打磨光滑，无砂眼细孔，石子颗颗显露，高级水磨石面层应适当增加磨光遍数及提高油石的号数。

（4）抛光。

在影响水磨石面层质量的其他工序完成后，将地面冲洗干净，涂上10%浓度的草酸溶液，随即用280～320号油石进行细磨或把布卷固定在磨石机上进行研磨，表面光滑为止。用水冲洗、晾干后，在水磨石面层上涂满一层蜡，稍干后再用磨光机研磨，或用钉有细帆布的木块代替油石，装在磨石机上研磨出光亮后，再涂蜡研磨一遍，直到光滑洁亮为止。

8.4.4 板块面层施工

板块面层包括砖面层、大理石面层和花岗石面层、预制板块面层、料石面层、塑料板面层、活动地板面层和地毯面层等。

1. 大理石、花岗岩面层

（1）材料要求。

天然大理石、花岗石的品种、规格应符合设计要求。板材表面要求光洁、明亮、色泽鲜明，无刀痕旋纹，边角方正，无缺角、掉边等。

配制水泥砂浆应采用硅酸盐水泥、普通硅酸盐水泥或矿渣硅酸盐水泥；其水泥强度等级不宜小于32.5级；配制水泥砂浆的体积比（或强度等级）应符合设计要求。

砂、中砂或粗砂，其含泥量不应大于3%。

(2)施工准备。

①室内抹灰、地面垫层、预埋在垫层内的电管及串通地面的管线均已完成。

②大理石、花岗石板块进场后,应侧立堆放在室内,光面相对、背面垫松木条,并在板下加垫木方。详细核对品种、规格、数量等是否符合设计要求,当有裂纹、缺棱、掉角、翘曲和表面有缺陷时,应予剔除。

③以施工大样图和加工单为依据,熟悉了解各部位尺寸和做法,弄清洞口、边角等部位之间的关系。

④房间内四周墙上弹好+50 cm水平线。

⑤施工操作前应画出铺设大理石地面的施工大样图。

⑥在冬期施工时操作温度不得低于5 ℃。

⑦基层处理要干净,高低不平处要先凿平和修补,基层应清洁,不能有砂浆,尤其是白灰砂浆灰、油漬等,并用水湿润地面。

⑧主要施工机具的准备。

(3)施工操作。

施工工艺流程如图8.21所示。

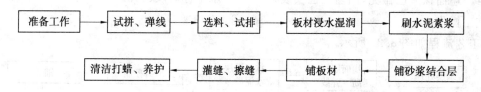

图8.21 大理石、花岗岩面层施工工艺

施工操作要点如下:

①试拼:在正式铺设前,对每个房间的大理石(或花岗石)板块,应按图案、颜色、纹理试拼,将非整块板对称排放在房间靠墙部位,试拼后按两个方向编号排列,然后按所编号码放整齐。

②弹线:为检查和控制大理石(或花岗石)板块的位置,在房间内拉十字控制线,弹在混凝土垫层上,并引至墙面底部,然后依据墙面+50 cm标高线找出面层标高,在墙上弹出水平标高线,在弹水平线时要注意室内与楼道面层标高要一致。

③试排:在房间内的两个相互垂直的方向铺两条干硬性砂浆,其宽度大于板块宽度,厚度不小于3 cm。结合施工大样图及房间实际尺寸,把大理石(或花岗石)板块排好,以便检查板块之间的缝隙,核对板块与墙面、柱、洞口等部位的相对位置。

④刷水泥素浆及铺砂浆结合层:试铺后将干砂和板块移开,清扫干净,用喷壶洒水湿润,刷一层素水泥浆(水灰比为0.4~0.5,不要刷的面积过大,随铺砂浆随刷)。根据板面水平线确定结合层砂浆厚度,拉十字控制线。

⑤铺砌大理石(或花岗石)板块。板块应先用水浸湿,待擦干或表面晾干后方可铺设。

根据房间拉的十字控制线,纵横各铺一行,以作为大面积铺砌标筋用。在十字控制线交点开始铺砌。先试铺,然后正式镶铺。根据水平线用水平尺找平,铺完第一块,向两侧和后退方向顺序铺砌。铺完纵、横行之后有了标准,可分段分区依次铺砌,铺贴完成后,2~3 d内不得上人。

⑥灌缝、擦缝:在板块铺铺砌1~2 d后进行灌浆擦缝。灌浆1~2 h后,用棉纱团蘸原稀水泥浆擦缝与板面擦平,同时将板面上的水泥浆擦净,使大理石(或花岗石)面层的表面洁净、平整、坚实,以上工序完成后,面层加以覆盖。养护时间不应小于7 d。

⑦打蜡:当水泥砂浆结合层达到强度后(抗压强度达到1.2 MPa时)方可进行打蜡。面层达到光滑洁亮为准。

2.砖面层

砖面层是指采用缸砖、水泥花砖、陶瓷地砖或陶瓷锦砖块材在水泥砂浆、沥青胶结料或胶黏剂结合层上铺设而成的面层。

(1)材料要求。

硅酸盐水泥、普通硅酸盐水泥或矿渣硅酸盐水泥,其强度等级不小于 32.5。硅酸盐白水泥强度等级不小于 32.5。粗砂或中砂用时应过筛,其含泥量不大于 3%。熟化石灰,磨细生石灰粉熟化 48 h 后才可使用。

所采用的缸砖、陶瓷地砖的质量要求,应符合相应产品标准的规定。具体为砖面层(陶瓷锦砖、缸砖、陶瓷地砖和水泥花砖面层)的表面应洁净、图案清晰、色泽一致、接缝平整、深浅一致、周边顺直、板块无裂纹、掉角和缺棱等缺陷。所用材料应有出厂合格证,强度和品种不同的板块不得混杂使用。

(2)施工作业条件。

施工前穿过地面的套管已完成,管洞已堵实;有防水层的面层经过蓄水试验,不渗不漏,并已做好隐蔽验收手续;墙面抹灰已做完,门窗框已安装;+50 cm 水平标高线已弹好。

(3)施工操作。

施工工艺流程如图 8.22 所示。

图 8.22　砖面层施工工艺

施工操作要点如下:

①基层处理、找面层标高并弹线:同大理石、花岗岩面层。

②抹找平层水泥砂浆:把清洁好的基层用喷壶湿润后抹灰饼和标筋,灰饼的间距一般为 1.5 m,标筋(或叫冲筋)厚度不宜小于 20 mm。有地漏的房间应由四周向地漏方向以放射形抹标筋,并找好坡度。

标筋做好后,清理标筋的剩余砂浆渣,在标筋间刷一道水灰比为 0.4~0.5 的水泥浆黏结层,随刷随铺水泥砂浆找平层,以标筋的标高为准,24 h 后浇水养护。

③弹铺砖控制线。当找平层砂浆的抗压强度达到上人的要求后(一般为 1.2 MPa),开始弹铺砖的控制线。在弹线时,首先将房间分中,从纵横两外方向弹铺砖的控制线。

④铺砖:为控制铺砖时的位置和标高,应从门口开始,纵向先铺 2~3 行砖,以此为准,拉纵横的水平标高线,在铺砖时从里往外退着操作,人不得踏在刚铺好的砖面上。

如果用胶黏剂或沥青胶结料铺贴面砖,沥青胶结料的厚度应为 2~5 mm,采用胶黏剂时应为 2~3 mm。将胶黏剂或沥青胶黏结料按产品说明书的要求拌和后,均匀涂抹在面砖的背面,然后粘贴在找平层上。

铺完 2~3 行后应进行缝隙的修整工作,拉线检查缝格的平直度,如果有问题,要及时将缝拨直,然后用橡皮锤拍实。

⑤勾缝和擦缝:面层铺完后,应在 24 h 内进行勾缝和擦缝工作。当缝宽在 8 mm 以上时,采用勾缝;若纵横为干挤缝,或缝宽小于 3 mm 时,应用擦缝。无论采用勾缝还是擦缝,均应采用与粘贴材料同品种、同强度等级、同颜色的水泥。

⑥养护:面砖铺完 24 h 后,洒水养护,时间不少于 7 d,养护期间面层不准上人。

⑦踢脚板安装:踢脚板用料应采用与地面块材同品种、同规格、同颜色的材料,其立缝应与地面缝对

齐。铺设前,砖要浸水湿润,阴干备用,墙面洒水湿润后,先在房间墙面两端头阴角处各镶贴一块砖,确保其出墙厚度和标高符合设计要求。然后,以此砖的上楞和标准控制线开始铺贴其他踢脚板。

8.4.5 质量标准与安全技术

1.质量标准

楼地面工程的质量验收规定见表8.7。

表8.7 楼地面工程的质量验收规定

序号		验收规定	检验方法
1		厕浴间和有防滑要求的建筑地面的板块材料应符合设计要求。厕浴间、厨房和有排水(或其他液体)要求的建筑地面面层与相连接各类面层的标高差应符合设计要求 厕浴间和有防滑要求的建筑地面的板块材料应符合设计要求。厕浴间、厨房和有排水(或其他液体)要求的建筑地面面层与相连接各类面层的标高差应符合设计要求	
2		建筑地面工程基层(各构造层)和面层的铺设,均应待其下一层检验合格后方可施工上一层。建筑地面工程各层铺设前与相关专业的分部(子分部)工程、分项工程以及设备管道安装工程之间,应进行交接检验	
3		检验水泥混凝土和水泥砂浆强度试块的组数,按每一层(或检验批)建筑地面工程不应小于1组。当每一层(或检验批)建筑地面工程面积大于1 000 m² 时,每增加100 m² 应增做1组试块;小于1 000 m² 按1 000 m² 计算。当改变配合比时,也应相应地制作试块组数	
4		建筑地面工程施工质量的检验,应符合下列规定: (1)基层(各构造层)和各类面层的分项工程的施工质量验收应按每层或每层施工段(或变形缝)作为检验批,高层建筑的标准层可按每3层(不足3层按3层计)作为检验批; (2)每检验批应以各子分部工程的基层(各构造层)和各类面层所划分的分项工程按自然间(或标准间)检验,抽查数量应随机检验不应少于3间;不足3间,应全数检查;其中走廊(过道)应以10延长米为一间,工业厂房(按单跨计)、礼堂、门厅应以两个轴线为一间计算; (3)有防水要求的建筑地面子分部工程的分项工程施工质量每检验批抽查数量应按其房间总数随机检验不应少于4间,不足4间,应全数检查	
5	主控项目	(1)大理石、花岗石面层所用板块的品种、质量应符合设计要求	观察检查和检查材质合格记录
		(2)面层与下一层应结合牢固,无空鼓。凡单块砖边有局部空鼓,且每自然间(标准间)不超过总数的5%可不计	用小锤轻击检查
6	一般项目	(1)大理石、花岗石面层的表面应洁净、平整、无磨痕,且应图案、色泽一致,接缝均匀,周边顺直,镶嵌正确,板块无裂纹、掉角、缺棱等缺陷	观察检查
		(2)踢脚线表面应洁净、高度一致、结合牢固、出墙厚度一致	观察和用小锤轻击及钢尺检查
		(3)楼梯踏步和台阶板块的缝隙宽度应一致,齿角整齐,楼层梯段相邻踏步高度差不应大于10 mm,防滑条应顺直、牢固	观察和用钢尺检查
		(4)面层表面的坡度应符合设计要求,不倒泛水、无积水;与地漏、管道结合处应严密牢固,无渗漏	观察、泼水或坡度尺及蓄水检查
		(5)大理石和花岗石面层(或碎拼大理石、碎拼花岗石)的允许偏差应符合规定	用钢尺和2 m靠尺检查

续表 8.7

序号		验收规定	检验方法
7	主控项目	(1)面层所用的板块的品种、质量必须符合设计要求	观察检查和检查材质合格证明文件及检测报告
		(2)面层与下一层的结合(黏结)应牢固,无空鼓。凡单块砖边有局部空鼓,且每自然间(标准间)不超过总数的5%可不计	用小锤轻击检查
8	一般项目	(1)砖面层的表面应洁净,图案清晰,色泽一致,接缝平整,深浅一致,周边顺直。板块无裂纹、掉角和缺棱等缺陷	观察检查
		(2)面层邻接处的镶边用料及尺寸应符合设计要求,边角整齐、光滑	观察和用钢尺检查
		(3)踢脚线表面应洁净、高度一致、结合牢固、出墙厚度一致	观察和用小锤轻击及钢尺检查
		(4)楼梯踏步和台阶板的缝隙宽度应一致,齿角整齐;楼层梯段相邻踏高度差不应大于10 mm;防滑条顺直	观察和用钢尺检查
		(5)面层表面的坡度应符合设计要求,不倒泛水,无积水;与地漏、管道结合处应严密牢固,无渗漏	观察、泼水或坡度尺及蓄水检查
		(6)砖面层的允许偏差应符合规定	应按规范中的检验方法检验
9		板、块面层的允许偏差应符合规范规定	

注:1. 本表第5、6项验收规定适用于大理石、花岗石验收;

2. 本表第7、8项验收规定适用于砖面层验收

2. 安全技术

(1)施工前,应逐级做好安全技术交底,检查安全防护措施。并对现场所使用的脚手材料、机械设备和电气设施等,进行认真检查,确认其符合安全要求后方能使用。

(2)进入施工现场必须戴好安全帽。进入施工地点应按照施工现场设置的禁止、警告、提示等安全标志和路线行走。在有害于身体健康的区域内施工,必须戴好防护面具,还应采取相应的防范措施。

(3)严禁任意拆除或变更安全防范设施。若施工中必须拆除时,需经工地技术负责人批准后方可拆除或变更。施工完毕,应立即恢复原状,不得留有隐患。

(4)使用外加剂(如氢氧化钠、盐酸、硫酸等)时,不准赤手拿取,应穿鞋套、戴手套和口罩,以防烧伤皮肤。

(5)机电设备的操作人员,必须经过专门培训,持有操作合格证。电工的所有绝缘、检验工具应妥善保管,严禁他用,并应定期检查、校验。每种施工机械,应专线专闸,线路不得乱搭。

(6)使用磨石机、电钻等手持电动工具,应戴绝缘手套并穿胶靴,电源线应完整,必须装有漏电保护器,金刚砂块安装必须牢固,经试运正常,方能操作。

(7)操作手电钻时,应先启动后再接触工件。钻薄板要垫平垫实,钻斜孔应防止滑钻。操作时应用杠杆压住,不得用身体直接压在上面。

(8)清理地面和楼面基层时,不得从窗口向外乱抛杂物,以免伤人。

(9)搬运陶瓷锦砖等易碎面砖时,宜用木板整联托住。

(10)剔凿瓷砖或手折断瓷砖时,应戴防护镜和手套。

(11)木材、刨花、沥青及其他胶黏剂均属易燃品,在操作过程中严禁吸烟,现场必须置备足够的消防设施。

(12)夜间操作场所照明,应有足够的照度,临时照明电线及灯具的高度应不低于2.5 m。易爆场

所,应用防爆灯具。对于危险区段必须悬挂警戒红灯,并有专人负责安全工作。夜间或阴暗处作业,应用 36 V 以下安全电压照明。潮湿环境应采用 24 V 或 12 V 安全电压。

【案例实解】

1. 事故概况

某绝缘材料厂,有部分封闭车间是水磨石地面。试车时不到 3 h 即发出地面爆裂声,地面隆起并出现裂缝。据现场调查,封闭恒温车间的水磨石地面低于车间地面 800 mm,面层宽 8 m、长 12 m,其四周是现浇的钢筋混凝土挡土墙;试车时的温度高达 60 ℃ 左右。

2. 原因分析

经现场情况分析,裂缝原因是水磨石地面未设置分格缝,受热膨胀,四周受混凝土墙的封闭,下面是密实的基土,所以水磨石地面向上隆起,并产生裂缝。

3. 处理措施

凿除破碎的水磨石地面层,刮除灰疙瘩,扫刷干净,沿混凝土墙四周和长度方向居中位置弹分格缝线,缝宽控制在 15 mm 左右,用混凝土切割机沿线切开,深度割至垫层底,凿除缝中的混凝土并扫刷干净,填嵌聚氯乙烯胶泥,确保饱满。垫层面应清扫、冲洗干净,晾干,分格铜条沿垫层分格缝的两边贴好。当水磨石面层按要求施工完成后,挖除分格缝中的泥浆和石子,扫刷干净,晾干,填嵌聚氯乙烯胶泥。

基础同步

一、填空题

1. 抹灰工程按使用材料和装饰效果分为 _____ 和 _____。

2. 块料面层材料的种类基本可分为 _____ 和 _____ 两大类。

3. 干挂法分为 _____ 和 _____ 两种。

4. 玻璃幕墙的施工方式除 _____ 和 _____ 外,还分为 _____ 和 _____ 两种。

二、选择题

1. 石灰浆应在储灰池中常温熟化不少于 15 d,單面用的磨细石灰粉的熟化期不应少于( )。

A. 14 d   B. 20 d   C. 25 d   D. 30 d

2. 大理石、花岗岩面层所用的砂,其含泥量不应大于( )。

A. 2%   B. 3%   C. 5%   D. 6%

3. 抹灰工程各层砂浆的强度要求应为( )。

A. 底层＞中层＞面层   B. 底层＞面层＞中层

C. 中层＞底层＞面层   D. 面层＞中层＞底层

4. 抹灰工程施工前,对室内墙面、柱面和门洞的阳角,宜用 1:2 水泥砂浆做暗护角,其高度不低于 2 m,每侧宽度不少于( )。

A. 20 mm   B. 30 mm   C. 40 mm   D. 50 mm

三、判断题

1. 面层灰应待中层灰凝固后才能进行,一般应从上而下、自右向左涂抹整个墙面。 ( )

2. 小规格花岗石板,板材尺寸小于 300 mm×300 mm,板厚 8～12 mm,不可采用水泥砂浆粘贴方法。 ( )

3. 干法铺贴工艺,通常称为干挂法施工,这种方法适用于 20 m 以下的钢筋混凝土结构基体上,不适用于砖墙和加气混凝土墙。 ( )

4. 大理石、花岗岩面层在冬期施工时操作温度不得低于 10 ℃。 ( )

四、简答题

1.两墙面相交的阴角及阳角抹灰方法一般按什么步骤进行?

2.抹灰工程各层的主要作用是什么?

3.简述玻璃幕墙构件式安装的主要工序。

在实训现场先拌制砂浆,然后在墙面上依次做灰饼、冲筋、分层批挡、刮槎赶平,并对阳角做护角。所用材料:水泥、砂、石灰、水。所用工具:铁抹子、托灰板、刮尺。

项目 9 结构安装工程

项目目标 >>>>>>

【知识目标】

1. 熟悉结构安装所需配备的起重机械设备和辅助设备的种类、类型及其相关性能、特点；

2. 掌握一般建筑结构安装工程的常规施工工艺及施工方法。

【技能目标】

能根据施工图纸和施工实际条件，选择和制定常规结构安装工程合理的施工方案。

【课时建议】

10 课时

9.1 索具设备的选择与计算

索具设备主要用于安装工程中的构件绑扎、吊运等工作。索具设备包括钢丝绳、吊具、卷扬机等。

9.1.1 钢丝绳的构造及种类

钢丝绳是结构安装工作中用于悬吊、牵引或捆缚重物的物件,它具有强度高、韧性好、耐磨性好等优点。

(1)结构安装工程用钢丝绳是由 6 股钢丝和 1 股绳芯捻成(图 9.1),每股钢丝又由多根直径为 0.4～4.0 mm,抗拉强度为 1 400 MPa,1 550 MPa,1 700 MPa,1 850 MPa 或 2 000 MPa 的高强度钢丝捻成。钢丝绳按每股钢丝的根数常用的有 6×19,6×37,8×37 等。

技术点睛

在绳的直径相同的情况下,6×19 钢丝绳钢丝粗,比较耐磨,但较硬,不易弯曲,多用作缆风绳;6×37 钢丝绳钢丝细,较柔软,一般用于穿滑车组和吊索;6×61 钢丝绳质地软,主要用于重型起重机械中。

(2)钢丝绳按钢丝和钢丝股搓捻方向不同可分为顺捻绳和反捻绳两种(图 9.2)。

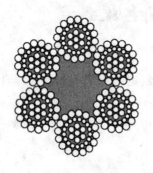

图 9.1　钢丝绳截面图

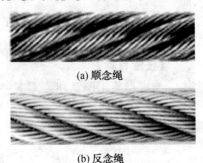

(a)顺念绳

(b)反念绳

图 9.2　钢丝绳绕向

9.1.2 吊具及滑轮组

1.吊具的选择

结构安装工程施工中常用的吊具有吊索、吊钩、卡扣、卡环、横吊梁等。

(1)吊索。

吊索也称千斤绳,是一种用钢丝绳(6×37 或 6×61 等)制成的吊装索具,主要用于绑扎构件以便起吊。根据形式不同可分为环状吊索和开口吊索(图 9.3)。

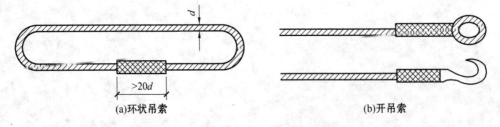

(a)环状吊索

(b)开吊索

图 9.3　吊索图

在吊装中,吊索的拉力不应超过其允许拉力,吊索拉力取决于所吊构件的重量及吊索的水平夹角,水平夹角应不小于30°,本工程吊装过程中,水平夹角均取45°。根据吊装构件重量及尺寸大小的不同,可选用两支吊索或四支吊索进行吊装。

两支吊索的拉力按下式计算(图9.4(a)):

$$P=\frac{G}{2\sin\alpha} \tag{9.1}$$

式中 P——每根吊索的拉力,kN;

G——吊装构件的重力,kN;

α——吊索与水平线的夹角,(°)。

四支吊索的拉力按下式计算(图9.4(b)):

$$P=\frac{G}{2(\sin\alpha+\sin\beta)} \tag{9.2}$$

式中 β——内吊索与水平线的夹角,(°)。

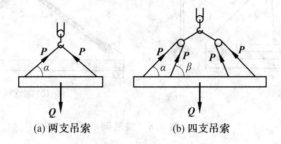

(a)两支吊索   (b)四支吊索

图9.4 吊索拉力计算简图

(2)吊钩。

吊钩有单钩和双钩两种类型(图9.5)。单钩制造简单、使用方便,但受力情况不好,大多用在起重量为80 t以下的工作场合;起重量较大时常采用受力对称的双钩。

(3)卡扣。

卡扣也称钢丝绳夹头,主要用于固定钢丝绳端部,根据其形式不同,分为骑马式、压板式和拳握式3种,其中骑马式卡扣(图9.6)最为常用。选用卡扣时,必须使U形的内侧净距等于钢丝绳的直径。

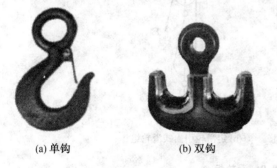

(a)单钩   (b)双钩

图9.5 吊钩

图9.6 骑马式卡扣

(4)卡环。

卡环也称卸甲,主要用于吊索之间或吊索与构件吊环之间的连接,固定和扣紧吊索。卡环由弯环和横销两部分组成。弯环根据其形式不同分为直形和马蹄形两种(图9.7);横销根据连接方式的不同分为螺栓式和活络式。活络式卡环的横销端头和弯环孔眼无螺纹,可以直接抽出,以避免人员高空作业,常用于吊装柱子。

(a) 直形卡环　　　　(b) 马蹄形卡环

图 9.7　卡环

(5)横吊梁。

横吊梁也称铁扁担,常用于柱和屋架等构件的吊装,用以减小起重高度以及吊索对构件的横向压力。横吊梁的形式较多,常用的有钢板式横吊梁和钢管式横吊梁(图 9.8)。

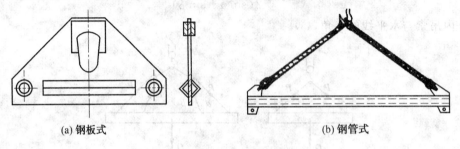

(a) 钢板式　　　　　　　　　　　　　(b) 钢管式

图 9.8　横吊梁

2.滑轮组

滑轮组由一定数量的定滑轮和动滑轮及绕过它们的绳索所组成(图 9.9)。它既能省力,又可以改变力的方向。它既可作为单独的起吊设备,也可作为起重机械的附属设备,本工程吊装中以作为起重机械的附属设备为主。滑轮组中共同负担构件重量的绳索根数称为工作线数,也就是在动滑轮上穿绕的绳索根数。滑轮组起重省力的多少,主要取决于工作线数和滑动轴承的摩阻力大小。

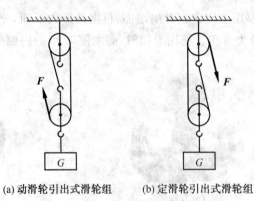

(a) 动滑轮引出式滑轮组　　　(b) 定滑轮引出式滑轮组

图 9.9　滑轮组

9.1.3　卷扬机固定方法

卷扬机也称绞车(图 9.10),它既可作为一种起重机械,又可用作拉伸机械。按照驱动方式可分为手动和电动两类。卷扬机在结构安装中是最常用的机械设备。

图 9.10 卷扬机

在建筑施工中的卷扬机多为电动卷扬机,它主要由电动机、卷筒、电磁制动器和减速机构等组成。卷扬机在使用时必须做可靠的固定,以防止在工作中产生滑移或倾覆。根据卷扬机牵引力的大小,其固定方法有螺栓锚固法、横木锚固法、立桩锚固法和压重锚固法 4 种,如图 9.11 所示。在本工程安装过程中,卷扬机固定采用螺栓锚固法。

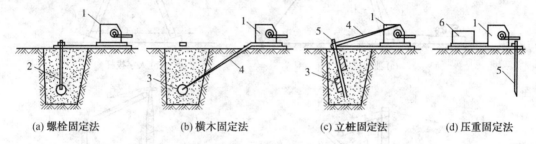

(a) 螺栓固定法　　　　(b) 横木固定法　　　　(c) 立桩固定法　　　　(d) 压重固定法

图 9.11 卷扬机的固定方法
1—卷扬机;2—地脚螺栓;3—横木;4—拉索;5—木桩;6—压重

9.2　起重机械的种类及其特点

结构安装工程中常用的起重机械有桅杆式起重机、自行式起重机及塔式起重机。

1. 桅杆式起重机

桅杆也称拔杆或抱杆,与滑轮组、卷扬机相配合构成桅杆式起重机,桅杆自重和起重能力的比例一般为(1:4)~(1:6),具有制作简便,安装和拆除方便,起重量较大,对现场适应性较强的特点,因而得到广泛应用。

在建筑工程中常用的桅杆式起重机有独脚拔杆、悬臂拔杆、人字拔杆和牵缆式拔杆起重机,如图 9.12 所示。

(1)独脚拔杆。

独脚拔杆由拔杆、起重滑轮机组、卷扬机、缆风绳和锚碇等组成,如图 9.12(a)所示。根据独脚拔杆的制作材料不同可分为木独脚拔杆、钢管独脚拔杆和金属格构式拔杆等。

独脚拔杆在使用时应保持一定的倾角,但不宜大于 10°,以便在吊装时,构件不致碰撞拔杆。拔杆的稳定性主要依靠揽风绳,根据起重量、起重高度和绳索强度,揽风绳一般设置 4~10 根。揽风绳与地面的夹角一般为 30°~45°,绳的一端固定在桅杆顶端,另一端固定在锚碇上。

(2)人字拔杆。

人字拔杆一般是由两根圆木或钢管以钢丝绳绑扎或铁件铰接而成,拔杆设有缆风绳、滑轮组及导向滑轮等。在人字拔杆的顶部交叉处悬挂滑轮组。拔杆底端两脚的距离为高度的 1/3~1/2,并设有拉杆

(或拉索)以平衡拔杆本身的水平推力。其中一根拔杆的底部装设一导向滑轮组,起重索通过它连接到卷扬机。缆风绳的数量应根据拔杆的重量和起重高度来决定,一般不少于5根,如图9.12(b)所示;人字拔杆在垂直方向略有倾斜,但其倾斜度不宜超过1/10,并在前、后各用两个揽风绳拉结。

人字拔杆具有侧向稳定性较好、揽风绳较少的优点;但其起吊构件活动范围小的缺点限制了其在工程中的应用,因此一般仅用于安装重型柱或其他重型构件。钢管人字拔杆起重量可达200 kN。

(3)悬臂拔杆。

悬臂拔杆是在独脚拔杆的中部或2/3高度处装设一根起重臂制作而成,如图9.12(c)所示。悬臂拔杆起重臂可以回转和起伏,可以固定在某一部位,也可以根据需要沿杆升降。悬臂拔杆的特点是可以获得较大的起重高度和相应的起重半径,起重臂还能左右摆动120°~270°,宜用于吊装高度较大的轻型构件。

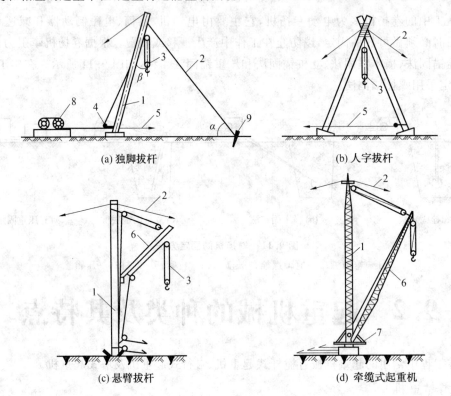

(a) 独脚拔杆　　　　　　　　　　　　　　(b) 人字拔杆

(c) 悬臂拔杆　　　　　　　　　　　　　　(d) 牵缆式起重机

图9.12　桅杆式起重机

1—拔杆;2—缆风绳;3—起重滑轮组;4—导向装置;5—拉索;6—起重臂;7—回转盘;8—卷扬机;9—锚碇

(4)牵缆式桅杆起重机。

牵缆式桅杆起重机是在独脚拔杆下端装设一根可以回转和起伏的起重臂制作而成,如图9.12(d)所示。牵缆式桅杆起重机的起重臂可以起伏,机身可回转360°,可以在起重半径范围内,把构件吊到任何位置。当起重量在50 kN以内,起重高度不超过25 m时,牵缆式桅杆起重机多用无缝钢管制成,用于一般工业厂房的结构吊装;大型牵缆式桅杆起重机的桅杆和起重臂是用角钢组成的格构式截面,起重量可达60 kN,桅杆高度可达80 m,常用于重型工业厂房的吊装或设备安装。牵缆式桅杆起重机需设置较多的揽风绳,移动不便,常适用于构件多且集中的建筑物结构安装工程。

2.自行式起重机

自行式起重机主要有履带式起重机、汽车式起重机和轮胎式起重机等。

(1)履带式起重机。

履带式起重机是在行走的履带底盘上装设起重装置的起重机械,它由动力装置、传动机构、行走机构(履带)、工作机构(起重杆、滑轮组、卷扬机)及平衡重等组成,如图9.13所示。具有操作灵活,使用方便,在一般平整坚实的场地上可以载荷行驶和作业,起重吊装时不需设支腿。但履带式起重机的稳定性较差,使用时必须严格遵守操作规程,一般不宜超负荷吊装,如需超负荷或接长起重臂时,必须进行稳定性验算。同时,履带式起重机行走速度慢,且对路面有破坏性。目前,它是装配式结构房屋施工,尤其是单层工业厂房结构安装工程中广泛使用的起重机械之一。

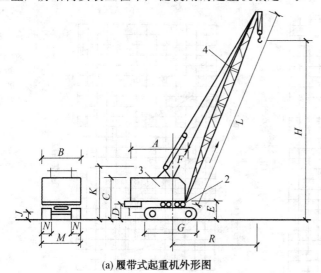

(a) 履带式起重机外形图

(b) 履带式起重机实体图

图9.13　履带式起重机
1—行走机构;2—回转机构;3—机身;4—起重臂;
$A \sim G, J, K, M, N$—外形尺寸;L—臂长;H—起重高度;R—起重半径

目前,在结构安装工程中常用的国产履带式起重机,主要有以下几种型号:W1—50,W1—100,W1—200以及一些进口机型。各类型履带式起重机外形尺寸均可在相应履带式起重机机械手册中查知,在此不再赘述。

履带式起重机的主要技术参数有3个,分别为起重量Q、起重高度H和回转半径R。其中,Q是指起重机在一定起重半径范围内安全工作所允许的最大起重物的质量;H是指起重吊钩的中心至停机面的垂直距离;R是指起重机回转轴线至吊钩中垂线的水平距离。三者之间存在相互制约的关系,履带式起重机3个主要参数之间的关系可用工作性能表来表示,也可用起重机工作曲线来表示,在起重机手册中均可查阅。表9.1为履带式起重机性能表;图9.14为W_1—50,W_1—100型履带式起重机的性能曲线。

表9.1　履带式起重机性能表

参数		单位	型号							
			W_1—50			W_1—100		W_1—200		
起重臂长度		m	10	18	18带鸟嘴	13	23	15	30	40
最大工作幅度		m	10.0	17.0	10.0	12.5	17.0	15.5	22.5	30.0
最小工作幅度		m	3.7	4.5	6.0	4.23	6.5	4.5	8.0	10.0
起重量	最小工作幅度时	t	10.0	7.5	2.0	15.0	8.0	50.0	20.0	8.0
	最大工作幅度时	t	2.6	1.0	1.0	3.5	1.7	8.2	4.3	1.5
起重高度	最小工作幅度时	m	9.2	17.2	17.2	11.0	19.0	12.0	26.8	36.0
	最大工作幅度时	m	3.7	7.6	14.0	5.8	16.0	3.0	19.0	25.0

技.术.点.睛

当起重臂长度一定时,随着仰角的增大,回转半径减小,起重量和起重高度增加;当起重长度增加时,回转半径和起重高度增加而起重量减小。

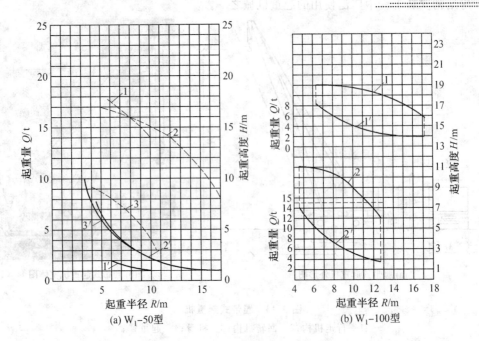

图 9.14　履带式起重机的性能曲线

(2)汽车式起重机。

汽车式起重机是将起重机构安装在通用或专用汽车底盘上的一种自行式全回转起重机械(图 9.15)。

(a)汽车式起重机外形图　　　　(b)汽车式起重机实体图

图 9.15　汽车式起重机

汽车式起重机有可伸缩的支腿,起重时支腿落地。起重臂可自动逐节伸缩,并具有各种限位和报警装置。它具有汽车的行驶通过性能,以及机动性强、行驶速度快、转移迅速、操作便捷、对路面破坏小等优点,但其缺点是吊装时必须设支腿,以增大机械的支撑面积,保证必要的稳定性,因而不能负荷行走;同时不宜在松软或泥泞的道路上行驶,吊装作业时稳定性较差,机身长,行驶时转弯半径较大。多适用于流动性大,经常变换吊装地点的结构安装工程或随运输车辆装卸设备、构件的吊装作业。

汽车式起重机按起重量大小分为轻型、中型和重型 3 种。起重量在 20 t 以内的为轻型,50 t(含)以上的为重型。目前,液压传动的汽车式起重机应用较为普遍。

（3）轮胎式起重机。

轮胎式起重机是把起重机构安装在加重型轮胎和轮轴组成的特制底盘上的一种全回转式起重机（图 9.16），其上部构造与履带式起重机基本相同，为了保证安装作业时机身的稳定性，起重机设有 4 个可伸缩的支腿。与汽车式起重机相比，轮胎式起重机具有轮距较宽、稳定性好、车身短、转弯半径小的特点，可在 360°范围内工作。同时，轮胎式起重机行驶时对路面的破坏性较小。但轮胎式起重机行驶时对路面要求较高，行驶速度较汽车式慢，不适于在松软泥泞的地面上工作，不宜长距离行驶，适宜于作业地点相对固定而作业量较大的现场。

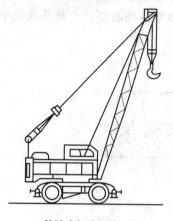

(a) 轮胎式起重机外形图

(b) 轮胎式起重机实体图

图 9.16　轮胎式起重机

9.3　钢筋混凝土排架结构单层工业厂房结构安装方案

钢筋混凝土排架结构单层工业厂房一般除基础在施工现场就地灌注外，其他构件均为预制构件。根据预制构件制作工艺的不同，一般分为普通钢筋混凝土构件和预应力钢筋混凝土构件两大类。钢筋混凝土排架结构单层工业厂房预制构件主要有柱、吊车梁、连系梁、屋架、天窗架和屋面板等。一般尺寸大、构件重的大型构件（如屋架、柱）由于运输困难多在现场就地预制；而其他质量轻、数量较多的构件（如屋面板、吊车梁、连系梁等）宜在预制工厂预制，然后运至现场进行安装。

9.3.1　准备工作的内容

结构安装前准备工作的好坏，直接影响整个安装工程施工进度及安装质量。为了实现工程开工后，能安全、文明、有序地组织结构安装施工，在结构安装之前，必须先做好各项准备工作。其主要包括场地的清理、道路的铺设、水电管线的铺设，基础的准备，构件的运输、堆放、拼装和临时加固，构件的检查、清理以及构件的弹线、编号等。

1. 场地清理与铺设道路、水电管线

工程开工前，按照现场平面布置图，标出起重机械的开行路线，清理道路上的杂物，并进行平整压实。在回填土或松软地基上，要用枕木或厚钢板铺垫，以确保起重机械的开行要求。在雨季施工，还要做好施工排水工作。在施工过程中可能使用水电的工序、位置要提前做好水电管线铺设工作。

2. 基础准备

钢筋混凝土排架单层工业厂房柱基础一般为杯形基础,杯形基础在浇筑时应保证基础定位轴线及杯口尺寸的准确。杯形基础的准备工作主要是柱吊装前对杯底的抄平及杯口弹线。

(1)杯底抄平。

为便于调整柱子牛腿面的标高,一般杯底浇筑后的标高应较设计标高低50 mm。柱吊装前,需要对杯底标高进行抄平。在杯底抄平时,首先测量出杯底原有标高,对中小型预制柱测中间一点,对大型预制柱测4个角点;再测量出吊入该杯形基础柱的柱脚至牛腿面的实际长度,然后根据安装后柱牛腿面的设计标高计算出杯底标高调整值,并在杯口内标出。最后用水泥砂浆或细石混凝土将杯底找平至所需的标高处,如图9.17所示。

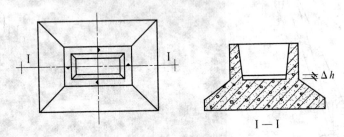

图9.17 基础准备

例如,杯底原标高为−1.20 m,牛腿面的设计标高为+7.80 m,柱脚至牛腿面的实际长度为8.95 m,则杯底标高的调整值 $\Delta h = [(7.80+1.20)-8.95]m=0.05$ m,即杯底应调整加高50 mm。

(2)杯口弹线。

根据厂房柱网轴线,在基础杯口顶面弹出建筑物的纵、横十字交叉的定位轴线及柱的吊装中心线,以作为柱吊装时对位和校正的依据,要求吊装中心线对定位轴线的允许偏差为±10 mm。

3. 构件的运输、堆放、拼装和加固

钢筋混凝土排架单层工业厂房在预制工厂制作或施工现场集中制作的构件,吊装前应选用合适的运输方式运送至吊装地点进行就位。通常采用载重汽车和平板拖车运输,构件在运输过程中,必须保证构件不损坏、不变形、不倾覆。因此,在构件运输时应符合下列规定:

(1)构件的运输。

①运输时的混凝土强度应符合设计要求,当设计无具体规定时,不应小于设计混凝土强度标准值的75%;对于屋架、薄腹梁等构件,不应小于设计混凝土强度标准值的100%。

②预制构件支撑的位置和方法,应符合设计要求或根据其受力情况确定,不得引起混凝土的超应力或损伤构件。

③构件装运时应绑扎牢固,以防在运输过程中移动或倾倒。对构件边部、端部或与链索接触处的混凝土,应采用衬垫加以保护,以防止其损坏。

④运输细长构件时,行车应平稳,并可根据需要对构件设置临时水平支撑;在装运屋架等重心较高、支撑面较窄的构件时,应用支架固定牢固,以提高其平面外稳定性,防止倾倒损坏。

(2)构件的堆放。

构件的堆放尽量避免二次搬运,并应符合下列规定:

①场地应平整坚实,并有排水措施,堆放构件应与地面之间有一定空隙,以防构件因地面不均匀下沉而造成倾斜或倾倒损坏。

②应根据构件的刚度及受力情况,确定构件平放或立放,并应保持其稳定,按设计的受力情况搁置在垫木或支架上。

③重叠堆放的构件,吊环应向上,标志应向外。其堆垛高度及层数应根据构件与垫木的承载能力及堆垛的稳定性确定,一般梁可堆叠2～3层,大型屋面板不超过6块,空心板不宜超过8块;并且各层之间应铺设垫木,垫木的位置应在同一条垂直线上。

(3)构件的拼装。

钢筋混凝土预制构件中,一些大型或侧向刚度较差的构件,如天窗架、大跨度桁架等,为便于运输和防止在扶直和运输中损坏,常把它们分为若干部分预制,然后将各部分运至吊装现场组合成一个整体,即称为构件的拼装。预制构件拼装有平拼和立拼两种,前者是将构件各部分平卧于操作台或地面上进行拼装,拼装完毕后用起重机械吊至施工平面布置图中所指定的位置上堆放;后者是将构件各部分立着拼装,并直接拼装在施工平面布置图中所指定的位置上。

一般情况下,中小型构件采用平拼,如6 m跨度的天窗架和跨度在18 m以内的桁架;而大型构件采用立拼,如跨度为9 m的天窗架和跨度在18 m以上的桁架。但要注意的是,立拼必须有可靠的稳定措施,否则很容易出现安全质量事故。

(4)构件的临时加固。

预制构件在翻身扶直和吊装时所受荷载,一般均小于设计的使用荷载,然而荷载的位置大多与设计时的计算图式不同,而构件扶直和吊装时可能产生变形或损坏。因此,当构件扶直和吊装时吊点与设计规定不同时,在吊装前需进行吊装应力验算,并采取适当的临时加固措施,以防止构件的损坏。

4.构件的检查与清理

为了保证质量并使吊装工作能顺利进行,在构件吊装前应对所有预制构件实行全面检查。

(1)构件安装前,应对各类构件的数量是否与设计的件数相符进行检查,以防在施工中发现某型号构件数量不足而出现停工呆料的情况,影响施工进度。

(2)构件安装前,应对各类构件的强度进行全面检查,确保符合设计要求:一般预制构件吊装时混凝土的强度不低于设计强度的75%;对于一些大跨度或重要构件,如屋架等,其强度达到100%的设计强度等级;对于预应力混凝土屋架,孔道灌浆强度应不低于15 N/mm²。

(3)外观质量。

构件的外观质量检查涉及构件的外形尺寸,外表面质量,预埋件的位置和尺寸,吊环的位置和规格及钢筋的接头长度等,规定均要符合设计要求。

构件检查应做好记录,对不合格的预制构件,应会同有关单位研究,并采用有效措施,否则严禁进行安装。

5.构件的弹线与编号

构件经检查合格后,即可在构件表面上弹出中心线,以作为构件安装、对位、校正的依据。对形状复杂的构件,还要标出它的重心和绑扎点位置。

(1)柱子。

要在3个面上弹出安装中心线,矩形截面可按几何中心线弹线;工字形截面柱,除在矩形截面弹出中心线外,为便于观察及避免视差,要求还应在工字形截面的翼缘部位弹出一条与中心线平行的线。所弹中心线位置应与基础杯口顶面上的安装中心线相吻合。此外,在牛腿面和柱顶弹出吊车梁、屋架的吊装中心线,如图9.18所示。

(2)屋架。

屋架上弦顶面应弹出几何中心线,并延伸至屋架两端下部,再从屋架跨度中央向两端弹出天窗架及屋面板的吊装位置线。

(3)吊车梁。

吊车梁应在梁两端及顶面弹出安装中心线。

在对柱子、屋架及吊车梁弹线的同时，应按照设计图纸要求对构件进行编号，编号应写在明显的位置。对不易辨别上下、左右的构件，还应在构件上注明方向，以免安装时将方向搞错。

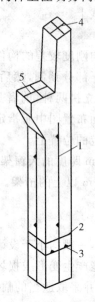

图 9.18　柱弹线图
1—柱子中心线；2—地面标高线；
3—基础顶面线；4—屋架定位线；5—吊车梁定位线

9.3.2　构件的吊升方法及起重机械的选择

钢筋混凝土排架结构单层工业厂房的构件安装过程包括构件绑扎、吊升、对位、临时固定、校正、最后固定等工序。对于现场预制的一些构件还需要翻身扶直，然后再按上述工序进行吊装。

1. 构件吊升方法

（1）柱的安装。

①柱的绑扎。

柱的绑扎方法、绑扎位置和绑扎点数，要根据柱的形状、断面、长度、配筋、起吊方法和起重机性能等因素确定，要保证柱在吊装过程中受力合理，不发生变形或裂缝而折断。绑扎柱的吊具主要有吊索、卡环和横吊梁等。绑扎时要在吊具与构件之间垫麻袋或木板以免磨损吊具和构件损坏。

一般对于中、小型柱（自重小于等于 13 t），多采用一点绑扎，绑扎点的位置可选在牛腿以下 200 mm 处；对于重型柱和配筋少而细长的柱，为减少吊装弯矩，防止起吊过程中柱身断裂，则需要两点甚至三点绑扎，绑扎点位置应使两根吊索的合力作用线高于柱的重心以使柱在起吊后呈自行回转直立状态。必要时，需经吊装应力和裂缝控制计算后确定。

按柱吊起后柱身是否保持垂直状态，分为斜吊法和直吊法。相应的绑扎方法有：

斜吊绑扎法：如图 9.19（a）所示，斜吊绑扎法起吊时，无需将柱翻身，吊起后柱呈倾斜状态，起重吊钩可低于柱顶，但因起吊后柱身与杯底不垂直，对线就位比较困难。

直吊绑扎法：如图 9.19（b）所示，直吊绑扎法起吊时，吊具分别在柱身两侧，吊钩位于柱顶之上，吊起后柱呈垂直状态，可垂直插入杯口。

技术点睛

当柱平卧起吊的抗弯强度满足要求时,可采用斜吊绑扎法;当柱平卧起吊的抗弯强度不足时,需将柱由平放转为侧立再绑扎起吊,可采用直吊绑扎法。

②柱的吊起。

柱的吊起方法,可由柱的质量、长度、起重机械的性能和现场施工条件确定。根据柱在吊起过程中柱身运动的特点,柱的吊起分为滑行法和旋转法两种。

a. 滑行法。柱吊起时,起重机械不旋转,仅起重吊钩上升,柱脚沿地面滑行,柱顶也随之上升,直至柱身呈直立状态,然后将柱吊离地面,再旋转起重机臂至基础杯口上方,将柱脚插入杯口。该吊起方法的操作关键在于柱的吊绑扎点位于基础杯口附近,并应使柱的绑扎点和基础杯口中心共圆,其圆心为起重机回转中心,半径为起重机械到绑扎点的距离,如图9.20所示。

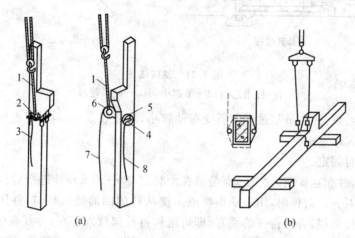

(a) (b)

图9.19 柱吊装绑扎法

1—吊索;2—活络卡环;3—活络卡环插销拉绳;
4—插销;5—垫圈;6—柱销;7—柱销拉绳;8—插销拉绳

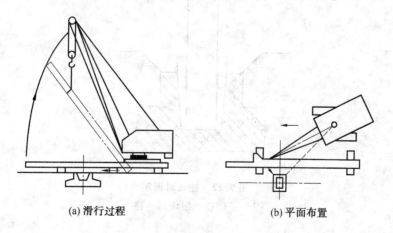

(a)滑行过程　　　　(b)平面布置

图9.20 滑行法

滑行法的施工特点是:起重机械只需转动吊臂,即可完成柱的吊装就位,操作安全,对起重机械机动性能要求较低;但滑行过程中柱所受的振动较大,对构件不利。适用于起重机械、施工场地受限制时的构件吊装,一般宜用桅杆式起重机。

b. 旋转法。柱吊起时,起重机边起钩,边旋转,使柱身绕柱脚旋转成直立状态,然后将柱吊离地面,再旋转至杯口上方,将柱脚插入杯口。该吊起方法的操作关键在于柱脚位于基础杯口附近,保持柱脚位置不变,并使柱的绑扎点、柱脚中心和基础杯口中心三点共圆,其圆心为起重机械的回转中心,半径为起重机械到绑扎点的距离,如图9.21所示。

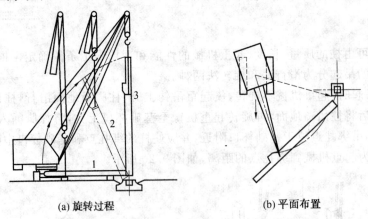

(a) 旋转过程　　　　　　　(b) 平面布置

图9.21　旋转法

1—柱吊起前;2—吊起中间;3—柱吊起后

旋转法的施工特点是:柱在吊起过程中所受振动较小,吊装效率高,但对起重机的机动性能要求高,因而一般宜采用自行式起重机。

③柱的对位和临时固定。

柱脚插入杯口后,并非立即插入杯底,而是悬在距杯底30～50 mm处进行对位,即使柱的安装中心线与杯口的定位轴线对齐。对位时,用8块钢楔或木楔从柱的四周插入杯口,并用撬棍撬动柱脚,使柱身中心线对准杯口定位轴线,并保持柱的垂直,即可落钩将柱脚放入杯底,并复查中线。柱脚就位后,将柱身四周的8块楔子对称打紧,使柱身临时固定,然后起重机械脱钩,拆除绑扎吊具,如图9.22所示。吊装重型柱或细长柱时,除采用楔块临时固定外,必要时,应增设缆风绳或加设斜撑,以保证柱的稳定。

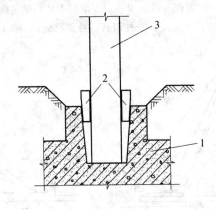

图9.22　柱临时固定

1—基础;2—楔块;3—柱

④柱的校正。

柱的校正包括平面轴线位置、标高和垂直度3个方面。柱的平面轴线位置和标高的校正已在柱的对位和基础杯底抄平时完成。因此,柱安装后主要是指校正柱身的垂直度。

柱垂直度的校正是用两台经纬仪从柱相邻两个互相垂直的方向同时观测柱正面和侧面的吊装中心线垂直度偏差,其允许偏差值为:当柱高小于或等于5 m时,允许偏差为5 mm;当柱高大于5 m且小于10 m时,允许偏差为10 mm;当柱高大于或等于10 m时,允许偏差为柱高的1/1 000且不大于20 mm。

柱垂直度常用的校正方法为:当柱的垂直度偏差较小时,可用打紧或放松楔块的方法或用钢钎校正;当柱的垂直度偏差较大时,可用螺旋千斤顶斜顶或平顶、钢管撑杆等方法进行校正,如图 9.23 所示。

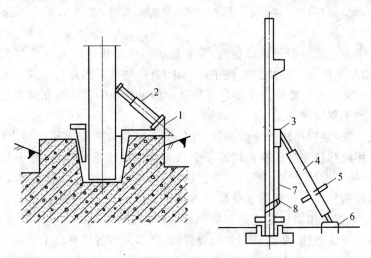

图 9.23 柱垂直度校正
1—千斤顶支座;2—螺旋千斤顶;3—头部摩擦板;
4—钢管;5—转动手柄;6—底板;7—钢丝绳;8—卡环

⑤柱的最后固定。

柱校正后,应立即进行最后固定。即在柱脚与杯口的空隙之间浇筑细石混凝土,要求细石混凝土强度比构件混凝土强度提高一个等级,并振捣密实,使柱脚完全嵌固在基础内。所浇筑的细石混凝土宜采取微膨胀措施和快硬措施。细石混凝土的浇筑工作应分两次进行:第一次浇至楔块底面,待混凝土强度达到 25% 设计强度后,拔去楔块,再浇筑第二次混凝土至杯口顶面,并及时进行养护,待第二次浇筑的混凝土强度达到设计强度后,方可允许安装上部构件。当设计无具体要求时,应在混凝土强度不少于 10 N/mm^2 方能安装上部构件。

(2)吊车梁的安装。

吊车梁的类型一般有鱼腹式、T 形和组合式等。通常其长度为 6 m,12 m,质量一般为 3～5 t。吊车梁的吊装,必须在基础杯口第二次浇筑的细石混凝土强度达到设计强度等级的 75% 以上才能进行。

①吊车梁的绑扎、吊升、对位和临时固定。

吊车梁吊装时应采用两点绑扎,绑扎点对称地设置在吊车梁的两端,以保证吊钩对准吊车梁重心,吊起后使构件基本保持水平。在梁的两端设拉绳控制梁的转动,以免与柱碰撞。吊车梁对位时应缓慢降钩,将梁端的安装中心线与柱牛腿上表面的安装定位线对准,并使两端搁置长度相等,严禁用撬棍顺纵轴方向撬动吊车梁,吊车梁的吊装如图 9.24 所示。

一般吊车梁自身稳定性较好,对位后不需要临时固定,但当梁高宽比大于 4 时,可采用 8 号铁丝将梁捆于柱上以防倾覆。

②吊车梁的校正。

吊车梁的校正可在屋盖吊装前进行,也可以在屋盖吊装后进行。一般对中小型吊车梁,校正工作应在车间或一个伸缩缝区段内全部结构安装完毕并经最后固定后进行。对于重型吊车梁,由于脱钩后移动校正困难,宜在屋盖吊装前进行,边安装吊车梁边校正,但屋架等固定

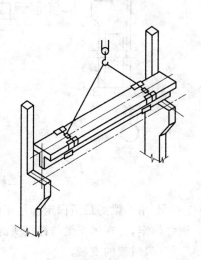

图 9.24 吊车梁安装

后,需再复核一次。校正内容包括标高、垂直度和平面位置。

a.标高。吊车梁标高主要取决于柱牛腿的标高,而柱的标高已经在柱吊装前通过基础杯底抄平进行了校正,一般偏差不大,如存在少许偏差,可在安装吊车轨道时,在吊车梁表面涂抹砂浆找平层进行调整。

b.垂直度。吊车梁垂直度一般用锤球检查,偏差值应在规范规定的允许值(5 mm)以内,如超过允许偏差,可在梁的两端与牛腿面之间垫斜垫铁予以纠正,每叠垫铁不得超过3块。

c.平面位置。吊车梁平面位置校正主要包括检查梁的纵轴线的直线度和跨距是否符合要求。常用的校正方法有通线法和平移轴线法。

通线法也称拉钢丝法,是根据柱的定位轴线,在厂房两端的地面定出吊车梁定位轴线的位置,打下木桩,并安设经纬仪,用经纬仪先将厂房两端的4个吊车梁位置校正准确,并用钢尺检查两列吊车梁之间的跨距并校正,确保符合设计要求。然后在4根已校正的吊车梁端设置高约200 mm的支架,并根据吊车梁的定位轴线拉设钢丝通线。根据通线检查各吊车梁的位置,如发现有吊车梁的安装纵轴线与通线不一致,则根据通线来逐根用撬棍拨正吊车梁即可,如图9.25所示。

平移轴线法也称仪器放线法,是在柱列外侧设置经纬仪,并将各柱杯口上的吊装准线逐根投影到吊车梁顶面处的柱身上,也可在各柱上测设出一条与吊车梁轴线等距离的校正基准线,并做出标志。若标志线至柱定位轴线的距离为a,柱定位轴线距吊车梁定位轴线的距离为λ,则标志线到吊车梁定位轴线的距离为$\lambda-a$,据此可逐根拨正吊车梁,并检查两列吊车梁的跨距是否符合设计要求,如图9.26所示。

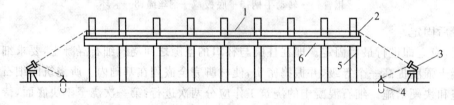

图9.25 通线法校正吊车梁
1—钢丝;2—支架;3—经纬仪;4—木桩;5—柱;6—吊车梁

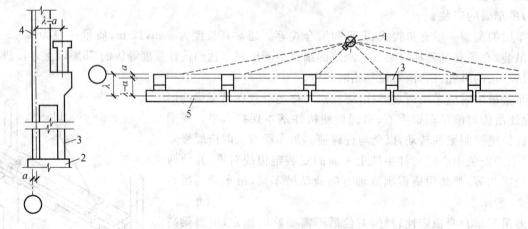

图9.26 平移轴线法校正吊车梁
1—经纬仪;2—柱基础;3—柱;4—标志线;5—吊车梁

d.吊车梁的最后固定。吊车梁的最后固定一般在校正后进行。吊车梁经校正完毕后,应立即将预埋件焊牢,并在吊车梁与柱接头的空隙处浇筑细石混凝土进行最后固定。

(3)屋架的安装。

钢筋混凝土排架结构单层工业厂房的屋架由于尺寸大、质量大,一般多在施工现场平卧预制。屋架安装的施工顺序为:绑扎、扶直与就位、吊升、对位、临时固定、校正和最后固定。

①屋架的绑扎。

屋架的绑扎点要求选在上弦节点处,左右对称,并高于屋架重心,同时在屋架两端加设拉绳,以确保屋架起吊后不晃动和倾翻。绑扎时,吊具与水平线的夹角,扶直时不宜小于60°,吊升时不宜小于45°,以免屋架承受过大的横向压力。必要时,为了减少绑扎高度及所受的横向压力,可采用横吊梁。屋架的绑扎点、绑扎方式与屋架的形式和跨度有关,其绑扎的位置与吊点的数目一般应经吊装设计确定,如吊点与设计不符,应进行吊装验算。一般屋架跨度小于或等于 18 m 时,可采用两点绑扎;屋架跨度大于18 m 时,可采用四点绑扎;屋架的跨度大于或等于 30 m 时,应考虑采用横吊梁,以减小起重高度;对三角形组合屋架等刚性较差的屋架,因其下弦不能承受压力,故绑扎时也应采用横吊梁。屋架常用的绑扎方法如图 9.27 所示。

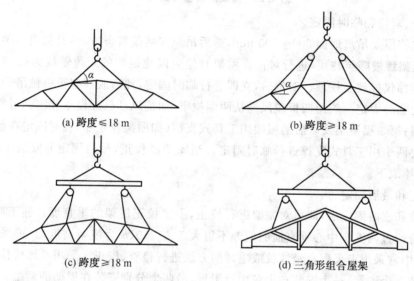

(a) 跨度≤18 m　　　　　　　　　　　　(b) 跨度≥18 m

(c) 跨度≥18 m　　　　　　　　　　　　(d) 三角形组合屋架

图 9.27　屋架的绑扎

②屋架的扶直与就位。

单层工业厂房的屋架一般均在施工现场平卧叠浇预制,因此,在吊装前须将屋架扶直,并吊放到设计规定的位置就位。按起重机与屋架的相对位置不同,屋架扶直可分正向扶直和反向扶直两种。

正向扶直:当屋架就位位置与屋架的预制位置在起重机开行路线的同一侧时,则称为正向扶直,如图 9.28(a)所示。起重机位于屋架下弦杆一侧,以吊钩对准屋架上弦中央,收紧吊钩后,略升起机臂使屋架脱模,然后起重机升钩并起臂使屋架绕下弦缓慢转为直立状态。

反向扶直:当屋架就位位置与屋架预制位置分别位于起重机开行路线的两侧时则称之为反向扶直,如图 9.28(b)所示。起重机位于屋架上弦杆一边,以吊钩对准上弦中央,收紧吊钩,然后升钩并降臂,使屋架绕下弦缓慢旋转为直立状态。

正向扶直与反向扶直的区别在于扶直过程中前者升臂,后者降臂。而起重机升臂比降臂易于操作且比较安全,因此应尽可能采用正向扶直。

屋架扶直后,应立即吊放到构件设计要求的位置进行就位,屋架的就位位置与起重机性能和屋架的安装方法有关,应少占场地、便于吊装。一般靠柱边斜放或 3~5 榀为一组平行柱边就位,并用支撑或铁丝等与已安装的柱绑牢。

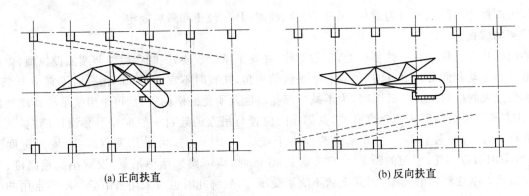

(a) 正向扶直　　　　　　　　　　　　　　(b) 反向扶直

图 9.28　屋架的扶直与就位

③屋架的吊升、对位和临时固定。

屋架吊升是先将屋架吊离地面 300～500 mm，然后吊至安装位置下方，再升钩将屋架吊至超过柱顶 300 mm，随后将屋架缓慢降至柱顶，进行对位。屋架对位应以建筑物的定位轴线为准，对位前，应事先将建筑物轴线用经纬仪投放至柱顶。对位后，立即进行临时固定，然后脱掉起重机械吊钩。

第一榀屋架的临时固定一般用四根缆风绳从两侧拉牢，如抗风柱已经设立并牢固可靠，也可将屋架与抗风柱连接牢固；第二榀屋架及以后的屋架用工具式支撑（如屋架校正器）临时固定在前一榀屋架上，每榀屋架至少需要两个用工具式支撑进行临时固定。当屋架经校正，最后固定并安装了若干块大型屋面板后，才可将支撑取下。

④屋架的校正和最后固定。

屋架经过对位和临时固定后，即可对屋架进行校正，主要校正屋架的垂直度。施工验收规范规定：屋架上弦在跨中对通过两支座中心垂直面的偏差不得大于 $h/250$（h 为屋架高度）。可采用经纬仪或垂球进行检查，工程中常采用卡尺配合经纬仪或垂球的方法进行检查、校正。采用经纬仪检查、校正时，首先在屋架上弦安装 3 个卡尺，一个安装在上弦中点附近，另两个分别安装在屋架的两端。然后自屋架几何中心向外量出 500 mm，并在卡尺上做出标志。再在距屋架横向定位轴线同样距离（500 mm）处设置经纬仪，用其检查 3 个卡尺上的标志是否在同一垂直面上，如图 9.29 所示。用垂球检查屋架垂直度偏差时，也是首先在屋架上弦安置 3 个卡尺，但卡尺上标志至屋架几何中心线的距离取 300 mm。然后在屋架两端的卡尺的标志间拉一通线，自位于屋架上弦中心卡尺的标志处向下挂一垂球，检查 3 个卡尺标志是否在同一垂直面上。若屋架垂直度偏差超出规定数值，则可通过转动工具式支撑上的螺栓加以校正。经校正无误后，立即用电焊焊牢以最后固定，施焊时要求在屋架两侧同时对角施焊，以免焊缝收缩导致屋架倾斜。

（4）屋面板的安装。

屋面板一般四角预埋有吊环，用吊钩钩住吊环，即可进行吊装。为充分发挥起重机械的起重能力，屋面板可采用叠吊的方法，即数块板同时起吊，如图 9.30 所示。屋面板吊装时，应使 4 根吊索长度相等，确保屋面板保持水平起吊。屋面板的安装顺序为自檐口两边左右对称地逐块铺向屋脊，以避免屋架承受半边荷载造成受力不均，以利于屋架的稳定。屋面板对位、校正后，应立即用电焊与屋架固定，要求至少有 3 个角与屋架预埋铁件焊牢。

（5）天窗架的安装。

天窗架可与屋架拼装成整体一起吊装，也可单独吊装。天窗架单独吊装时应在其两侧的屋面板吊装完成后进行，其吊装方法与屋架基本相同。

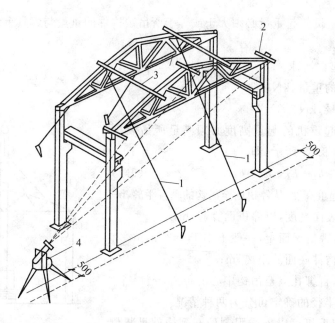

图 9.29 屋架校正与临时固定

1—缆风绳;2—卡尺;3—屋架校正器;4—经纬仪

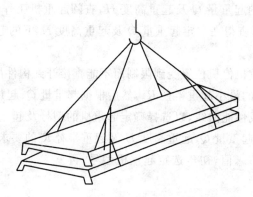

图 9.30 屋面板叠吊

2.起重机械的选择

起重机械的选择是结构安装的重要问题,它关系到构件的安装方法、起重机械开行路线与停机位置、构件平面布置等许多问题。起重机械的选择包括:起重机械的类型及型号、起重臂长度和起重机械数量的确定。

(1)起重机械类型的选择。

结构安装使用的起重机械类型,主要根据厂房的跨度、构件质量、安装高度以及施工现场条件和当地现有(或施工单位自有)起重设备等因素确定。对一般中小型厂房,通常选用自行式起重机(如履带式起重机),在缺少自行式起重机械的地方,也可选用独脚拔杆、悬臂拔杆等桅杆式起重机械;对于大跨度重型工业厂房,一般应选用大型自行式起重机以及塔式起重机与其他起重机械配合使用;当选用一台起重机无法完成吊装工作时,可选用两台起重机抬吊。

(2)起重机械型号的选择。

起重机械的类型确定以后,还要进一步确定起重机械的型号。起重机械的型号要根据构件尺寸、质量和安装高度等确定。所选起重机的 3 个工作参数:起重量 Q、起重高度 H 和起重回转半径 R 均应满足结构吊装的要求。

①起重量。所选起重机的起重量必须大于或等于所吊装构件的重量与索具重量之和,即

$$Q \geqslant Q_1 + Q_2 \tag{9.3}$$

式中　Q——起重机的起重量,kN;

　　　Q_1——所吊构件的重量,kN;

　　　Q_2——索具的重量,kN。

②起重高度。所选起重机的起重高度必须满足所吊装构件安装高度的要求,如图9.31所示,即

$$H \geqslant h_1 + h_2 + h_3 + h_4 \tag{9.4}$$

式中　H——起重机的起重高度,从停机面至吊钩的垂直距离,m;

　　　h_1——安装支座表面高度,以停机面算起,m;

　　　h_2——安装间隙,视情况而定,一般不小于0.3 m,m;

　　　h_3——绑扎点至构件底面的距离,m;

　　　h_4——索具高度,自绑扎点至吊钩中心的距离,m。

③起重半径。起重半径的确定可分为两种情况。

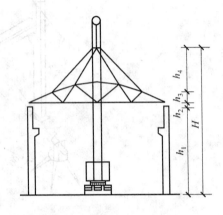

图9.31　起重高度计算图

a.一般情况下,当起重机可以不受限制地开到构件吊装位置附近进行吊装构件时,则对起重半径没有特殊要求,不需验算起重半径R,只需根据计算的起重量Q及起重高度H,查阅起重机工作性能表或性能曲线来选择起重机型号及起重臂长度L,并可查得在一定起重量Q及起重高度H下的起重半径R,作为确定起重机开行路线及停机点的依据。

b.某种特殊情况下,当起重机停机位置受到限制而不能直接开到构件吊装位置附近去吊装构件时,则需根据实际情况确定起吊时的最小起重半径R。然后根据起重量Q、起重高度H及起重半径R 3个参数,查阅起重机工作性能表或性能曲线,以选择确定起重机的型号及起重臂长L。所选择确定的起重机型号需同时满足计算要求的起重量Q、起重高度H及起重半径R的要求。

一般应根据所需的Q_{min},H_{min}值,初步选定起重机型号,再按式(9.5)计算,如图9.32所示。

$$R = F + L\cos \alpha \tag{9.5}$$

式中　R——起重机的起重半径,m;

　　　F——起重臂枢轴中心至回转中心的距离,该值可由起重机技术参数表查知,m;

　　　L——起重机臂长度,m;

　　　α——起重机臂的中心线与水平线之间的夹角(锐角),(°)。

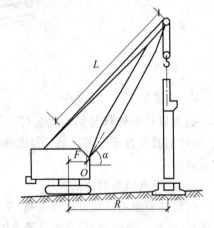

图9.32　起重半径计算图

一般同一种型号的起重机有几种不同长度的起重臂,应选择能同时满足3个吊装工作参数的起重臂。当各种构件吊装工作参数相差较大时,可以选择几种不同的起重臂。如柱可选用较短的起重臂,而屋面结构则选用较长的起重臂。

(3)起重臂长度的确定。

当起重机的起重臂需跨过已安装的结构吊装其他构件时,如跨过柱和屋架安装屋面板,为了不与屋架等构件碰撞,必须求出起重臂的最小长度,并依此及起重量Q和起重高度H查阅起重机性能表或性能曲线来选择起重机型号和起重臂长度L。

求解起重机臂最小长度的方法有数解法和图解法两种。

①数解法。

图 9.33(a)所示为求起重臂长度示意图,根据图示可知

$$L=l_1+l_2=\frac{h}{\sin\alpha}+\frac{a+g}{\cos\alpha} \qquad (9.6)$$

式中　L——起重机臂长度,m;

　　　　h——起重臂底铰至构件支座顶面的距离,$h=h_1-E$,m;

　　　　h_1——支座高度,m;

　　　　E——起重机底铰距停机面的垂直距离,m;

　　　　a——起重机吊钩需跨过已装构件的水平距离,m;

　　　　g——起重机臂轴线与已装构件间的水平距离,一般不小于 1 m,m;

　　　　α——起重机臂的仰角,(°)。

为了求得起重机臂最小臂长,可对式(9.6)进行微分,并使$\frac{\mathrm{d}L}{\mathrm{d}a}=0$,可得

$$a=\arctan\sqrt[3]{\frac{h}{a+g}} \qquad (9.7)$$

将求得的 α 值代入式(9.6),即可得到所需起重机臂的最小臂长 $L_{\min}$。

②图解法。

即用几何作图的方法求解起重机臂的最小臂长。如图 9.33(b)所示,可按以下步骤进行:

a. 按一定比例绘出所吊装厂房一个节间的纵剖面图,并画出起重机吊装屋面板时起重机吊钩所在位置的垂线 $Y-Y$。

b. 初步选定起重机型号,根据起重机底铰距停机面的垂直距离的 E 值,画出平行于停机面的水平线 $X-X$。

c. 从屋架顶面向起重机方向水平量出一距离 g($g \geqslant 1$ m),可得 P 点。

d. 按满足吊装要求的起重臂上定滑轮中心点的最小高度,在垂线 $Y-Y$ 上定出 A 点(A 点距停机面的距离为 $H+d$,其中 d 为起重机上定滑轮距吊装高度顶点之间的最小距离)。

e. 连接 A,P 两点并延长,其延长线与 $X-X$ 相交于 B 点,线段 AB 即为起重臂的轴线长度。

f. 以 P 点为圆心,按顺时针旋转线段 AB,则可得到若干条与 $Y-Y$,$X-X$ 相交的线段(A_1B_1,A_2B_2,A_3B_3,…),其中所得最小线段 $A'B'$ 即为起重机臂最小臂长 $L_{\min}$,与此同时可得相应线段 $A'B'$ 与水平线夹角,即起重臂的仰角 α。

根据数解法或图解法所求得的最小起重臂长度 $L_{\min}$ 为理论值,查阅起重机的性能表或性能曲线,从提供的几种臂长中选择一种臂长 L,并满足 $L \geqslant L_{\min}$,即为吊装屋面板时所选的起重机臂长度。

根据实际采用的 L 及相应的 α 值,代入式(9.5)即可计算起重半径 R。

根据起重半径 R 和起重杆长 L,复核起重量 Q 及起重高度 H,即可确定起重机吊装屋面板时的停机位置。

(4)起重机数量的确定。

起重机的数量根据厂房的安装工程量、工期要求和起重机的台班产量定额,按下式计算:

$$N=\frac{1}{TCK}\cdot\sum\frac{Q_i}{P_i} \qquad (9.8)$$

式中　N——起重机臂台数,台班;

　　　　T——工期,d;

　　　　C——每天工作班数,台班;

　　　　K——时间利用系数,一般取 0.8~0.9;

Q_i——每种构件的吊装工程量,件或 t;

P_i——起重机相应产量定额,件/台班或 kN/台班。

此外,在确定起重机数量时,还应考虑构件装卸、拼装和堆放的需要。如若起重机数量已定,也可根据式(9.8)计算确定工期或每天工作的班数。

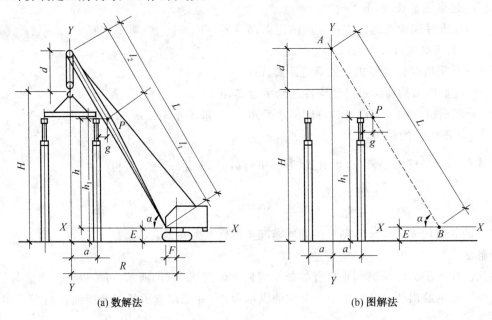

(a) 数解法　　　　　　　　　　　(b) 图解法

图 9.33　起重臂最小臂长计算图

9.3.3　结构吊装方案

钢筋混凝土排架结构单层工业厂房结构吊装方案主要指结构的吊装方法,结构吊装方法应根据厂房结构形式、构件的尺寸、质量、工程量和工期的要求等综合确定。单层工业厂房的结构吊装方法有分件吊装法和利综合吊装法两种。

1.分件吊装法

分件吊装法是指起重机在车间内每开行一次仅安装一种或两种构件。一般起重机分 3 次开行完成全部安装工作,其吊装顺序如图 9.34 所示。

第一次开行:吊装全部柱,并逐一进行校正和最后固定。

第二次开行:吊装全部吊车梁、连系梁和柱间支撑等。

第三次开行:分节间吊装屋架、天窗架、屋面板及屋面支撑等。

此外,在第三次开行前,即在屋架吊装前,须进行屋架的扶直就位、屋面板的运输堆放及起重杆接长等工作。

分件吊装法每次开行吊装同类构件,不需经常更换吊具,操作方法基本相同,所以吊装速度快,能充分发挥起重机械的工作能力;构件供应、现场平面布置也比较简单,为构件校正、接头焊接、混凝土灌注和养护提供了充足时间,易于组织施工。因此,目前钢筋混凝土排架结构单层工业厂房多采用分件吊装法。但其缺点是不能为后续工序及时提供工作面,并且起重机械开行路线较长、停机点多。

2.综合吊装法

综合吊装法是指起重机械在车间内的一次开行中,以节间为单位一次性安装所有各种类型的构件,其吊装顺序如图 9.35 所示。其具体做法是:首先吊装 4～6 根柱,立即进行柱校正并最后固定,然后吊装该节间的吊车梁、连系梁、屋架、屋面板、天窗架和支撑等构件。即起重机在每个停机位置,均安装尽可能的构件。一个节间的全部构件吊装完毕后,起重机移至下一个节间进行吊装,直至整个厂房所有构件吊装完毕。

综合吊装法具有开行路线短、停机点少的优点,并且吊装完一个节间,其后续工种即可进入该节间进行工作,能使各个工种进行交叉平行流水作业,有利于缩短安装工期。该吊装方法的缺点是需同时吊装各种类型的构件,操作程序复杂,吊装速度较慢,构件供应紧张和平面布置较复杂,构件校正比较困难,不能充分发挥起重机的工作能力,吊装效率低,不利于施工组织。

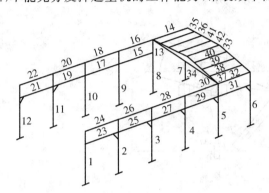

图 9.34　分件吊装法构件吊装顺序

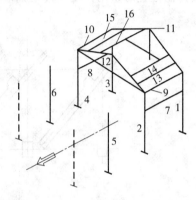

图 9.35　综合吊装法构件吊装顺序

分件吊装法和综合吊装法各有优缺点,目前在结构吊装中,多采用分件吊装法吊装柱、柱间支撑,而采用综合吊装法吊装吊车梁、连系梁、屋架、屋面板等构件。起重机在吊装过程中,分两次开行吊装完毕全部各类构件。

9.3.4　构件平面布置

构件的平面布置与吊装方法、起重机械性能、构件制作方法密切相关。在起重机型号选定和确定施工方案后,可根据施工现场实际情况布置构件。构件的平面布置分为预制阶段的构件平面布置和吊装阶段的构件平面布置,两者之间有密切关系,应相互兼顾、同时考虑。

1.构件平面布置的原则

在进行构件的平面布置应遵循以下布置原则:

(1)各类构件应尽可能布置在本跨内,如因场地狭窄、布置困难时,也可考虑将中小型构件布置在跨外便于吊装的部位。

(2)各类现场预制构件的布置应便于模板的支设以及混凝土的浇筑、振捣,对预应力混凝土构件还应考虑抽管、穿筋、灌浆等操作所需的空间。

(3)各类构件的布置方式应满足吊装工艺的要求,尽可能布置在起重机的起重半径内,以避免二次搬运及减少起重机负荷行走的距离以及起重臂的起伏次数,尤其对重型构件的布置。

(4)各种构件的布置均应尽可能少占空间,条件允许时,可考虑叠浇布置,要保证起重机械、运输车辆的道路畅通以及起重机械回转时机尾不得碰撞构件。

(5)各类构件的布置时,要考虑吊装时的朝向,避免在吊装时空中调向,从而影响吊装进度和施工安全。

(6)各类构件均应布置在坚实的地基上,以确保构件预制质量,在新填土上布置构件时,新填土必须夯实,并采取有效措施防止地基下沉而影响构件质量。

2.构件预制阶段的平面布置

(1)柱的平面布置。

柱的平面布置取决于场地大小、安装方法等因素。一般柱的质量较大,搬动困难,所以柱预制阶段的平面布置即为吊装阶段的平面布置。因此,柱在预制时的平面布置应按吊装阶段的排放要求进行布置。一般有斜向布置和纵向布置两种方式。

①柱的斜向布置。

当柱采用旋转法吊装,且施工场地不受限制时,可按绑扎点、柱脚中心、柱基中心 3 点共弧进行斜向布置,其预制位置可采用作图法按下列步骤确定,如图 9.36 所示。

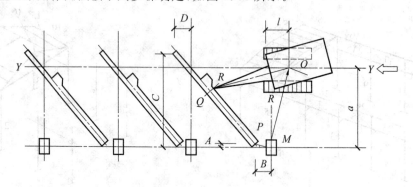

图 9.36 柱三点共弧斜向布置

确定起重机开行路线。从厂房两端柱基杯口中心分别向起重机拟定行驶位置量出距离 a(使 $R_{min} < a \leqslant R$,其中 R 为起重机吊装该柱时的相应的起重半径,R_{min} 为所选型号起重机最小起重半径)并连线,可得平行于柱列纵向定位轴线的起重机开行路线 $Y-Y$。

确定起重机的停机位置。以基础杯口中心 M 为圆心,以 R 为半径画弧交于起重机开行路线 $Y-Y$ 上一点 O,O 点即为起重机吊装该柱的停机位置。

确定柱的预制平面位置。按照三点共弧的原则,确定柱平面布置的步骤如下:首先,以停机位置 O 为圆心,以 OM 为半径画弧,在靠近柱基的弧上取一点 P 作为柱脚中心;其次,以 P 为圆心,以柱脚到绑扎点的距离为半径画弧,与以停机位置 O 为圆心、以 OM 为半径所画弧相交于点 Q,点 Q 即为柱吊装时的绑扎位置;再次,连接点 P、点 Q 并向两边延长,即得柱的预制位置中心线;最后,以直线 PQ 为基准画出柱预制时的模板位置图,并标出柱顶、柱脚与柱列纵横轴线的距离(A,B,C,D),以作为模板支设的依据。

在确定柱的平面布置时,有时由于场地的限制或柱身较长,无法做到 3 点共弧,此时也可按照两点共弧的原则进行布置,具体布置步骤可参照 3 点共弧,如图 9.37 所示。布置时使柱脚与柱基杯口中心在起重机半径的圆弧上,绑扎点位于弧外。在吊装柱时,首先采用较大的起重半径 R' 吊起柱,同时升起起重臂,当起重半径由 R' 变为 R 后,停止升臂,再按旋转法起吊。

在布置柱时应注意牛腿的朝向问题,确保柱吊装后,其牛腿的朝向符合设计要求。因此,当柱在跨内预制或就位时,牛腿应朝向起重机械;若柱在跨外预制或就位时,则牛腿应背向起重机。

②柱的纵向布置。

当柱采用滑行法吊装时,可以采用绑扎点、柱基中心两点共弧进行纵向布置,具体布置步骤可参照三点共弧,如图 9.38 所示。纵向布置具有节约场地、构件制作方便的优点。若柱长小于 12 m,两柱可以叠浇预制,排成一行;若柱长大于 12 m,则需排成两行错位叠浇预制。柱叠浇预制时,层间应涂刷隔离剂,上层柱在吊点处需预埋吊环,下层柱则在底模预留砂孔,以便于起吊时穿钢丝绳。

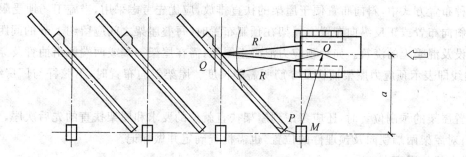

图 9.37　柱两点共弧斜向布置

　　起重机吊装纵向布置柱时宜停在两相邻柱基中心连线的中垂线上,并使 $OM_1=OM_2$,如此每停机一次可完成两根柱的吊装。

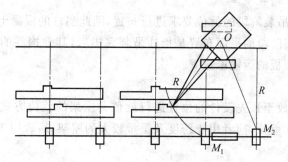

图 9.38　柱两点共弧纵向布置

　　(2)屋架的平面布置。

　　为节约施工现场,屋架一般布置在跨内平卧叠浇预制,每叠 3~4 榀。常用的布置方式有 3 种,即斜向布置、正反斜向布置以及正反纵向布置,如图 9.39 所示。

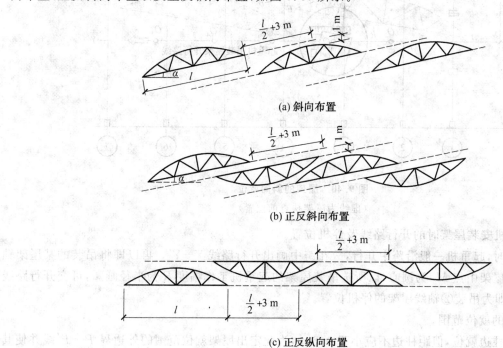

(a) 斜向布置

(b) 正反斜向布置

(c) 正反纵向布置

图 9.39　屋架的平面布置

在3种布置方式中,斜向布置便于屋架的扶直排放,应优先考虑采用,当施工场地受限制时,才考虑采用正反斜向布置或正反纵向布置。屋架在预制布置时,每叠屋架之间应留约1 m的间距,以方便屋架模板的支设及混凝土的浇筑。如为预应力混凝土屋架,需在屋架一端或两端留出抽管及穿筋的空间,图9.39中虚线即表示预应力屋架抽管及穿筋所需的长度。屋架斜向布置时,下弦杆与厂房纵轴线的夹角α宜为$10°\sim20°$。

在布置屋架的预制位置时,还应考虑到屋架扶直就位的要求和屋架扶直的先后次序,先扶直的屋架放在上层;对屋架两端朝向及预埋件的位置,也需检查确定并做标记。

(3)吊车梁的平面布置。

当吊车梁放在现场预制时,可布置在柱基附近顺纵向轴线或略作倾斜布置,也可穿插在柱的空当处预制,如运输条件允许,也可在场外集中预制,吊装时再运至现场。

3.构件吊装阶段的平面布置

柱在现场预制时已按吊装阶段的就位要求进行布置,因此当柱的混凝土强度达到设计要求后,即可进行吊装。所以,构件吊装阶段的平面布置是指柱吊装完毕后,其他构件的就位位置,主要包括屋架的就位、吊车梁、连系梁、屋面板的运输堆放等。

(1)屋架的就位。

屋架扶直后应立即吊放至预先设计的位置进行就位。屋架的就位方式有两种:一种为靠柱边斜向就位;另一种是靠柱边纵向就位,前者用于跨度及重量较大的屋架,后者用于重量较轻的屋架。

①屋架的斜向就位。

屋架的斜向就位可按以下步骤确定其就位位置,如图9.40所示。

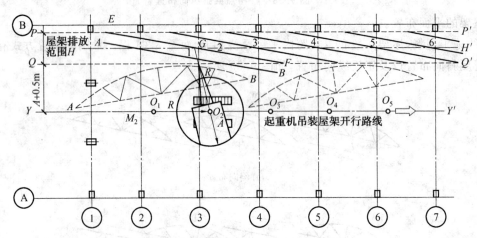

图9.40 屋架的斜向就位

(虚线为屋架扶直前位置)

a.确定起重机安装屋架时的开行路线及停机位置。

在吊装屋架时,起重机一般沿跨中开行,故在跨中画出开行路线$Y-Y'$。再以即将吊装的某屋架轴线(如②轴线)的屋架中点M_2为圆心,以所选吊装屋架的起重机工作幅度R为半径画弧,可交开行路线$Y-Y'$于O_2,O_2即为吊装②轴线屋架的停机位置。

b.确定屋架的就位范围。

屋架一般靠柱边就位,但距柱边不应小于0.2 m,为此定出屋架就位范围的外边界$P-P'$线并使其距柱边净距不小于0.2 m。起重视吊装屋架时,机身需要回转,设起重机尾部至机身回转中心的距离为A,则在距开行路线为$(A+0.5)$m的范围内,不宜布置屋架和其他构件。据此,可确定屋架就位范围的

内边界 $Q-Q'$ 线,在内外两条边界线 $P-P'$ 和 $Q-Q'$ 之间的区域,即为屋架的就位范围。若厂房跨度较大,此范围过宽时,可根据需要适当缩小。

　　c.确定屋架就位的位置。

　　当根据需要确定屋架就位范围后,做出内外边界线 $P-P'$ 和 $Q-Q'$ 的中心线 $H-H'$。屋架就位后,使其中点均应位于 $H-H'$ 线上。现以吊装②轴线屋架为例,来确定其就位位置:以停机位置 O_2 为圆心,以吊装屋架的起重机工作幅度 R 为半径作弧,交 $H-H'$ 线于 G 点,G 点即②轴线屋架就位时的中点位置。然后以 G 为圆心,以屋架跨度的一半为半径作弧,分别交内外边界线 $P-P',Q-Q'$ 于 E,F 两点,连接点 E,F,线段 $E-F$ 即为②轴线屋架的就位位置。其他屋架的就位位置可以此类推。①轴线的屋架由于已安装了抗风柱,可灵活布置,一般需退至②轴线屋架就位位置附近就位。

　　②屋架的纵向就位。

　　屋架的纵向就位,一般以 4~5 榀屋架为一组,靠柱边顺纵向定位轴线排列,屋架之间的净距不小于 0.2 m,相互之间用铁丝及支撑拉紧撑牢。每组屋架之间需留约 3 m 的距离作为横向通道。为避免在已装屋架下绑扎和吊装屋架,防止屋架吊起时与安装好的屋架碰撞,每组屋架就位的中心可布置在该组屋架倒数第二榀安装轴线之后约 2 m 处,如图 9.41 所示。

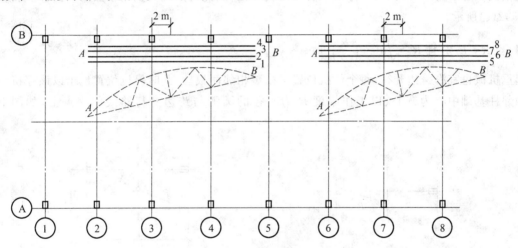

图 9.41　屋架的纵向就位
(虚线为屋架扶直前位置)

　　(2)吊车梁、连系梁、屋面板的运输堆放。

　　钢筋混凝土排架结构单层厂房除柱、屋架外,其他构件如吊车梁、连系梁、屋面板等均在预制厂或工地附近预制场制作,然后运至现场就位吊装。构件运至现场后,应按施工组织设计所规定的位置,按编号及构件吊装顺序进行集中堆放。梁式构件的叠放不宜超过 2 层,大型屋面板叠放不宜超过 8 层。

　　吊车梁、连系梁的就位位置,一般在其吊装位置的柱列附近,跨内跨外均可;也可以从运输车辆上直接吊装至设计位置,而不需在现场堆放。

　　屋面板的就位位置,需根据吊装屋面板时所选起重机半径确定,一般靠柱边堆放,跨内跨外均可,当在跨内就位时,应向后退 3~4 个节间堆放,如在跨外就位时,应向后退 1~2 个节间堆放。

9.3.5　起重机械开行路线

　　起重机械的开行路线与起重机械的性能、厂房的跨度、构件的尺寸及质量、构件的平面布置、构件的供应方式和吊装方法等因素密切相关。

1.柱吊装时起重机开行路线

当柱吊装时,根据厂房跨度大小、柱的尺寸及质量和起重机性能,起重机械可以沿着跨中开行,也可以沿着跨边开行。

(1)当 $R \geqslant L/2$,且 $R < \sqrt{\left(\dfrac{L}{2}\right)^2 + \left(\dfrac{b}{2}\right)^2}$ 时。

起重机械宜沿跨中开行,每个停机位置可吊装某跨两根柱,此时停机位置位于以该停机位置所吊装两柱基础中心为圆心、以工作幅度 R 为半径的圆弧与跨中开行路线的交点上,如图9.42(a)所示。

(2)当 $R \geqslant \sqrt{\left(\dfrac{L}{2}\right)^2 + \left(\dfrac{b}{2}\right)^2}$ 时。

起重机械也宜沿跨中开行,每个停机位置可吊装相邻两跨4根柱,此时停机位置位于该停机位置所吊装4根柱基础对角连线的交点上,如图9.42(b)所示。

(3)当 $R < L/2$,且 $R < \sqrt{a^2 + \left(\dfrac{b}{2}\right)^2}$ 时。

起重机械宜沿跨边开行,每个停机位置可吊装一根柱,此时停机位置比较灵活,可视现场情况确定,如图9.42(c)所示。

(4)当 $R < L/2$,且 $R \geqslant \sqrt{a^2 + \left(\dfrac{b}{2}\right)^2}$ 时。

起重机械也宜沿跨边开行,每个停机位置可吊装相邻两根柱,此时停机位置位于以该停机位置所吊装两相邻柱基础中心为圆心、以工作幅度 R 为半径的圆弧与跨边开行路线的交点上,如图9.42(d)所示。

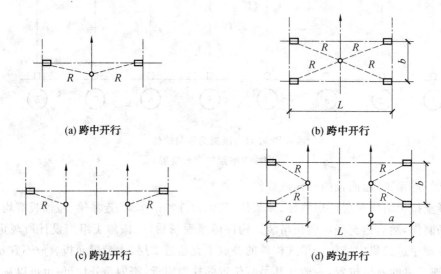

(a) 跨中开行 (b) 跨中开行

(c) 跨边开行 (d) 跨边开行

图9.42 柱吊装起重机开行路线

当柱布置在跨外时,则起重机械一般沿跨外开行,其开行路线与跨内跨边开行类似,每个停机位置吊装1~2个柱。

2.吊车梁、连系梁吊装时起重机开行路线

吊车梁、连系梁根据就位位置的不同,起重机械可沿跨内跨边开行或跨外跨边开行。

3.屋架、屋面板吊装时起重机开行路线

当吊装屋架、屋面板等屋面构件时,起重机械通常沿跨中开行。

在制定吊装方案时,一方面应尽可能使起重机的开行路线最短,在吊装各类构件的过程中,做到互相衔接,不跑空车;另一方面开行路线尽量能多次重复使用,以减少钢板、枕木等设施的铺设,条件允许时,要充分利用附近的永久性道路作为起重机的开行路线。

图 9.43 所示为一单跨厂房采用分件吊装法吊装各类构件时,起重机的开行路线及停机位置图。图中实线及线上圆圈为,柱吊装时开行路线及停机位置;虚线为屋架扶直、就位的开行路线;双点画线及线上圆圈为吊车梁、连系梁吊装时开行路线及停机位置;单点画线及线上圆圈为屋架、屋面板吊装时开行路线及停机位置。

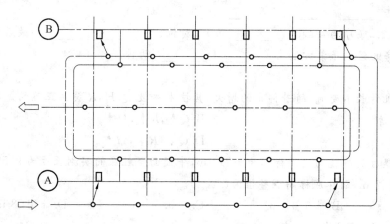

图 9.43　构件吊装起重机开行路线

【案例实解】

1. 工程概况

某厂房屋架为预应力折线型屋架,跨度 24 m,采用后张法预应力生产工艺,下弦配置两束 4Φ12 的 44Mn$_2$Si 冷拉螺纹钢筋,用两台 60 t 千斤顶分别在两端张拉。第一批生产屋架 13 榀,采取卧式浇筑、重叠 4 层的方法制作。屋架两束预应力筋由两台千斤顶同时张拉,屋架张拉后,发现屋架产生平面外弯曲,下弦中点外鼓 10~15 mm。

2. 原因分析

(1)张拉油压表未认真校验。事故后对张拉设备重新校验,发现有一台油压表的表盘读数偏低,即实际张拉力大于表盘指示值。这样,当按油压表指示张拉倒设计张拉值 259.7 kN 时,实际的拉力已达 297.5 kN,比规定值高出 14.6%。由于两束钢筋的实际张拉力不等,导致下弦杆件偏心受压,引起屋架平面外弯曲。

(2)由于张拉承力架的宽度与屋架下弦宽度相同,而承力架安装与屋架端部的尺寸形状常有误差,重叠生产时误差的累积,使得张拉上层屋架时承力架不能对中,偏心张拉加大了屋架的侧向弯曲。

(3)个别屋架由于孔道不直和孔位偏差,使预应力偏心,进一步加大了屋架的侧弯。

(4)为了弥补构件间因自重产生的摩阻力所造成的预应力损失,张拉过程还进行了超张拉,提高张拉应力 3%,6% 和 9%。这样,读数偏低的油表进一步使得实际张拉应力值大大超过了冷拉应力设计值。

3. 处理方法

打掉锚头处混凝土(此时孔道尚未灌浆),放松预应力筋,并更换钢筋,重新张拉和锚固。

为了确定这批屋架修复后可否使用,在现场选择了一榀损坏最严重的屋架修复后做荷载试验。在 1.48 倍标准荷载下,只有屋脊节点处两根受拉腹杆出现裂缝,屋架下弦和两端头均未出现新的裂缝,原有的裂缝也无扩展现象。

根据实验数据可以推断该榀屋架的自锚头工作可靠,刚度和抗裂性均满足规定,承载力符合要求。实验结果表明,这些屋架经过上述处理后可以使用。

一、填空题

1. 当柱平卧起吊的抗弯强度满足要求时,可采用＿＿＿＿＿法;当柱平卧起吊的抗弯强度不足时,需将柱由平放转为＿＿＿＿＿再绑扎起吊,可采用＿＿＿＿＿法。

2. 根据柱在吊起过程中柱身运动的特点,柱的吊起分为＿＿＿＿＿和＿＿＿＿＿两种。

3. 柱的校正包括＿＿＿＿＿、＿＿＿＿＿和＿＿＿＿＿3个方面。

4. 屋架安装的施工顺序为:绑扎、＿＿＿＿＿、吊升、对位、＿＿＿＿＿、＿＿＿＿＿和最后固定。

5. 单层工业厂房的结构吊装方法有＿＿＿＿＿和＿＿＿＿＿两种。

二、选择题

1. 履带式起重机臂长不变时,随着仰角的增大,其技术参数 Q,H,R 关系正确的是(　　)。

A. $Q\downarrow,H\downarrow,R\uparrow$ 　　　　　　　　B. $Q\uparrow,R\uparrow,H\uparrow$

C. $Q\uparrow,H\uparrow,R\downarrow$ 　　　　　　　　D. $Q\downarrow,R\downarrow,H\uparrow$

2. 某混凝土牛腿柱的牛腿面设计标高为 $+8.4$ m,牛腿面至柱底的实测长度为 9.58 m,杯形基础杯底的实测标高为 -1.2 m,则杯底标高调整值为(　　)。

A. $+0.02$ m 　　　B. $+0.04$ m 　　　C. $+0.06$ m 　　　D. $+0.08$ m

3. 柱脚插入杯口后,应悬在距杯底(　　)。

A. $30\sim50$ mm 处进行对位 　　　　　B. $20\sim30$ mm 处进行对位

C. $50\sim80$ mm 处进行对位 　　　　　D. $50\sim100$ mm 处进行对位

4. 下列关于吊车梁的吊装说法不正确的是(　　)。

A. 吊车梁吊装时应两点绑扎,对称起吊

B. 吊车梁的校正内容包括标高、垂直度和平面位置

C. 吊车梁的平面位置校正常用通线法和平移轴线法

D. 吊车梁校正完毕后,应将预埋件焊牢,吊车梁与柱接头的空隙处不需要浇筑混凝土

5. 下面关于屋面板的吊装说法不正确的是(　　)。

A. 屋面板四角埋有吊环,用吊钩钩住吊环即可进行吊装

B. 屋面板的吊装顺序应自檐口两边左右对称地逐块铺向屋脊

C. 屋面板对位后立即用电焊固定

D. 屋面板电焊固定时至少有两个角与屋架预埋铁件焊牢

三、判断题

1. 吊车梁常用的校正方法有通线法和轴线法。　　　　　　　　　　　　　　　　　　　　(　　)

2. 按起重机与屋架的相对位置不同,屋架扶直可分为正向扶直和斜向扶直两种。　　　(　　)

3. 滑行法的施工特点是:柱在吊起过程中所受振动较小,吊装效率高,但对起重机的机动性能要求高,因而一般宜采用自行式起重机。　　　　　　　　　　　　　　　　　　　　　　　　(　　)

4. 屋架吊升是先将屋架吊离地面 $300\sim500$ mm,然后吊至安装位置上方,再升钩将屋架吊至超过柱顶 500 mm,随后将屋架缓慢降至柱顶,进行对位。　　　　　　　　　　　　　　　　(　　)

5. 构件运至现场后,应按施工组织设计所规定的位置,按编号及构件吊装顺序进行集中堆放。梁式构件的叠放不宜超过 2 层,大型屋面板叠放不宜超过 4 层。　　　　　　　　　　　　　(　　)

四、简答题

1. 柱子、屋架、吊车梁等构件如何弹线？

2. 吊装前对基础杯底标高怎样进行抄平？

3. 屋架怎样进行临时固定？

4. 单层工业厂房结构安装方案的主要内容有哪些？

5. 单层工业厂房采用分件吊装法如何安装结构构件？

五、计算题

利用直吊绑扎法起吊一根长 16.8 m 的柱子，柱重 8.6 t，吊钩跨过柱顶 0.8 m，杯口标高为 －0.2 m，停机面为 －0.40 m，试确定起重机的最小起吊高度和起重量。

 实训提升

将单层工业厂房柱网平面图按指定位置定位，并将给定尺寸的牛腿柱按照三点共线的原理，画出其平面位置图。所用材料及工具：经纬仪、钢卷尺、白线、红铅笔、墨斗。

参考文献

[1] 姚谨英.建筑施工技术[M].3 版.北京:中国建筑工业出版社,2007.

[2] 危道军,李进.建筑施工技术[M].北京:人民交通出版社,2007.

[3] 建筑施工手册编写组.建筑施工手册[M].4 版.北京:中国建筑工业出版社,2003.

[4] 叶雯,周晓龙.建筑施工技术[M].北京:北京大学出版社,2007.

[5] 帅长红.建筑施工机械安全操作规程与故障排除实用手册[M].北京:地震出版社,2003.

[6] 江正荣.建筑施工计算手册[M].2 版.北京:中国建筑工业出版社,2007.

[7] 高振峰.土木工程施工机械实用手册[M].济南:山东科学技术出版社,2005.

[8] 陈书申,陈晓平.土力学与地基基础[M].3 版.武汉:武汉理工大学出版社,2006.

[9] 李仙兰.建筑施工技术[M].北京:中国计划出版社,2008.

[10] 孟文清,阎西康.现代建筑施工技术[M].郑州:黄河水利出版社,2010.

[11] 姚谨英.砌体结构工程施工[M].北京:中国建筑工业出版社,2005.

[12] 李仙兰.建筑工程技术综合[M].北京:中国电力出版社,2009.

[13] 杨和礼.土木工程施工[M].武汉:武汉大学出版社,2003.

[14] 王守剑.建筑工程施工技术[M].北京:冶金工业出版社,2009.

[15] 秦大可.钢筋工程[M].北京:中国建材工业出版社,2007.

[16] 曹丰.建筑施工技术[M].北京:中国建筑工业出版社,2007.

[17] 姚武.绿色混凝土[M].3 版.北京:化学工业出版社,2005.

[18] 迟培云.现代混凝土技术[M].上海:同济大学出版社,2003.

[19] 赵志缙,应惠清.建筑施工技术[M].上海:同济大学出版社,2006.

[20] 卢循.建筑施工技术[M].上海:同济大学出版社,2002.

[21] 徐羽白.新型混凝土工程施工工艺[M].北京:化学工业出版社,2004.

[22] 中华人民共和国住房和城乡建设部.JGJ 130—2011 建筑施工扣件式钢管脚手架安全技术规范[S].北京:中国建筑工业出版社,2011.

[23] 中华人民共和国住房和城乡建设部,中华人民共和国国家质量监督检验检疫总局.GB 50204—2002 混凝土结构工程施工质量及验收规范[S].北京:中国建筑工业出版社,2010.

[24] 中华人民共和国住房和城乡建设部.JGJ 128—2011 建筑施工门式钢管脚手架安全技术规范[S].北京:中国建筑工业出版社,2011.

[25] 中华人民共和国住房和城乡建设部,中华人民共和国国家质量监督检验检疫总局.GB 50208—2011 地下防水工程质量验收规范[S].北京:中国建筑工业出版社,2011.

[26] 中华人民共和国住房和城乡建设部.JGJ 196—2010 建筑施工塔式起重机安装、使用、拆卸安全技术规程[S].北京:中国建筑工业出版社,2010.

[27] 中华人民共和国住房和城乡建设部.JGJ 88—2010 龙门架及井架物料提升机安全技术规范[S].北京:中国建筑工业出版社,2010.